坂田薫の化学講義

［有機化学］

化学講師
坂田薫 著

文英堂

はじめに

みなさん，こんにちは。たくさんある参考書の中で，本書を手に取ってくださりありがとうございます。

有機化学をマスターするには，「きまり」を理解することが大切です。その「きまり」とは「有機化合物の表し方」と「官能基ごとの反応」です。

まずは，有機化合物の表し方を習得し，スピーディに書けるようになりましょう。次に，官能基ごとの反応を頭に入れましょう。「炭酸水素ナトリウムと反応」と言われたら「カルボン酸‼」と即答できるようになることです。

また，高分子化合物は大きな有機化合物なので，それまでに学んだ有機化学の知識を使って，できるだけ暗記に頼らず克服していきましょう。

有機化学では，とにかく手を動かして書くことを意識してみてください。

本書は，スムーズに理解して克服できるよう次のようにつくられています。

「**重要 TOPIC**」では，各テーマのポイントがまとめてあります。ここに書かれていることを克服することを目標にしましょう。

「**説明**」では，重要 TOPIC の内容をくわしく説明しています。ゆっくり読んでしっかり理解しましょう。

「**実践！演習問題**」は，各テーマの練習問題です。解いて定着させましょう。できなかったときはその部分の説明にもどりましょう。

「**入試問題にチャレンジ**」は，過去に実際に出題された入試問題です。チャレンジしてみましょう。

「**入試への＋α**」は，知っておくと理解が深まる内容です。化学で合格したい人，難関大を受験する人は必ず読んでおきましょう。

有機化学は，理論化学や無機化学とは全く異なるので，最初は弱気になるかもしれません。しかし，苦手意識を捨て，根気強く向き合えば必ず克服できます。志望校合格の目標を見失うことなく頑張っていきましょう。応援しています。

坂田薫

本書の特長

［講義］

「なぜ？」がわかる本質をとらえた解説と，わかりやすいイメージ図で説明しています。大事な用語は赤太字と青色マーカーで，入試に必要な知識は赤波線で説明しています。

重要TOPIC

これから説明することの重要なポイントを示しています。さらにくわしく知りたいときは，**説明**へ進みましょう。

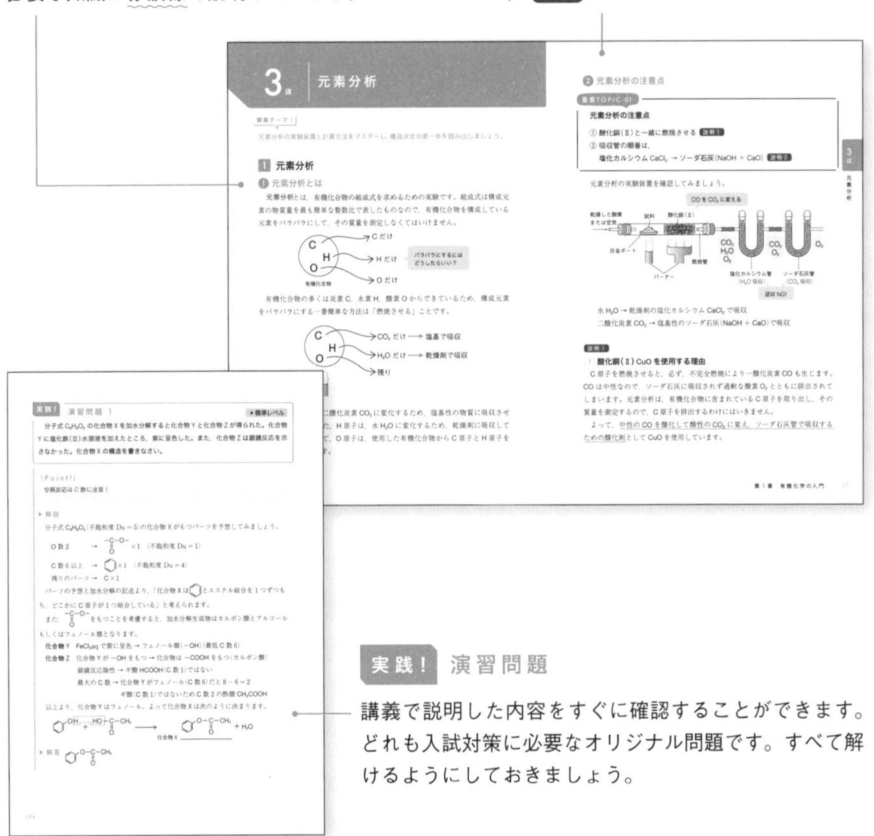

3講　元素分析

講義テーマ！

元素分析の実験装置と計算方法をマスターし，構造決定の第一歩を踏み出しましょう。

1 元素分析

① 元素分析とは

元素分析とは，有機化合物の組成式を求めるための実験です。組成式は構成元素の物質量を最も簡単な整数比で表したものなので，有機化合物を構成している元素をバラバラにして，その質量を測定しなくてはいけません。

有機化合物の多くは炭素C，水素H，酸素Oからできているため，構成元素をバラバラにする一番簡単な方法は「燃焼させる」ことです。

二酸化炭素CO_2に変化するため，塩基性の物質に吸収させ
た。H原子は，水H_2Oに変化するため，乾燥剤に吸収して
て，O原子は，使用した有機化合物からC原子とH原子を
す。

② 元素分析の注意点

重要TOPIC 01

元素分析の注意点

① 酸化銅(Ⅱ)と一緒に燃焼させる 説明1

② 吸収管の順番は，

塩化カルシウム$CaCl_2$ → ソーダ石灰(NaOH + CaO) 説明2

元素分析の実験装置を確認してみましょう。

水H_2O → 乾燥剤の塩化カルシウム$CaCl_2$で吸収

二酸化炭素CO_2 → 塩基性のソーダ石灰(NaOH + CaO)で吸収

説明1

酸化銅(Ⅱ)CuOを使用する理由

C原子を燃焼させると，必ず，不完全燃焼により一酸化炭素COも生じます。COは中性なので，ソーダ石灰に吸収されず過剰な酸素O_2とともに排出されてしまいます。元素分析は，有機化合物に含まれているC原子を取り出し，その質量を測定するので，C原子を排出するわけにはいきません。

よって，中性のCOを酸化して酸性のCO_2に変え，ソーダ石灰管で吸収するための酸化剤としてCuOを使用しています。

第1章　有機化学の入門　27

実践！　演習問題 1　▶標準レベル

分子式$C_8H_8O_2$の化合物Xを加水分解すると化合物Yと化合物Zが得られた。化合物Yに塩化鉄(Ⅲ)水溶液を加えたところ，紫に呈色した。また，化合物Zは銀鏡反応を示さなかった。化合物Xの構造を書きなさい。

\Point!/

分解反応はC数に注目！

▶解説

分子式$C_8H_8O_2$(不飽和度Du = 5)の化合物Xがもつパーツを予想してみましょう。

O数2 → $-\underset{\|}{C}-O-$(O) ×1 (不飽和度Du = 1)

C数6以上 → ⬡×1 (不飽和度Du = 4)

残りのパーツ → C×1

パーツの予想と加水分解の記述より，「化合物Xは⬡とエステル結合を1つずつもち，どこかにC原子が1つ結合している」と考えられます。

また，$-\underset{\|}{C}-O-$(O)をもつことを考慮すると，加水分解生成物はカルボン酸とアルコールもしくはフェノール類となります。

化合物Y　$FeCl_3$aqで紫に呈色 → フェノール類(−OH)(最低C数6)

化合物Z　化合物Yが−OHをもつ → 化合物は−COOHをもつ(カルボン酸)

銀鏡反応陰性 → ギ酸HCOOH(C数1)ではない

最大のC数 → 化合物Yがフェノール(C数6)だと 8 − 6 = 2

ギ酸(C数1)ではないためC数2の酢酸CH_3COOH

以上より，化合物Yはフェノール。よって化合物Xは次のように決まります。

▶解答

184

実践！　**演習問題**

講義で説明した内容をすぐに確認することができます。どれも入試対策に必要なオリジナル問題です。すべて解けるようにしておきましょう。

入試への＋α

発展的な内容ですが，理解をより深められる内容を載せています。難関大を受験する人は，読んでおきましょう。

Q&A

受験生が疑問に思いやすいことや，入試に役立つ内容を，Q&A形式で載せています。ばっちり疑問に答えます！

[入試問題にチャレンジ]

章のまとめとして最適な入試問題を精選して掲載しました。学んだ知識をしっかりと使いこなせるかどうか，ここで確認しましょう。
また，解き方のポイントをわかりやすく説明した解説動画もチェックすれば，さらに力をつけることができます。

入試問題の特別解説動画も CHECK!!

各章末の「入試問題にチャレンジ」のポイント解説動画を，Web で無料公開しています。

【視聴方法】

● **スマートフォン・タブレットをお使いの方**
「入試問題にチャレンジ」の解説ページにある QR コードを読みこみ，URL にアクセスしてください。

▶▶▶ 動画もCHECK

● **パソコンをお使いの方**
文英堂の Web サイト www.bun-eido.co.jp にアクセスしてください。
『坂田薫の化学講義［有機化学］』のページを開き，動画一覧からご覧になりたい動画の番号をクリックしてください。

【ご注意】

・動画は無料でご視聴いただけますが，通信料金はお客様のご負担となります。
・すべての機器での動作を保証するものではありません。
・やむを得ずサービス内容に変更が生じる場合があります。

CONTENTS

第 1 章

有機化学の入門

1講 有機化合物の構造

講義テーマ！

有機化合物の立体構造を理解し，それを平面で表すことに慣れましょう。

1 有機化学の目標

有機化学の目標は，有機化合物の構造を決定できるようになることです。そのためにマスターすべきことが4つあります。

❶ 有機化合物の構造決定の流れ

重要TOPIC 01

有機化合物の構造決定の流れ 説明①

① 元素分析 → 組成式決定！
② 分子量測定 → 分子量決定！
（①②より）→ 分子式決定！
③ 分子式 → 異性体決定！
④ 化学反応 → 構造式決定！

説明①

有機化合物の構造決定のためにマスターすべきこと4つを丁寧に見ていきましょう。

[1] **組成式の決定(→3講)**

1つ目は，元素分析の実験結果から組成式を決定できるようになることです。**組成式**とは，構成元素の原子の数を最も簡単な整数比で表したものです。組成式を何倍かしたものが**分子式**(実際に存在する分子の化学式)になります。

例　構成元素の物質量比　　組成式　　分子式

$$C:H:O = 1:2:1 \rightarrow CH_2O \rightarrow (CH_2O)_n$$

実際に存在する形

[2] **分子量の決定(→理論化学)**

2つ目は，分子量測定実験の結果から分子量を決定できるようになることです。分子量測定実験は，主に理論化学で学びます。中和滴定や凝固点降下，浸透圧などです。有機化学の問題で出てきたら，そのつど理論化学に戻って確認しておきましょう。

[3] **異性体の決定(→2講，4講，5講)**

3つ目は，分子式にあてはまる構造(**異性体**)を書けるようになることです。異性体を書き出すことができるかどうかは，有機化学を学ぶ上でとても大切です。4講，5講でしっかり練習しましょう。

そのときに重要になるのが**不飽和度**(→2講)という数値です。これがわかると，有機化合物がもっているパーツをある程度予想できるようになります。

[4] **構造式の決定(→6講～15講)**

4つ目は，化学反応から有機化合物を決定できるようになることです。有機化合物がどんな化学反応を起こすかで，その有機化合物のもつ官能基(特定のパーツ)が決定します。有機化学の勉強で一番時間をかける部分になります。官能基ごとの反応を頭に入れていきましょう。

「官能基ごとに反応を答えることができる」「反応から官能基を答えることができる」が目標です！

例　組成式CH_2O（元素分析より），分子量60（分子量測定より）の物質を例に，一連の流れを確認してみましょう。くわしい求め方は，この本を読んでいくうちに理解できるようになるので，今は流れをイメージできるようにしておけばOKです。

①元素分析の結果より，分子式は$(CH_2O)_n$，分子量は$30n$と表せる。

②分子量測定の結果より，$30n = 60$ すなわち $n = 2$

以上より，分子式は$\underline{C_2H_4O_2}$

③分子式$C_2H_4O_2$は不飽和度$\mathrm{Du} = 1$

→おそらくカルボン酸かエステル。

$CH_3-C(=O)-OH$　もしくは　$H-C(=O)-O-CH_3$

酢酸（カルボン酸）　　ギ酸メチル（エステル）

④炭酸水素ナトリウム水溶液を加えると気体が発生。

→カルボン酸の反応なので，有機化合物は酢酸CH_3COOHと決定。

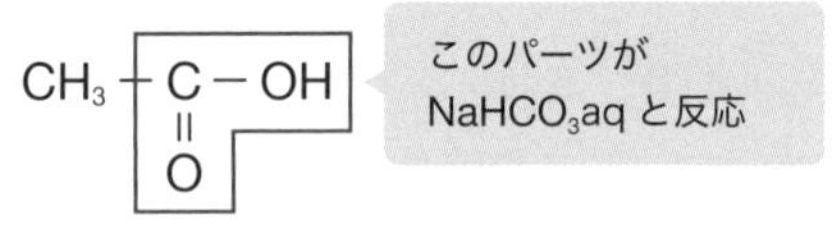

2 有機化合物の立体構造

有機化合物は非金属元素(主にC，H，O，N)の化合物であるため，基本的に分子です。分子の形は化学基礎で学びます。ここでは有機化合物(C化合物)に注目して立体構造を確認し，その表し方を練習しましょう。

❶ 有機化合物の立体構造

重要TOPIC 02

有機化合物の立体構造

① C原子の周りの電子対が4方向にある −C− (上下に単結合) → **正四面体** 説明①

② C原子の周りの電子対が3方向にある −C− (下に二重結合) → **正三角形** 説明②

③ C原子の周りの電子対が2方向にある =C=，−C≡ → **直線形** 説明③

分子の立体構造は中心元素の周りにある電子対の方向で判断できます。有機化合物の主役であるC原子(原子価4)に注目し，その周りにある電子対の方向を確認していきましょう。

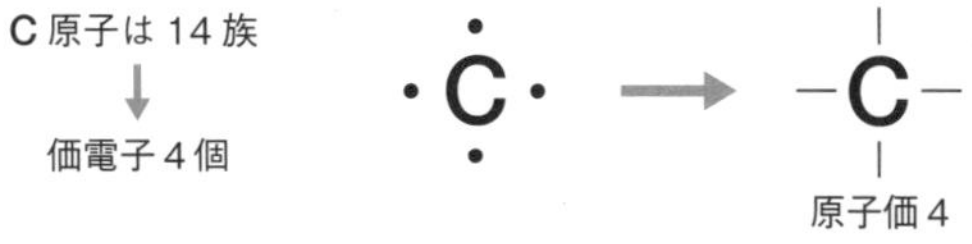

C原子は14族
↓
価電子4個

·C· (不対電子4個) → −C− (上下左右に結合)

原子価4

例えば次の図のように，二重結合C=が1つあるときは電子対が3方向にあると考えてくださいね。

例えば…

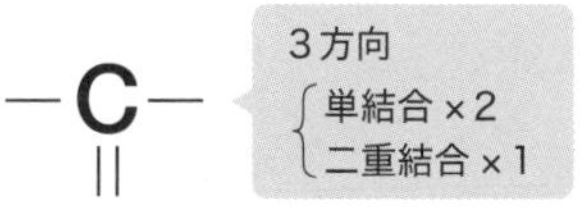

−C− (下に二重結合)

3方向
単結合×2
二重結合×1

説明①

［1］4方向（$-\overset{|}{\underset{|}{C}}-$）にあるとき

正四面体の有機化合物の構造式

C原子の周りの電子対が4方向にあるとき，すなわち，構造式で表すと $-\overset{|}{\underset{|}{C}}-$ となるときは，その電子対は正四面体の頂点方向にあります。

$-\overset{|}{\underset{|}{C}}-$ → C

よって，C原子に4つの原子が結合している分子は正四面体です。

次のように，四面体を回転させても同じ化合物です。

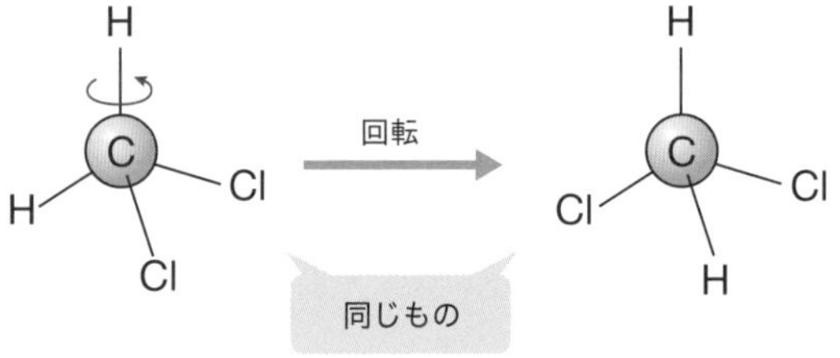

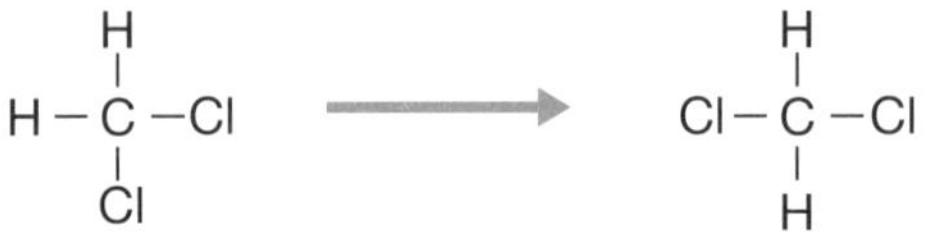

回転

同じもの

$$H-\overset{H}{\underset{Cl}{C}}-Cl \longrightarrow Cl-\overset{H}{\underset{H}{C}}-Cl$$

よって，構造式で表したとき異なる化合物のように見えても，同じ化合物であることに注意が必要です。

正四面体の構造の応用

3つ以上のC原子が単結合でつながっているとき，C原子は正四面体の中心に存在するため，C原子が一直線になることはありません。

例　C_3H_8

構造式は

```
    H   H   H
    |   |   |
H - C - C - C - H
    |   |   |
    H   H   H
```

本当は…

C原子は一直線じゃない

説明②

［2］3方向（$-\underset{\|}{C}-$）にあるとき

正三角形の有機化合物の構造式

C原子の周りの電子対が3方向（単結合×2＋二重結合×1）にあるとき，すなわち，構造式で表すと $-\underset{\|}{C}-$ となるときは，その電子対は正三角形の頂点方向にあります。

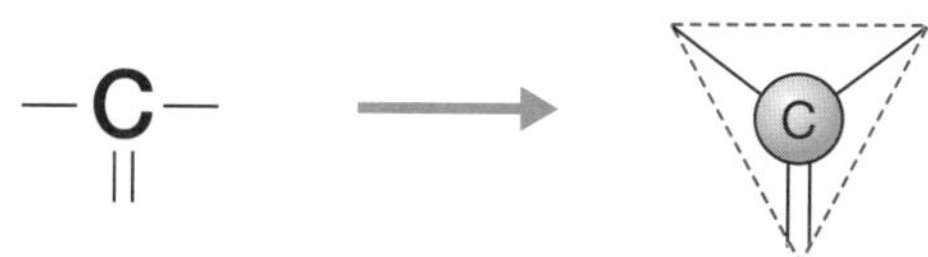

よって，C原子に3つの原子が結合している分子は正三角形です。

正四面体同様，正三角形を回転させても同じ化合物です。

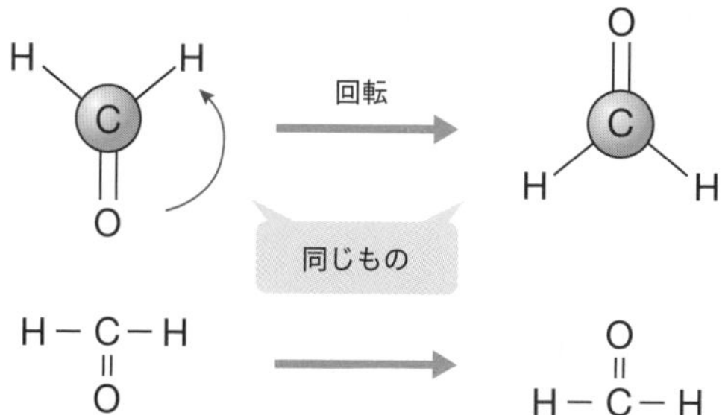

よって，構造式で表したとき異なる化合物のように見えても，同じ化合物であることに注意が必要です。

正三角形の構造の応用

2つのC原子が二重結合でつながっているとき，それぞれのC原子が三角形の中心部分にあるため，C＝Cに直結している原子はすべて同一平面上に並びます。

例 C_2H_4

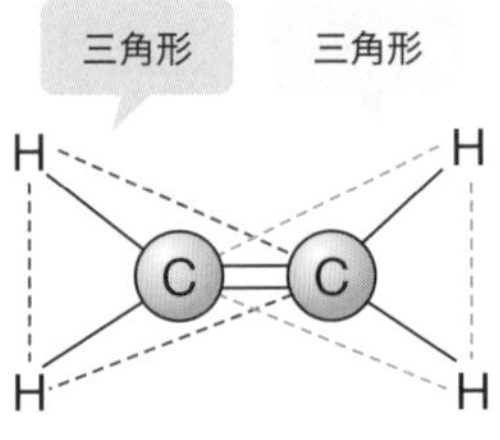

この考え方を使うと，ベンゼン C_6H_6 を構成しているC原子と，ベンゼン環に直結している原子はすべて同一平面上に並ぶことがわかります(正確には，ベンゼン環を構成しているC原子は1.5結合➞ p.159)。

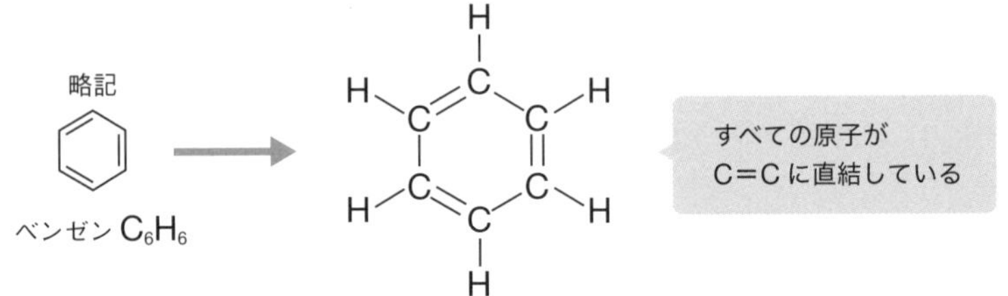

説明③

[3] 2方向(＝C＝，－C≡)にあるとき

直線形の有機化合物の構造式

C原子の周りの電子対が2方向(二重結合×2，または，三重結合×1＋単結合×1)にあるとき，すなわち，構造式で表すと＝C＝，－C≡となるときは，その電子対は直線の頂点方向にあります。

＝C＝ → ＝Ⓒ＝

－C≡ → －Ⓒ≡

よって，次の例のようにC≡C結合に他の原子が結合している分子は直線形になります。

例 C_2H_2　H－C≡C－H → H－Ⓒ≡Ⓒ－H

実践！ 演習問題 1

▶標準レベル

次の化合物①～⑤のうち，すべての原子が同一平面上にあるものはどれか。すべて答えなさい(ただし，現状で化合物名から化学式が答えられない場合は，あとのヒントを確認してもよい)。

① ブタン　② 塩化ビニル　③ シクロヘキサン　④ クロロベンゼン　⑤ トルエン

\Point!/

C=C，ベンゼン環に直結する原子はすべて同一平面上！

▶ ヒント①

それぞれの分子式や示性式は，以下のようになります。

① C_4H_{10}　② $CH_2=CHCl$　③ C_6H_{12}　④ C_6H_5Cl　⑤ $C_6H_5CH_3$

▶ ヒント②

それぞれの構造式は，以下のようになります。

① $CH_3-CH_2-CH_2-CH_3$

②

H　　H
　C=C
H　　Cl

③

（シクロヘキサンの構造式：6つのC原子が環状に結合し，各C原子に2つのH原子が結合）

④

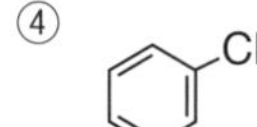

⑤

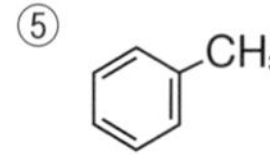

▶ 解説

① すべて単結合なので，C原子が中心の正四面体が連なった構造になります。
よって，すべての原子が同一平面上に並ぶことはありません。

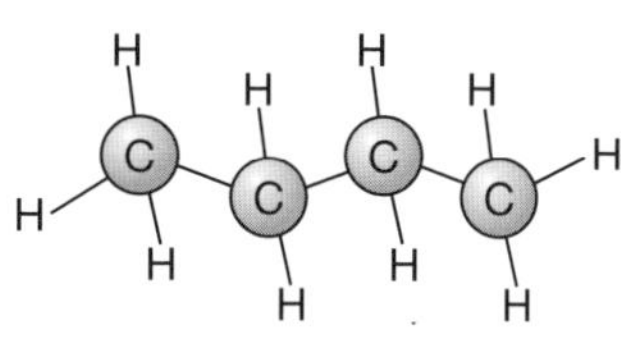

正四面体が連なった形

② C=C結合に3つのH原子と1つのCl原子が直結しているため，すべての原子が同一平面上に並んでいます。

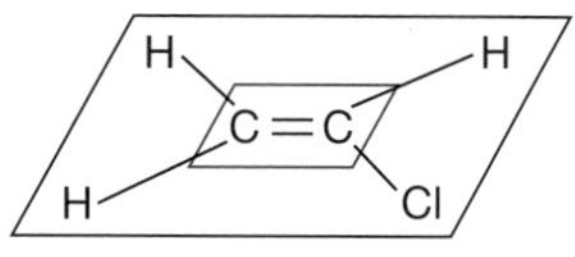

すべてがC=Cに直結

③ すべて単結合なので，C 原子が中心の正四面体が連なった環状構造になります。よって，すべての原子が同一平面上に並ぶことはありません。
（次のように，シクロヘキサンにはいす形と舟形があります。）

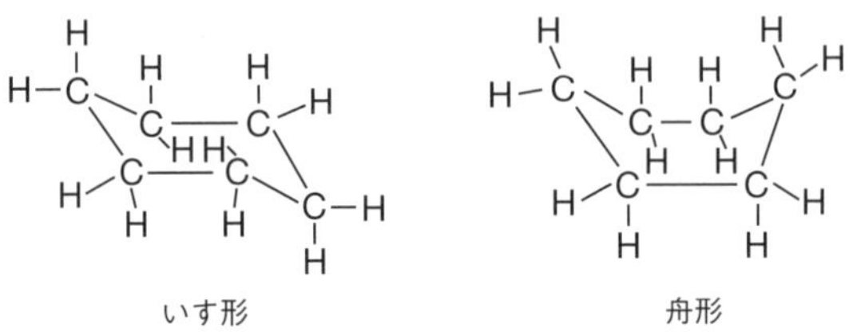

④ ベンゼン環を構成している C 原子に H 原子 5 つと Cl 原子 1 つが直結しているため，すべての原子が同一平面上に並びます。◀ \Point!/

すべて ⬡ に直結

⑤ ベンゼン環に，メチル基（$-CH_3$）がつながっている構造です。メチル基（$-CH_3$）の C 原子を中心として，正四面体になっています。

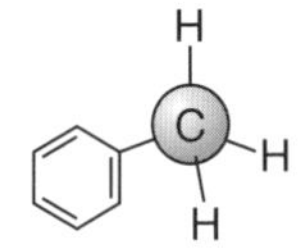

また，ベンゼン環を構成している C 原子に直結する H 原子 5 つとメチル基（$-CH_3$）の C 原子は，同一平面上に並びます。◀ \Point!/
さらに，メチル基（$-CH_3$）の H 原子 1 つは同一平面上に並べることができますが，それ以外の 2 つは同一平面上に並べることはできません。

赤い面は同一平面上に並びうる

同一平面上に並ばない

▶ 解答　②，④

② C 原子間の結合の長さ

重要TOPIC 03

C 原子間の結合の長さ 説明①

C−C ＞ C⋯C ＞ C=C ＞ C≡C

説明①

C 原子間の結合は全部で 4 種類あります。

4 種類を結合の長い順に並べると，次のようになります。

C−C	＞	C⋯C	＞	C=C	＞	C≡C
単結合		1.5結合		二重結合		三重結合

1.5 結合はベンゼンの結合(→ p.159) で説明します。ここでは，単結合から順番に短くなると頭に入れておきましょう。

2講 不飽和度

講義テーマ！

不飽和度を理解し，計算できるようになりましょう。

1 不飽和度 Du（Degree of unsaturation）

有機化合物のもっている二重結合（C=C，C=O）や環状構造の数を**不飽和度 Du**といいます。不飽和度は，有機化合物の分子式から求めることができます。

① 不飽和度を求める式

重要TOPIC 01

分子式が C_xH_y または $C_xH_yO_z$ のとき

不飽和度※ **Du** $= \dfrac{2x+2-y}{2}$ 　説明①

※「飽和」「不飽和」と「不飽和度 Du」は別物であることに注意！

説明①

不飽和度 Du を求める式を導いていきましょう。

［1］**分子式 C_xH_y のとき**

C 原子が x 個並んでいる C 骨格があります。この C 骨格に結合できる H 原子は最大で $2x+2$ 個です。

C－C－C－ ……… －C（x 個）

```
   H   H   H            H
   |   |   |            |
H－C － C － C－ ……… －C－H
   |   |   |            |
   H   H   H            H
```

H 原子は最大で $2x+2$ 個

分子式 C_xH_{2x+2} は，二重結合も環状構造ももたないため不飽和度 Du＝0 です。

また，分子式 C_xH_{2x+2} のようにこれ以上原子が結合できない状態を**飽和**といいます。

それでは，H 原子を 2 つ減らし，分子式 C_xH_{2x} としてみましょう。このとき，分子はどんな状態になっているのでしょうか。

$$C_xH_{2x+2} \xrightarrow{\text{H 原子を2つ取り除く}} C_xH_{2x}$$

①隣り合わせの C 原子から H 原子を 1 つずつ取り除く

H 原子を失った C 原子が余った手を隣同士でつなぐため，C=C が生じます。

このとき，二重結合を 1 つもつため不飽和度 Du＝1 となります。

また，C=C の結合を 1 本切って，他の原子と結合する余裕があります。このように，他の原子が結合できる状態を**不飽和**といいます。

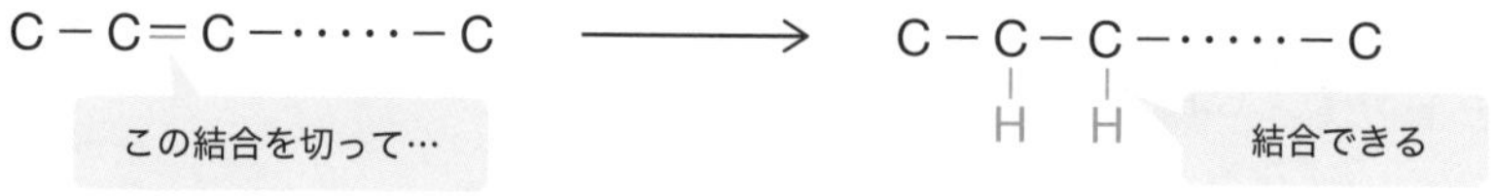

②隣り合わせではない C 原子から H 原子を 1 つずつ取り除く

H 原子を失った C 原子同士が余った手をつなぎ，環状構造が生じます。

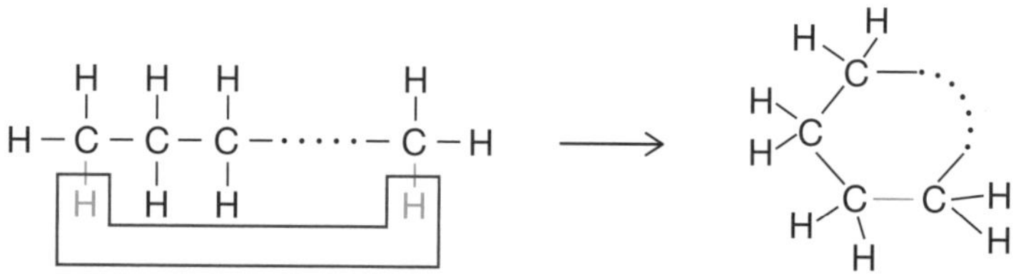

このとき，環状構造を 1 つもつため不飽和度 Du＝1 となります。

しかし，他の原子が結合する余裕がないため，飽和であることに注意しましょう。

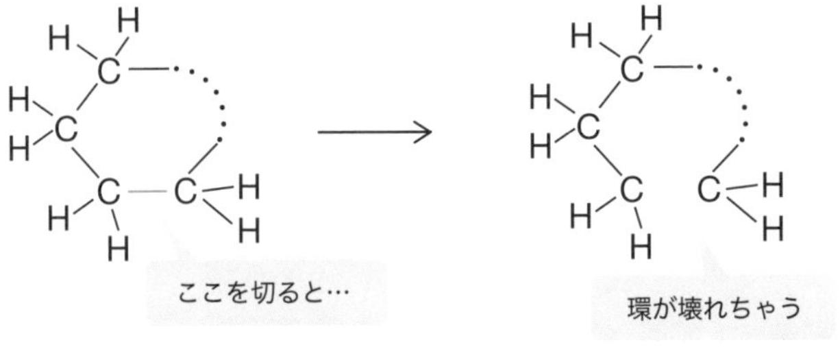

ここを切ると…

環が壊れちゃう

他原子が結合する余裕がない

このように，分子式 C_xH_{2x} はすべて不飽和度 Du＝1 ですが，飽和の化合物と不飽和の化合物があります。「飽和」「不飽和」と「不飽和度 Du」は別物であることを，しっかり押さえておきましょうね。

飽和・不飽和　→　他の原子が結合する余裕があるか，ないか

不飽和度 Du　→　有機化合物がもっている二重結合，環状構造の数

以上より，不飽和度 Du＝0（分子式 C_xH_{2x+2}）から H 原子が 2 つ減ると不飽和度 Du＝1（分子式 C_xH_{2x}）となることから，

$$\textbf{不飽和度 Du} = \frac{\textbf{Du＝0から減少したH原子の数}}{2}$$

と考えることができます。

そして，分子式 C_xH_y の有機化合物は，Du＝0（分子式 C_xH_{2x+2}）から $2x+2-y$ 個の H 原子が減少しているため，不飽和度を求める式は $\mathrm{Du} = \dfrac{2x+2-y}{2}$ となります。

$$\underset{(\mathrm{Du}=0)}{C_xH_{2x+2}} \xrightarrow{\text{H 原子}(2x+2-y)\text{個減少}} C_xH_y$$

例　$C_3H_8 \xrightarrow{\text{H 原子}8-6=2\text{個減少}} C_3H_6$

[2] 分子式 $C_xH_yO_z$ のとき

O原子の原子価は2であるため，C−C結合やC−H結合の間に入ってきても，C原子やH原子の数には何の影響もありません。

O原子は16族　　原子価2

$$\cdot\ddot{\underset{\cdot\cdot}{O}}\cdot \longrightarrow -O-$$

$$\begin{array}{c}H-\overset{H}{\underset{H}{C}}-\overset{H}{\underset{H}{C}}-\overset{H}{\underset{H}{C}}-\cdots\cdots-\overset{H}{\underset{H}{C}}-H\end{array} \xrightarrow{-O-} \begin{array}{c}H-\overset{H}{\underset{H}{C}}-O-\overset{H}{\underset{H}{C}}-\overset{H}{\underset{H}{C}}-\cdots\cdots-\overset{H}{\underset{H}{C}}-O-H\end{array}$$

C原子とH原子の数は不変

よって，分子式 $C_xH_yO_z$ の不飽和度Duは分子式 C_xH_y の不飽和度Duと同じ式，すなわち不飽和度 $Du=\dfrac{2x+2-y}{2}$ となります。

実践！ **演習問題 1**　▶標準レベル

次の分子式の不飽和度Duを求めなさい。

① C_6H_6　② C_7H_8O　③ $C_{16}H_{16}O_2$

\Point!/

分子式 C_xH_y または $C_xH_yO_z$ の不飽和度 $Du=\dfrac{2x+2-y}{2}$

▶解説

不飽和度Duの公式に数値を代入して求めていきましょう。

① $x=6$，$y=6$ を公式に代入すると，不飽和度 $Du=\dfrac{2\times6+2-6}{2}=\underline{4}$

ここで，分子式 C_6H_6 はベンゼンです。ベンゼン環には，C=Cが3つと環状構造が1つあると考えられるため，不飽和度Du=4となります。

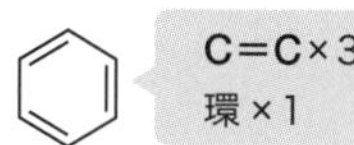

② $x=7$，$y=8$ を公式に代入すると，不飽和度 $Du=\dfrac{2\times7+2-8}{2}=\underline{4}$

③ $x=16$，$y=16$ を公式に代入すると，不飽和度 $Du=\dfrac{2\times16+2-16}{2}=\underline{9}$

▶解答 ① **4**　② **4**　③ **9**

入試への＋α《分子式 $C_xH_yN_wO_z$ の不飽和度 Du》

分子式にN原子が入っているときの不飽和度 Du を考えてみましょう。

分子式中のN原子はC原子に変えてカウントしていきます。そのときのポイントになるのが，原子価です。C原子の原子価は4，N原子の原子価は3ですね。

−C−（上下に結合）　　−N−（下に結合）　（電子式 ·N̈· ）

それをふまえて分子の末端の形に注目してみましょう。末端の形は，C原子のとき $-CH_3$，N原子のとき $-NH_2$ となります。

$$\cdots\cdots-\underset{\mathrm{H}}{\overset{\mathrm{H}}{\mathrm{C}}}-\mathrm{H} \quad , \quad -\underset{\mathrm{H}}{\mathrm{N}}-\mathrm{H}$$

よって，N原子をC原子に変えてカウントするときには，H原子をN原子と同じ数だけ追加する必要があります。

$$\cdots\cdots-\underset{\mathrm{H}}{\mathrm{N}}-\mathrm{H} \xrightarrow[\text{に変えると…}]{\text{N原子をC原子}} \cdots\cdots-\underset{\mathrm{H}}{\overset{\mathrm{H}}{\mathrm{C}}}-\mathrm{H}$$

H原子1個追加

以上より，分子式 $C_xH_yN_wO_z$ は分子式 $C_{x+w}H_{y+w}O_z$ として不飽和度 Du を求めることができます。すなわち，分子式 $C_xH_yO_z$ の不飽和度 $\mathrm{Du}=\dfrac{2x+2-y}{2}$ の x に $x+w$，y に $y+w$ を代入すればよいのです。

分子式 $C_xH_yN_wO_z$ のとき，　**不飽和度 Du** $=\dfrac{2(x+w)+2-(y+w)}{2}$

例　分子式 $C_{10}H_{11}NO_3$ の不飽和度 Du を求めてみましょう。

分子式 $C_{10}H_{11}NO_3$ を分子式 $C_{10+1}H_{11+1}O_3$ すなわち分子式 $C_{11}H_{12}O_3$ と考えます。

$$\text{不飽和度 Du}=\frac{2\times11+2-12}{2}=6$$

② 不飽和度の応用

重要TOPIC 02

不飽和度 Du からわかること

「C＝C」「C＝O」「環状構造」のいずれか 1 つで，不飽和度 Du＝1 説明①

「C≡C」は不飽和度 Du＝2 説明②

「⌬」は不飽和度 Du＝4 説明③

2講 不飽和度

説明①

不飽和度 Du は，有機化合物がもっている二重結合や環状構造の数なので，不飽和度 Du＝1 につき，C＝C または C＝O または環状構造のいずれかを 1 つもつことがわかります。

例　分子式 C_4H_8

$$\rightarrow \text{不飽和度 Du} = \frac{2\times 4+2-8}{2} = 1$$

この化合物は C＝C または環状構造を 1 つもっていることがわかります。

説明②

また，C≡C は不飽和度 Du＝0 の状態から H 原子が 4 つ減ってできるため，不飽和度 Du＝2 となります。

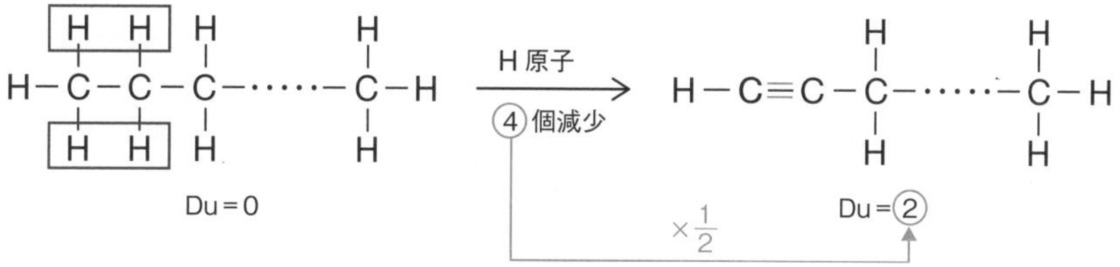

H原子 ④個減少

Du＝0

Du＝②

×1/2

例　分子式 C_5H_8

$$\rightarrow \text{不飽和度 Du} = \frac{2\times 5+2-8}{2} = 2$$

この化合物は C＝C または環状構造を合計 2 つ，もしくは C≡C を 1 つもつことがわかります。

説明③

ベンゼン環は**演習問題1**の①(→ p.21)で確認したように，C=C が3つ，環状構造が1つと考えることができるため，不飽和度 Du＝4 となります。

入試への＋α《不飽和度 Du を用いた有機化合物の予想》

有機化合物の分子式と不飽和度 Du から，有機化合物がもっているパーツ(官能基)を予想することができます。

有機化学を学び始めたばかりの人は，今は意味がわからないと思います。有機化学を一通り学び，構造決定の問題を解いて演習するときに使ってみてください。有機化学の構造決定において，不飽和度 Du がとても大切な数値であることが実感できる日がきますよ。

例　分子式 $C_{18}H_{18}O_4$(不飽和度 Du＝10)で表される有機化合物について，不飽和度 Du から，その構造を予想してみましょう。

① O 原子2個につき $-\underset{\underset{O}{\|}}{C}-O-$ が1つあると予想

(ただし，$-\underset{\underset{O}{\|}}{C}-O-$ 1つで不飽和度 Du＝1 必要)

予想1　例では，O 原子×4 個なので $-\underset{\underset{O}{\|}}{C}-O-$ が2つあると予想できる。

これで Du＝2，C 原子×2 個，O 原子×4 個を消費する。

→このとき $-\underset{\underset{O}{\|}}{C}-O-$ は高い確率でエステル。

② C 原子6個につき ⌬ が1つあると予想

(ただし，⌬ 1つで不飽和度 Du＝4 必要)

予想2　C 原子×16個が残っているので ⌬ が2つあると予想できる。

これで Du＝8，C 原子×12個を消費する。

③ 残りのパーツをチェックして予想

予想3　予想1と予想2で，不飽和度 Du＝10はすべて消費した。

あとは，C 原子 × 4 個が残っている。

→ Du = 0 なので，4 個の C 原子は単結合。

④ ①～③から構造を予想

結論　この有機化合物は，

⬡ を 2 つとエステル結合を 2 つ（ $-\underset{\underset{\displaystyle O}{\|}}{C}-O-$ × 2）もち，

構造のどこかに C 原子が 4 つ単結合で結合している。

ここまで予想できれば，「構造決定の問題文は加水分解から始まるだろう…」「加水分解生成物は 3 つでケトになることはないな…」と，いろんなことがわかった上で問題に臨むことができます。

また，解答欄に書いた答えと予想したパーツが一致しないときは，間違っていることに気づくことができるし，一致しているときは正解だと確信することができます。

Q & A

Q 01．予想 3 の残りのパーツで，H 原子は考えなくてもいいの？

A 01．不飽和度 Du は H 原子の数に注目して導いた数値です。そのため，不飽和度 Du を使うときは H 原子を考える必要はありません。

3講　元素分析

講義テーマ！

元素分析の実験装置と計算方法をマスターし，構造決定の第一歩を踏み出しましょう。

1 元素分析

❶ 元素分析とは

元素分析とは，有機化合物の組成式を求めるための実験です。組成式は構成元素の物質量を最も簡単な整数比で表したものなので，有機化合物を構成している元素をバラバラにして，その質量を測定しなくてはいけません。

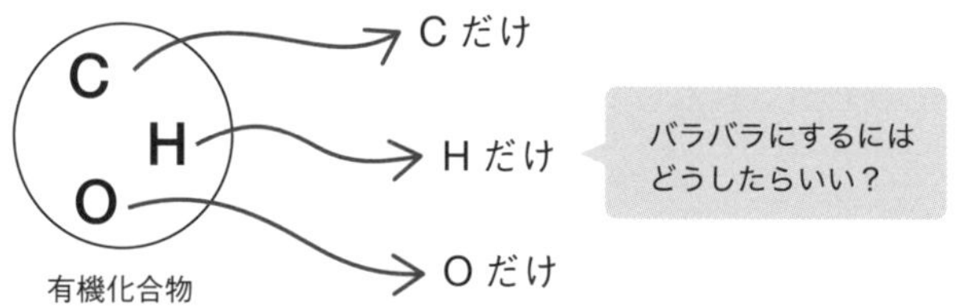

有機化合物の多くは炭素 C，水素 H，酸素 O からできているため，構成元素をバラバラにする一番簡単な方法は「燃焼させる」ことです。

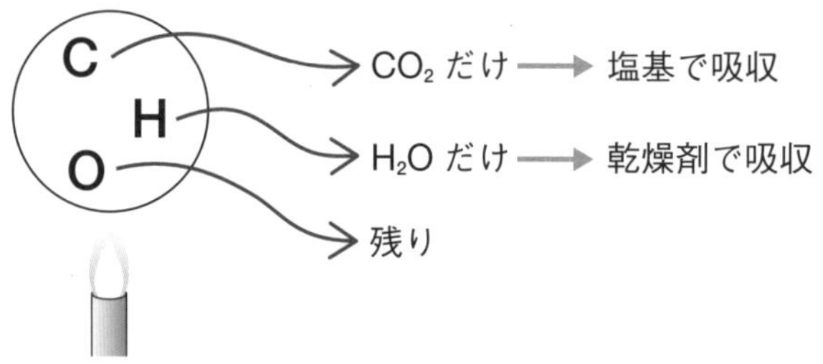

C 原子は，酸性の二酸化炭素 CO_2 に変化するため，塩基性の物質に吸収させて取り出します。また，H 原子は，水 H_2O に変化するため，乾燥剤に吸収して取り出します。そして，O 原子は，使用した有機化合物から C 原子と H 原子を除いた残りになります。

② 元素分析の注意点

重要TOPIC 01

元素分析の注意点

① 酸化銅(Ⅱ)と一緒に燃焼させる 説明①

② 吸収管の順番は,

塩化カルシウム $CaCl_2$ → ソーダ石灰(NaOH + CaO) 説明②

元素分析の実験装置を確認してみましょう。

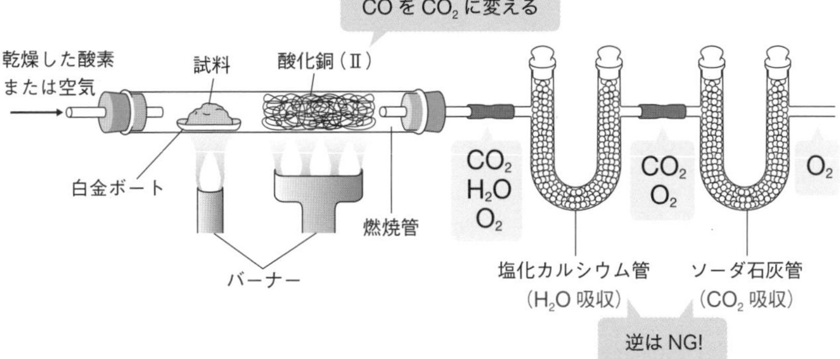

水 H_2O → 乾燥剤の塩化カルシウム $CaCl_2$ で吸収

二酸化炭素 CO_2 → 塩基性のソーダ石灰(NaOH + CaO)で吸収

説明①

[1] 酸化銅(Ⅱ) CuO を使用する理由

C原子を燃焼させると,必ず,不完全燃焼により一酸化炭素COも生じます。COは中性なので,ソーダ石灰に吸収されず過剰な酸素 O_2 とともに排出されてしまいます。元素分析は,有機化合物に含まれているC原子を取り出し,その質量を測定するので,C原子を排出するわけにはいきません。

よって,中性のCOを酸化して酸性の CO_2 に変え,ソーダ石灰管で吸収するための酸化剤としてCuOを使用しています。

説明②

[2] 塩化カルシウム $CaCl_2$ →ソーダ石灰（NaOH ＋ CaO）の順番にする理由

ソーダ石灰は強塩基性なので，酸性の CO_2 を吸収しますが，乾燥剤でもあるため H_2O も吸収してしまいます。

よって，先にソーダ石灰に通じると，CO_2 だけでなく H_2O も吸収され，C 原子と H 原子を別々に取り出すことができなくなるため，順番を逆にしてはいけません。

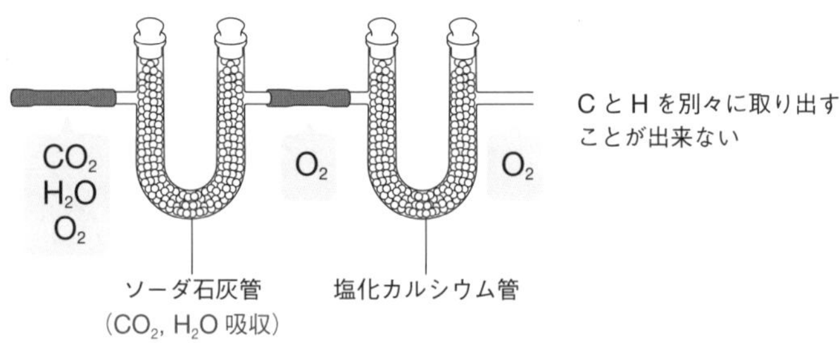

元素分析は「C 原子と H 原子を別々に取り出す」と，しっかり意識しておきましょう。

Q & A

Q 02． どうして CuO は粒状や金網状にするの？

A 02． ガラス管に乾燥した空気を送り込んで燃焼させると，CO_2 と H_2O と O_2 の混合気体が出てきます。これは，気流が確保されているからです。固体でガラス管を埋めてしまうと気流が確保されないため，CuO は粒状や金網状のものを使用します。また，粒状や金網状にすると，表面積を大きくできる利点もあります。

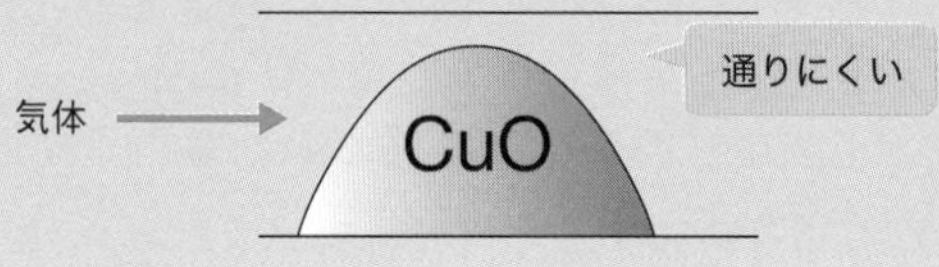

2 元素分析の計算

① 二酸化炭素 CO_2 と水 H_2O の質量で与えられたとき

重要TOPIC 02

CO_2 と H_2O の質量から組成式を求める 説明①

有機化合物 W〔mg〕を完全燃焼させると，CO_2 が W_{CO_2}〔mg〕，H_2O が W_{H_2O}〔mg〕得られた。このとき，

C 原子の質量：$W_{CO_2} \times \frac{12}{44} = W_C$〔mg〕

H 原子の質量：$W_{H_2O} \times \frac{2.0}{18} = W_H$〔mg〕

O 原子の質量：$W - W_C - W_H = W_O$〔mg〕

各原子の物質量比は，

$$C:H:O = \frac{W_C}{12} : \frac{W_H}{1.0} : \frac{W_O}{16} = x : y : z\text{(整数比)}$$

以上より，有機化合物の組成式は $C_xH_yO_z$

説明①

有機化合物 W〔mg〕を燃焼させると，CO_2 が W_{CO_2}〔mg〕，H_2O が W_{H_2O}〔mg〕得られたときの組成式を導いてみましょう。

CO_2 の質量を「ソーダ石灰管が増加した質量」，H_2O の質量を「塩化カルシウム管が増加した質量」として与えられることもあります。

［1］C 原子の質量

有機化合物中の C 原子（原子量12）は CO_2（分子量44）に変化し，ソーダ石灰に吸収されます。CO_2 1 個に含まれる C 原子は 1 個なので，有機化合物に含まれている C 原子は CO_2 の質量の $\frac{12}{44}$ 倍となります。

$$W_{CO_2} \times \frac{12}{44} = W_C\text{〔mg〕}$$

[2] H 原子の質量

有機化合物中の H 原子(原子量 1.0)は H_2O(分子量18)に変化し，$CaCl_2$ に吸収されます。H_2O 1 個に含まれる H 原子は 2 個なので，有機化合物に含まれている H 原子は H_2O の質量の $\dfrac{1.0\times 2}{18}$ 倍となります。

$$W_{H_2O}\times\frac{2.0}{18}=W_H\,〔\mathrm{mg}〕$$

[3] O 原子の質量

元素分析に使用した有機化合物の質量から，C 原子と H 原子の質量を除くと O 原子の質量がわかります。

$$W-W_C-W_H=W_O\,〔\mathrm{mg}〕$$

[4] 有機化合物の組成式

組成式は，有機化合物を構成している元素の原子数(すなわち物質量)を最も簡単な整数比で表したものです。よって，求めた各原子の質量を物質量の比に変えると組成式を導くことができます。

$$\text{物質量比}\quad \mathrm{C:H:O}=\frac{W_C}{12}:\frac{W_H}{1.0}:\frac{W_O}{16}=x:y:z\,(\text{整数比})$$

以上より，有機化合物の組成式は $C_xH_yO_z$ となります。

実践！ **演習問題 1** ▶標準レベル

ある有機化合物 51.0 mg を酸化銅(Ⅱ)とともにガラス管に入れ，乾燥した酸素を送り込みながら完全燃焼させたところ，塩化カルシウムを入れたＵ字管の質量が 27.0 mg，ソーダ石灰を入れたＵ字管の質量が 132 mg 増加した。この有機化合物の組成式を答えなさい。

\Point!/

ソーダ石灰管の増加量は生成した CO_2 の質量！

塩化カルシウム管の増加量は生成した H_2O の質量!!

▶ 解説

問題文より，有機化合物 51.0 mg から CO_2 が 132 mg，H_2O が 27.0 mg 得られたことがわかります。◀ \Point!/

よって，各元素の質量は次のようになります。

C 原子：$132 \times \dfrac{12}{44} = 36.0$ mg

H 原子：$27.0 \times \dfrac{2.0}{18} = 3.0$ mg

O 原子：$51.0 - 36.0 - 3.0 = 12.0$ mg

これより，各元素の物質量比は次のようになります。

$$C:H:O = \frac{36.0}{12} : \frac{3.0}{1.0} : \frac{12.0}{16}$$
$$= 3 : 3 : \frac{3}{4}$$
$$= 4 : 4 : 1$$

以上より，組成式は C_4H_4O とわかります。

▶ 解答　C_4H_4O

3講 元素分析

元素の物質量比を整数にするのが困難なとき

元素分析の計算において，物質量比(小数)を整数にしにくいときがあります。小数の比を整数の比にするときのポイントを確認しておきましょう。

① 各元素の質量は3～4桁まで計算する

各元素の質量を2桁くらいで止めてしまうと，正確な整数比にならない場合があります。各元素の質量は3～4桁まで計算しておきましょう。

例　ダメな例　C：H：O＝5.7：7.9：1.4

　　良い例　　C：H：O＝5.758：7.900：1.437

② 小数の比を整数の比にするとき，一番小さい数値ですべてを割る

演習問題1では，各元素の物質量比がいきなり整数になりましたが，通常は小数になることが多いです。それを整数にする第一歩は，一番小さい数値ですべてを割ることです。多くの場合は，一番小さい数値になるのがO原子なので，C原子とH原子の数値をO原子の数値で割ることになります。

例　C：H：O＝5.758：7.900：1.437（←1.437ですべてを割る）
最小

＝4：5.49：1

この段階で整数比になる問題も多いですが，そうならないときは次のステップに進みます。

③ すべてを2倍，3倍，…して整数比にする

②で整数比にならないときには，すべてを2倍，3倍，…して整数比にします。2倍，3倍，…と順にしていかなくても，だいたい何倍すれば良いかわかります。

例　C：H：O＝5.758：7.900：1.437（②の例と同じ）

＝4：5.49：1（←5.49は約5.5なので2倍すれば整数）

≒8：11：2

② C 原子と H 原子の質量パーセントで与えられたとき

重要TOPIC 03

C 原子と H 原子の質量パーセントから組成式を求める 説明①

C, H, O 原子からなる有機化合物の元素分析を行ったところ，構成元素の質量パーセントが C 原子 S_C〔%〕，H 原子 S_H〔%〕であった。このとき各原子の物質量比は，

$$C:H:O=\frac{S_C}{12}:\frac{S_H}{1.0}:\frac{100-S_C-S_H}{16}=x:y:z(\text{整数比})$$

よって，組成式は $C_xH_yO_z$

3 講 元素分析

説明①

C 原子が S_C〔%〕，H 原子が S_H〔%〕なので，O 原子は残りの $100-S_C-S_H$〔%〕となります。質量パーセントなので質量と同じ感覚で扱い，有機化合物 100 g の中に C 原子が S_C〔g〕，H 原子が S_H〔g〕，O 原子が $100-S_C-S_H$〔g〕含まれると考えます。

これを原子量で割って物質量の比に変えましょう。

$$C:H:O=\frac{S_C}{12}:\frac{S_H}{1.0}:\frac{100-S_C-S_H}{16}=x:y:z(\text{整数比})$$

以上より，組成式は $C_xH_yO_z$ となります。

実践！ 演習問題 2

▶標準レベル

C, H, O 原子からなる有機化合物の元素分析の結果は，質量パーセントで C 原子が 54.5 %，H 原子が 9.1 % であった。この有機化合物の組成式を求めなさい。

\Point!/

質量パーセントは質量と同じ感覚で扱う！

▶ 解説

C 原子が 54.5 %，H 原子が 9.1 % なので，O 原子は，

$$100 - 54.5 - 9.1 = 36.4\,\%$$

となります。

物質量比は，

$$\mathrm{C}:\mathrm{H}:\mathrm{O} = \frac{54.5}{12} : \frac{9.1}{1.0} : \frac{36.4}{16}$$ ◀ \Point!/

$$= 4.542 : 9.1 : 2.275$$

$$\fallingdotseq 2 : 4 : 1$$

すべてを2.275で割る

となるため，組成式は C_2H_4O となります。

▶ 解答 C_2H_4O

Q & A

Q 03. 100 g で実験しているわけじゃないのに，54.5 % を 54.5 g と考えていいの？

A 03. 本来は有機化合物が x〔g〕と考えて，54.5 % は $\frac{54.5}{100}x$〔g〕として計算していきますが，元素分析の計算では最終的に各元素の物質量を「比」にするので，$\frac{1}{100}$ と x は消えてしまいます。

よって，元素分析の計算ではそのまま質量として扱う方がスムーズです。

入試への＋α《N原子が含まれる場合の元素分析計算》

N原子が含まれている有機化合物の元素分析計算では，質量ではなく物質量で進めていく方が，計算がシンプルになる場合が多いです。

例　C，H，N，O原子からなる有機化合物Aの元素分析を行ったところ，化合物A 151 mgからCO_2が178 mg，H_2Oが89 mg，N_2が28 mg生成しました。この有機化合物の組成式を求めてみましょう。

通常は各元素の質量を計算しますが，N原子が含まれるため，物質量を求めます。

C原子…CO_2（分子量44）1分子中にC原子は1個含まれているため「C原子の物質量＝CO_2の物質量」となります。

C原子：$\frac{178}{44}=\underline{4.04\ \text{mmol}}$

H原子…H_2O（分子量18）1分子中にH原子は2個含まれているため「H原子の物質量＝H_2Oの物質量×2」となります。

H原子：$\frac{89}{18}\times 2=\underline{9.88\ \text{mmol}}$

N原子…N_2（分子量28）1分子中にN原子は2個含まれているため「N原子の物質量＝N_2の物質量×2」となります。

N原子：$\frac{28}{28}\times 2=\underline{2.00\ \text{mmol}}$

O原子…O原子の質量は有機化合物の質量からC・H・N原子の質量を除いたもの，すなわち，$151-12\times 4.04-1.0\times 9.88-14\times 2.00=64.64$ mgになります。これを原子量16で割ると物質量です。

O原子：$\frac{64.64}{16}=\underline{4.04\ \text{mmol}}$

組成式…各元素の物質量比は，

$$\begin{aligned} C:H:N:O &= 4.04:9.88:2.00:4.04 \\ &\fallingdotseq \underline{2:5:1:2} \end{aligned}$$

となり，組成式は$C_2H_5NO_2$とわかります。

3講　元素分析

3 分子量測定

分子量測定の内容と計算は，基本的に理論化学で学びます。ここでは，分子量測定の代表的なものの公式を確認していきましょう。

❶ 理想気体の状態方程式

有機化合物が揮発性で沸点が低いときに利用します。液体の有機化合物を気体に変化させ，その密度 d を測定することで分子量 M を導く分子量測定です。

$$M = \underbrace{\frac{w}{V}}_{\text{密度 } d} \times \frac{RT}{P}$$

（M：分子量，w：質量〔g〕，V：体積〔L〕，
P：圧力〔Pa〕，T：絶対温度〔K〕，R：気体定数〔Pa・L/(K・mol)〕）

❷ 凝固点降下

有機化合物が不揮発性で低分子のときに利用します。有機化合物の溶液の凝固点降下度 Δt_f を測定することにより分子量 M を導きます。

$$\Delta t_f = K_f \times m$$

（Δt_f：凝固点降下度〔K〕，K_f：モル凝固点降下〔K・kg/mol〕，
m：質量モル濃度 $= \dfrac{\dfrac{w}{M}}{\dfrac{W}{1000}}$〔mol/kg〕
※ w：溶質の質量〔g〕，W：溶媒の質量〔g〕）

❸ 浸透圧

有機化合物が高分子のときに利用します。有機化合物の溶液の浸透圧 Π を測定することにより分子量 M を導きます。

$$M = \frac{w}{V} \times \frac{RT}{\Pi}$$

（M：分子量，w：質量〔g〕，V：体積〔L〕，
Π：浸透圧〔Pa〕，T：絶対温度〔K〕，R：気体定数〔Pa・L/(K・mol)〕）

❹ 比重

有機化合物が常温付近で気体のときに利用します。基準となる気体（分子量 M_A）に対する比重 x から有機化合物の分子量 M を導きます。

$$M = M_A \times x$$

（M：分子量，M_A：気体Aの分子量
x：M_A に対する比重）

⑤ 中和滴定

有機化合物が酸性または塩基性のときに利用します。有機化合物が酸(n 価)のとき，塩基(C〔mol/L〕，N 価)を用いた中和滴定から分子量 M を導きます。

有機化合物 w〔g〕を中和するために必要な塩基が V〔mL〕とすると次のようになります。

$$\frac{w}{M} \times n = C \times \frac{V}{1000} \times N$$

（M：分子量，w：質量，n：酸の価数，C：塩基の濃度，V：塩基の体積，N：塩基の価数）

3講 元素分析

実践！ 演習問題 3 ▶標準レベル

ある高分子化合物 3.45 g を溶かした水溶液 115 mL の浸透圧を測定したところ，27 ℃で 2.93×10^3 Pa であった。気体定数は 8.3×10^3 Pa・L/(K・mol)として，高分子化合物の分子量を有効数字 2 桁で求めなさい。

\Point!/

理論化学で学ぶ公式をしっかりマスターしておく!!

▶ 解説

浸透圧の公式より，

$$M = \frac{w}{V} \times \frac{RT}{\Pi} \quad \blacktriangleleft \text{\Point!/}$$

$$= \frac{3.45}{\frac{115}{1000}} \times \frac{8.3 \times 10^3 \times (27 + 273)}{2.93 \times 10^3}$$

$$= 2.54 \times 10^4$$

$$\fallingdotseq \underline{2.5 \times 10^4}$$

▶ 解答　2.5×10^4

4講　構造異性体

講義テーマ！

構造異性体を書けるようになりましょう！

1 構造異性体の書き方

分子式が同じで構造の異なるもの，すなわち原子の配列が異なるものを**構造異性体**といいます。構造異性体の学習の目標は，「書くことができる」です。手を動かして，書く練習をしましょう。

❶ 構造異性体を書くときのポイント

重要TOPIC 01

構造異性体を書くときのポイント

① C 骨格をつくる　説明①
- 主鎖の長いものから書き出していく
- 書いたあと，主鎖を確認する

② 官能基をつける　説明②
- C 骨格のどこに官能基がつくか考える

構造異性体を書き出す手順は「**① C 骨格をつくる**」「**② C 骨格に官能基をつける**」です。それぞれのポイントを確認していきましょう。

説明①

[1] C骨格をつくる

主鎖の長い骨格から書き出す

C骨格の一番長い部分を**主鎖**といいます。それに対し，主鎖についている主鎖より短い部分を**側鎖**といいます。

```
        C   ← 側鎖
        |
C − C − C − C − C   ← 主鎖
```

C骨格をつくるときは，主鎖が一番長いものから順に書き出していくのがポイントです。

例　C数4※のC骨格の場合

→ 一番長い主鎖4(C−C−C−C)から書き始める

※炭素原子の数が4であるとき，C数4と表すことにします。

書いたあとに主鎖を確認する

主鎖の長いものから順にC骨格を書き出していると，側鎖に見える部分が主鎖になっている場合があります。慣れるまでは，C骨格を書き終わったあと，主鎖がどこなのかを確認しましょう。

「1本の線で結ぶことができる，一番長い部分はどこか」を確認するのがポイントです。

例　C数4のC骨格の場合(□が主鎖)

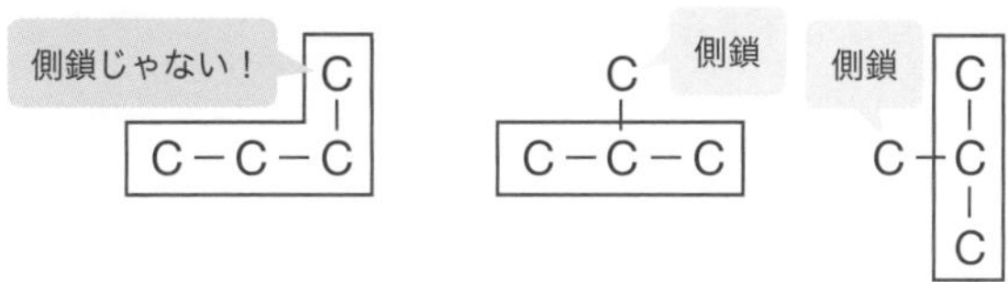

以上より，C数4のC骨格(鎖状)は次の2つになります。

```
                      C
                      |
C − C − C − C     C − C − C
  主鎖にC4個       主鎖にC3個
```

どうして「１本の線で結ぶことができる部分」に注目するのか

有機化合物は基本的に構造式を平面的に表記していきます。しかし，本当は立体構造であることを忘れてはいけません。

例　C 数 4，主鎖 3(C－C－C)の C 骨格

平面で考えると，C 数 4，主鎖 3(C－C－C)の化合物は，次の A，B のように 2 種類あるように思えます。

```
A          C        B      C
           |               |
   C－C－C             C－C－C
```

しかし，◯をつけた C 原子に注目して正四面体の構造を書くと，A は主鎖 4 と同じであることがわかります。

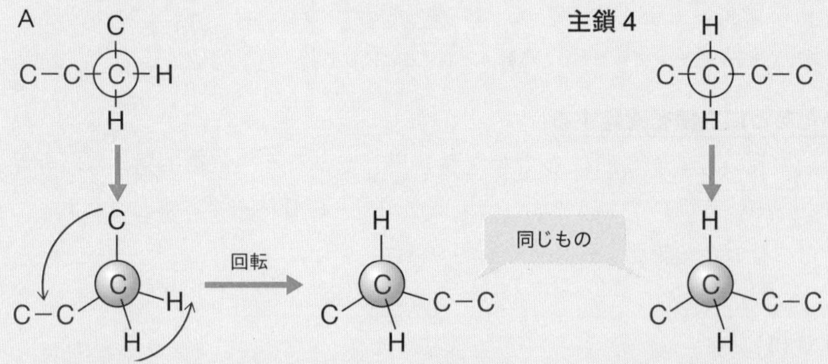

このように，本当は立体構造の化合物を平面で表すため，異なる化合物に見えてしまいますが，「１本の線で結ぶことができる部分」は立体構造にすると同じ C 鎖になります。

以上より，主鎖は「１本の線で結ぶことができる一番長い部分」であり，C 骨格をつくるとき，主鎖の末端に側鎖をつけることはありません。よって主鎖 3 の化合物は B の 1 種類となります。

```
C－C－C     末端には側鎖を
↑      ↑     つけない！！
NG    NG
```

実践！ 演習問題 1

▶標準レベル

炭素原子の数が７の炭素骨格（鎖状のみ）をすべて書きなさい。

\Point!/

主鎖の長いものから順に書く！

１本の線で結ぶことができる一番長い部分を確認する!!

▶ 解説

主鎖７の骨格から順に書き出していきましょう。◀ \Point!/

主鎖７

```
C−C−C−C−C−C−C
```

主鎖６

```
                C
                |
C−C−C−C−C−C

          C
          |
C−C−C−C−C−C
```

主鎖５

```
            C
            |
C−C−C−C−C
            |
            C

       C
       |
C−C−C−C−C
       |
       C

       C  C
       |  |
C−C−C−C−C

    C     C
    |     |
C−C−C−C−C

       C
       |
       C
       |
C−C−C−C−C
```

主鎖４

```
    C  C
    |  |
C−C−C−C
       |
       C
```

計９種

書いたあとに「主鎖がどこか」を確認して，次のように同じものを書き出してしまわないようにしましょう。

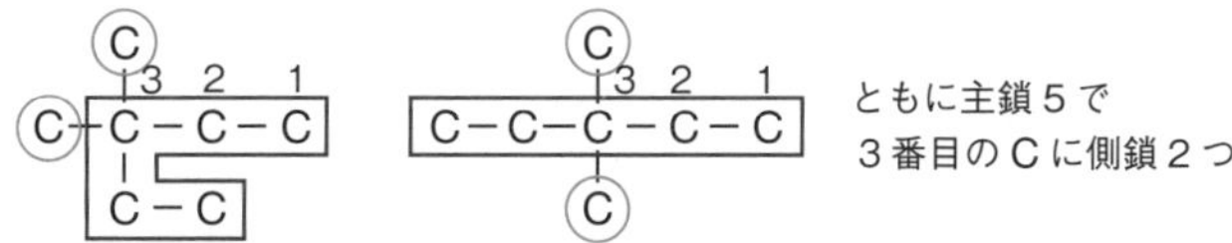

▶ 解答　構造は解説参照。

４講 構造異性体

説明②

[2] **官能基をつける**

有機化合物には，その化合物の特性を表す原子団があり，これを**官能基**といいます。

例

```
C－C－C－C      C－C－C－OH      C－C－C－O－C
      |             ‖              ‖
      OH            O              O
```

官能基の種類と特性は，第 2 章以降で順に確認していきます。この講義では異性体を書くことに集中しましょう。

つくった C 骨格に官能基をつけると，構造異性体の出来上がりです。

例　主鎖 4 に官能基 －OH をつける

```
        末端                              末端から 2 番目
C－C－C－C  ⟷  C－C－C－C           C－C－C－C
         |  同じ  |                            |
         OH       OH                           OH
```

2 構造異性体を書く

❶ C_xH_y のとき

では，代表的な分子式 C_4H_8（不飽和度 $Du=\dfrac{2\times4+2-8}{2}=1$）を例に，構造異性体をつくってみましょう。

不飽和度 Du＝1 より，この化合物は，**二重結合 C＝C 1 個**，または，**環状構造 1 個**のいずれかをもつ化合物です。

[1] **二重結合 C＝C を 1 個もつとき**

C 数 4 の鎖状 C 骨格は次の 2 種類です。

```
                        C
                        |
C－C－C－C          C－C－C
主鎖：C 数 4        主鎖：C 数 3
```

①主鎖 4 (直鎖)

C=C を入れる場所は，(i)，(ii)の↑で示した 2 か所で，それぞれを構造式で書き出してみると次のようになります。

C−C−C−C（(i)，(ii)の位置に↑） → (i) C−C=C−C　(ii) C−C−C=C

②主鎖 3 (枝分かれ)

C=C を入れる場所は 1 か所で，C=C を書き入れると右のようになります。

このとき，中心の C 原子に注目すると，結合が 3 方向(C=C×1＋C−C×2)にあるので正三角形であり，C−C 結合のどこに C=C を入れても同じです(→ p.13)。

回転させるとどこが C=C でも同じ

以上より，分子式 C_4H_8 の鎖状の構造異性体は 3 種類です。C 骨格に H を入れて構造式を書きましょう。

$CH_3-CH=CH-CH_3$　$CH_3-CH_2-CH=CH_2$　$CH_3-C(CH_3)=CH_2$

[2] 環状構造を 1 個もつとき

環状構造を考えるときには，環に使われる C 原子が多いものから順に書き出していきましょう。

① C 数 4 の環

② C 数 3 の環(＋C×1)

以上より，分子式 C_4H_8 の環状の構造異性体は 2 種類です。

シクロブタン（CH_2-CH_2 / CH_2-CH_2 の四員環）　メチルシクロプロパン（CH_2，CH_2，CH の三員環に $-CH_3$）

まとめると，分子式 C_4H_8 の構造異性体は5種類です。

$$CH_3-CH=CH-CH_3 \qquad CH_3-CH_2-CH=CH_2 \qquad \begin{array}{c} \phantom{CH_3-{}}CH_3 \\ \phantom{CH_3-{}}| \\ CH_3-C=CH_2 \end{array}$$

$$\begin{array}{ccc} CH_2 & - & CH_2 \\ | & & | \\ CH_2 & - & CH_2 \end{array} \qquad \begin{array}{c} CH_2 \\ / \quad \backslash \\ CH_2 - CH - CH_3 \end{array}$$

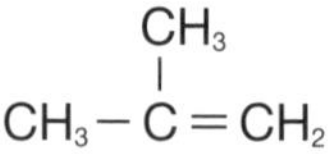

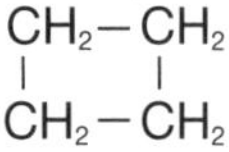

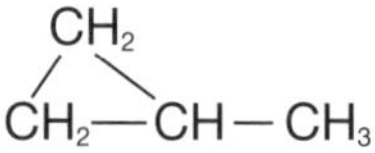

異性体を考えるとき，どこまで書き出すのか

構造決定で，異性体を考えるのは次のようなときです。

① 構造決定をする上で「どんな化合物が選択肢にあるのか」を確認するために書く

②「異性体は何種類ありますか」という問いのとき

③「異性体をすべて書きなさい」という問いのとき

多くの場合は①もしくは②になります。

①や②のときは，すべて書き出す必要はないので，C骨格に↑を入れるところまで書きましょう。

例　C骨格に－OHをつけるとき

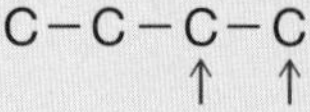

$$\begin{array}{c} C-C-C-C \\ \phantom{C-C-{}}\uparrow\ \ \uparrow \end{array}$$

書くのは
これだけ

③のときは，問題文中に例を与えられることが多いので，例に従って異性体を解答欄に書きましょう。

例

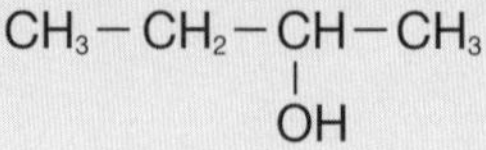

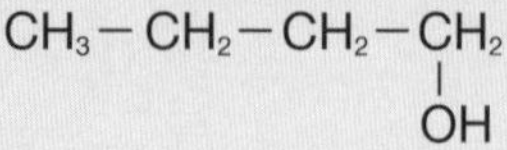

$$\begin{array}{c} CH_3-CH_2-CH-CH_3 \\ \phantom{CH_3-CH_2-{}}| \phantom{{}-CH_3} \\ \phantom{CH_3-CH_2-{}}OH \end{array} \qquad \begin{array}{c} CH_3-CH_2-CH_2-CH_2 \\ \phantom{CH_3-CH_2-CH_2-{}}| \\ \phantom{CH_3-CH_2-CH_2-{}}OH \end{array}$$

実践！ **演習問題 2** ▶標準レベル

分子式 C_5H_{10} の構造異性体は何種類ありますか。

\Point!/

数のみを問われているので，鎖状についてはC骨格に↑だけ書いて考える！

▶ 解説

不飽和度 $Du = \dfrac{2 \times 5 + 2 - 10}{2} = 1$　より，二重結合 C=C もしくは環状構造を 1 個もつ化合物です。

C 数 5 の鎖状の C 骨格は次の 3 通りです。

```
                          C          C
                          |          |
C-C-C-C-C      C-C-C-C    C-C-C
                                     |
                                     C
```

これらに C=C を入れると，鎖状の異性体になります。

↑を書いてみましょう。◀ \Point!/

```
                             C             C
                             |             |
C-C-C-C-C        C-C-C-C        C-C-C
       ↑  ↑         ↑  ↑  ↑           |
                                       C
                                      なし
```

真ん中の C はすでに 4 本結合

よって，鎖状の構造異性体は 5 種類になります。

次に，環状の C 骨格は次のように書くことができます。

C 数 5 の環　　　C 数 4 の環(+C×1)

```
   C           C-C
 /   \         |  |
C     C        C-C-C
 \   /
 C-C
```

C 数 3 の環(+C×2)

```
  C             C               C
 / \           / \             / \
C-C-C-C       C-C-C         C-C-C-C
                |
                C
```

以上より，環状の構造異性体は 5 種類になります。

まとめると，分子式 C_5H_{10} の構造異性体は10種類になります。

ちなみに，10種類すべてを書き出すと次のようになります。

$CH_3-CH_2-CH=CH-CH_3$　　$CH_3-CH_2-CH_2-CH=CH_2$

$CH_2=CH-CH(CH_3)-CH_3$　　$CH_3-CH=C(CH_3)-CH_3$　　$CH_3-CH_2-C(CH_3)=CH_2$

（シクロペンタン：CH_2 5個の環）　（CH_2-CH_2 / $CH_2-CH-CH_3$ の四員環）　（CH_2 三員環 $CH_2-CH-CH_2-CH_3$）

（CH_2 / $H_2C-C(CH_3)-CH_3$ の三員環）　（CH_2 / $H_3C-CH-CH-CH_3$ の三員環）

▶ 解答　**10種類**

② $C_xH_yO_z$ のとき

今度は分子式に O 原子が入る場合の構造異性体を $C_4H_{10}O$（不飽和度 $Du=\frac{2\times4+2-10}{2}=\underline{0}$）を例に考えてみましょう。

不飽和度 Du＝0 より，この化合物は二重結合や環状構造はもちません。C_4H_{10}の構造に O 原子（原子価 2）を入れると考えましょう。

O 原子を入れる場所は，

・C−H 結合に入れる（C−O−H）→ C 骨格に −OH をつける

・C−C 結合に入れる（C−O−C）

の 2 通りが考えられます。

［1］C 骨格に −OH をつけるとき

C 数 4 の鎖状 C 骨格は次の 2 種類です。

$C-C-C-C$　　$C-C(C)-C$

－OH をつける場所に↑を入れると次のようになります。

```
                        C
                        |
C − C − C − C       C − C − C
        ↑   ↑           ↑   ↑
```

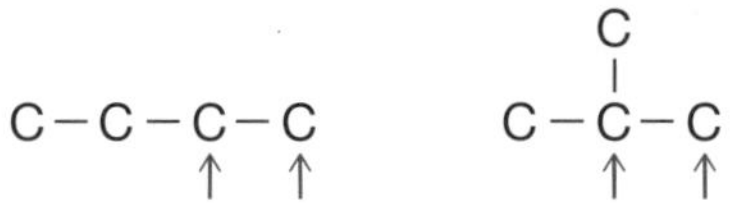

よって，－OH をもつ構造異性体は 4 種類です。
それらを書き出すと次のようになります。

```
                                          C             C
                                          |             |
C − C − C − C     C − C − C − C       C − C − C     C − C − C
        |                     |           |                 |
        OH                    OH          OH                OH
```

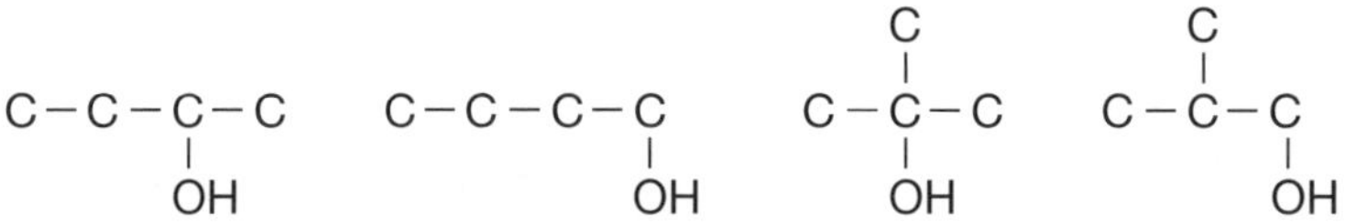

［2］**C 骨格に －O－ を入れるとき**

2 種類の C 骨格に対して，－O－ を入れる場所に↑を入れると次のようになります。

```
                          C
                          |
C − C − C − C         C − C − C
      ↑   ↑                ↑
```

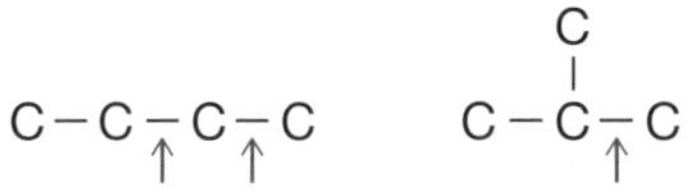

よって，－O－ をもつ構造異性体は 3 種類です。
それらを書き出すと次のようになります。

```
                                                  C
                                                  |
C − C − O − C − C     C − C − C − O − C       C − C − O − C
```

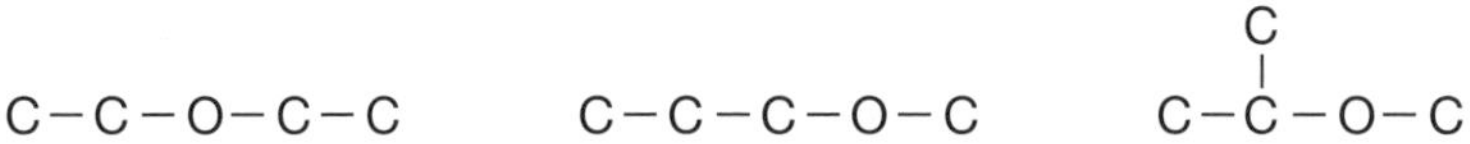

以上より，分子式 $C_4H_{10}O$ の構造異性体は全部で 7 種類になります。

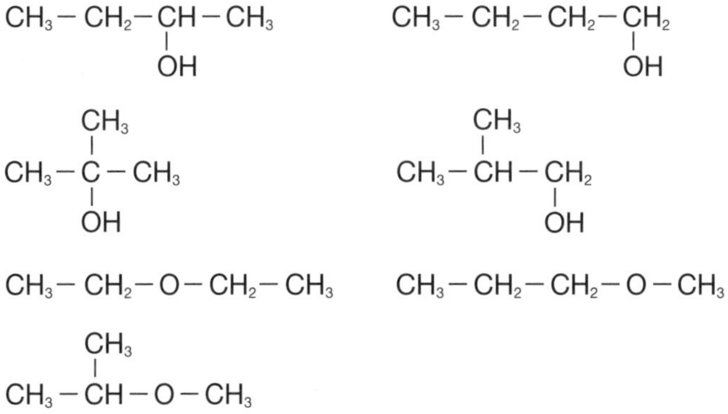

```
CH3 − CH2 − CH − CH3           CH3 − CH2 − CH2 − CH2
            |                                    |
            OH                                   OH

      CH3                            CH3
      |                              |
CH3 − C − CH3                  CH3 − CH − CH2
      |                                   |
      OH                                  OH

CH3 − CH2 − O − CH2 − CH3      CH3 − CH2 − CH2 − O − CH3

      CH3
      |
CH3 − CH − O − CH3
```

実践！ **演習問題 3** ▶標準レベル

分子式 $C_5H_{12}O$ の構造異性体は何種類ありますか。

\Point!/

C−H か C−C に −O− を入れる！

すなわち C 骨格に −OH をつけるか，−O− を挟む !!

▶ 解説

不飽和度 $Du=\dfrac{2\times5+2-12}{2}=0$ より，二重結合や環状構造はもちません。

C 数 5 の C 骨格(鎖状)は次の 3 通りです。

```
                             C              C
                             |              |
C−C−C−C−C        C−C−C−C       C−C−C
                                            |
                                            C
```

これらに −O− を入れると，異性体になります。

まずは C−H に −O− を入れる，すなわち C 骨格に −OH をつけるときを考えましょう。◀ \Point!/ −OH をつける場所に↑を入れると次のようになります。

```
                             C              C
                             |              |
C−C−C−C−C        C−C−C−C       C−C−C
    ↑  ↑  ↑        ↑  ↑  ↑  ↑             |  ↑
                                            C
```

よって，−OH をもつ構造異性体は 8 種類あります。

次に，C−C に −O− を入れるときを考えましょう。◀ \Point!/ C 骨格に↑を入れると次のようになります。

```
                             C              C
                             |              |
C−C−C−C−C        C−C−C−C       C−C−C
       ↑  ↑         ↑  ↑  ↑               | ↑
                                            C
```

よって，−O− をもつ構造異性体は 6 種類あります。

以上より，分子式 $C_5H_{12}O$ の構造異性体は14種類です。

▶ 解答 **14種類**

実践！ **演習問題 4** ▶標準レベル

分子式 $C_5H_{10}O$ の構造異性体のうち，次の①，②にあてはまるものは何種類ありますか。

① $-\underset{\underset{O}{\|}}{C}-H$ をもつもの　② ①以外で $-\underset{\underset{O}{\|}}{C}-$ をもつもの

\Point!/

$-\underset{\underset{O}{\|}}{C}-H$ をもつのは，C 骨格の末端に $-\underset{\underset{O}{\|}}{C}-$ があるとき!!

▶ 解説

不飽和度 $Du = \dfrac{2\times5+2-10}{2} = 1$ なので，二重結合（C=C または C=O）もしくは環状構造のいずれかを 1 つもちます。本問は① $-\underset{\underset{O}{\|}}{C}-H$，② $-\underset{\underset{O}{\|}}{C}-$ をそれぞれもつため，不飽和度 Du＝1 は C=O からくるものです。

① $-\underset{\underset{O}{\|}}{C}-H$ をもつのは，C=O が C 骨格の末端につくときです。◀ \Point!/

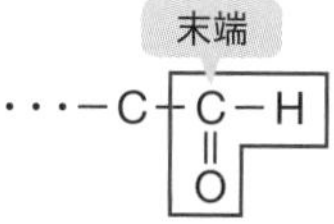

末端

$\cdots-C-\underset{\underset{O}{\|}}{C}-H$

では，C 数 5 の C 骨格の末端に↑を入れていきましょう。

```
C−C−C−C−C        C                C
        ↑         |                |
             C−C−C−C         C−C−C
             ↑     ↑               |  ↑
                                   C
```

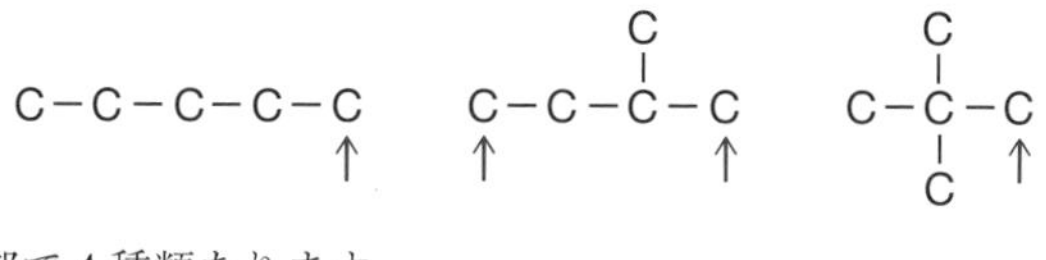

全部で 4 種類あります。

② ①以外で $-\underset{\underset{O}{\|}}{C}-$ をもつのは，末端以外に C=O をもつときです。

①同様，C 数 5 の C 骨格の末端以外に↑を入れていきましょう。

```
C−C−C−C−C          C                  C
    ↑ ↑            |                  |
               C−C−C−C              C−C−C
                 ↑                    |
                                      C
                                     なし
```

C=O をつくると結合 5 本になるため NG

4 講 構造異性体

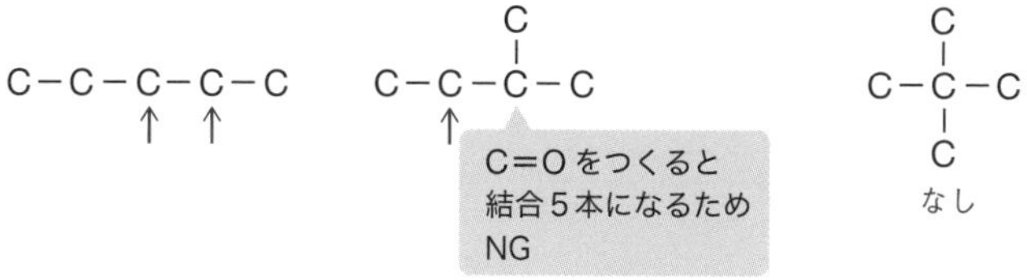

全部で3種類あります。

▶ 解答　①　**4種類**　②　**3種類**

実践！ **演習問題 5** ▶標準レベル

分子式 $C_5H_{10}O_2$ の構造異性体のうち，$-\underset{\underset{\displaystyle O}{\|}}{C}-OH$ をもつものは何種類ありますか。

\Point!/

$-\underset{\underset{\displaystyle O}{\|}}{C}-OH$ をもつのはC骨格のどこにどんな原子団を入れたときか考える！

▶ 解説

不飽和度 $Du = \dfrac{2\times5+2-10}{2} = 1$ なので，二重結合(C=C または C=O)もしくは環状構造のいずれかを1つもちます。

本問は $-\underset{\underset{\displaystyle O}{\|}}{C}-OH$ をもつため，不飽和度 Du = 1はC=Oからくるものです。

そして，$-\underset{\underset{\displaystyle O}{\|}}{C}-OH$ をもつのは，$-\underset{\underset{\displaystyle O}{\|}}{C}-O-$ がC骨格の末端にくるときです。

末端

$\cdots-C-\underset{\underset{\displaystyle O}{\|}}{C}-O-H$

では，C数5のC骨格の末端に↑を入れていきましょう。

```
                          C                   C
                          |                   |
C-C-C-C-C          C-C-C-C           C-C-C
        ↑          ↑     ↑               |  ↑
                                          C
```

全部で4種類あります。

▶ 解答　**4種類**

5講 立体異性体

講義テーマ！

立体異性体を見つけることができるようになりましょう！

1 立体異性体

分子式が同じで立体構造の異なるものを**立体異性体**といいます。立体構造が異なるだけなので，平面的に表される構造式で表記すると同じに見えます。よって，立体異性体の学習の目標は「見つけることができる」です。立体異性体が生じる条件を確認し，見つける練習をしましょう。

① シス-トランス異性体

C=C に結合する原子団の空間的な配置が異なる異性体を**シス-トランス異性体**（**幾何異性体**）といいます。

重要TOPIC 01

シス-トランス異性体の構造 説明①

H_3C と CH_3 が同じ側：$H_3C(H)C=C(H)CH_3$　シス形

H_3C と CH_3 が反対側：$H_3C(H)C=C(CH_3)H$　トランス形

シス-トランス異性体が生じる条件 説明②

p, q C=C r, s　　$p \neq q$ かつ $r \neq s$

シス形とトランス形の性質 説明③

シス形とトランス形では，一般的に物理的な性質（沸点や密度など）が異なる

説明①

［1］シス-トランス異性体の構造

分子式 C_4H_8（不飽和度 Du＝1）の構造異性体の1つに次の化合物があります。

C−C=C−C（$CH_3-CH=CH-CH_3$）

この化合物の立体構造は右のような平面構造です（→ p.14）。

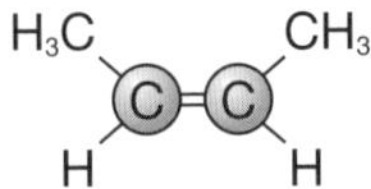

これを，次のような構造で考えると，立体的に異なる2つの構造が見えてきます。

```
H3C       CH3        H3C       H
   \     /              \     /
    C = C                C = C
   /     \              /     \
  H       H            H       CH3
```

シス形　　　トランス形

このとき，C 骨格が同じ方向に折れ曲がっている方を**シス形**，C 骨格が異なる方向に折れ曲がっている方を**トランス形**といいます。シス形とトランス形では「角度」が異なっていますね。

では，この2つが異なる化合物になる理由を考えてみましょう。

下の左側の図のように，単結合の場合，左の原子を押さえた状態で右の原子は自由に回転できます。しかし，二重結合の場合，右側の図のように，左の原子を押さえた状態で右の原子を回転させることはできません。

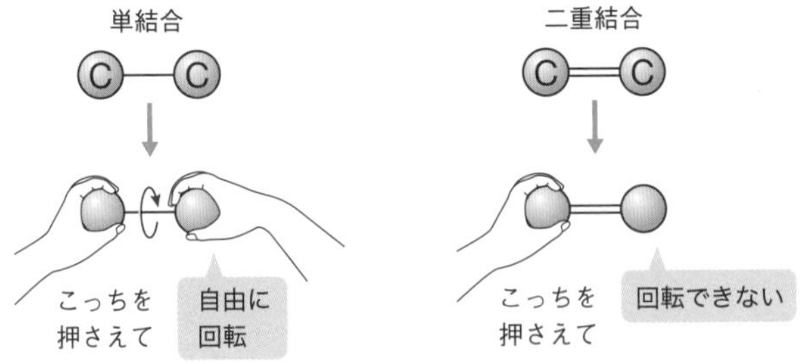

このように「二重結合 C=C が回転できない」ことが原因で生じるのが，シス-トランス異性体なのです。

説明②

[2] シス-トランス異性体が生じる条件

シス-トランス異性体が生じるのは次の条件を満たしたときです。

$$\begin{matrix} p \\ q \end{matrix}\!\!>\!C=C\!<\!\!\begin{matrix} r \\ s \end{matrix} \qquad p \neq q \text{ かつ } r \neq s$$

C=Cの1つのC原子に結合している原子や原子団(pとq)が異なる，かつ，もう1つのC原子に結合している原子や原子団(rとs)が異なるとき，シス-トランス異性体が生じます。

[3] シス-トランス異性体の有無を判断するときのポイント

シス-トランス異性体の有無を判断するとき，化合物を構造式で与えられると判断しやすいですが，示性式だと難しく感じるときがあります。

示性式で与えられたときは，

① C=C結合のC原子に○をつける

② ○をつけたC原子に結合している原子または原子団を確認する

の2つを落ち着いてやってみましょう。

例　$CH_3CH=CHCOOH$にシス-トランス異性体はあるか考えてみましょう。

① C=C結合のC原子に○をつけます。このとき「=」の左右で一番近くにあるC原子がそれに相当します。

$$CH_3ⒸH=ⒸHCOOH$$

② 次に○をつけたC原子に結合している原子または原子団を確認します。

$$\underbrace{CH_3}_{p}Ⓒ\underbrace{H}_{q}=Ⓒ\underbrace{H}_{r}\underbrace{COOH}_{s}$$

C=C結合のC原子には，それぞれ異なる原子または原子団が結合していることがわかります($p \neq q$，$r \neq s$)。よってシス-トランス異性体が存在します。

実践！ 演習問題 1 ▶標準レベル

次の①～⑤のなかで，シス-トランス異性体が存在する化合物をすべて選びなさい。

① $CH_2=CHCH_3$　② $CH_3CH_2CH=C(CH_3)_2$　③ $CH_3CH=CHCH_2CH_3$

④ $CHCl=C(CH_2OH)COOH$　⑤ $CH_3CH(OH)CH=C(CH_3)CH_2CH_3$

\Point!/
C＝C の C 原子に○をつけて，結合している原子や原子団を確認!!

▶ 解説

① ⓒH_2＝ⓒHCH_3

左の C 原子に同じ H 原子が結合している。

② CH_3CH_2ⓒH＝ⓒ$(CH_3)_2$

右の C 原子に同じ原子団 $-CH_3$ が結合している。

③ CH_3ⓒH＝ⓒHCH_2CH_3

どちらの C 原子も異なる原子や原子団が結合している。

④ ⓒHCl＝ⓒ$(CH_2OH)COOH$

どちらの C 原子も異なる原子や原子団と結合している。

⑤ $CH_3CH(OH)$ⓒH＝ⓒ$(CH_3)CH_2CH_3$

どちらの C 原子も異なる原子や原子団と結合している。

ちなみに，①～⑤の化合物を立体構造を考慮した構造式で表すと次のようになります。

① H, H / C=C / H, CH_3　② CH_3CH_2, CH_3 / C=C / H, CH_3

③ CH_3, CH_2CH_3 / C=C / H, H ，CH_3, H / C=C / H, CH_2CH_3

④ H, CH_2OH / C=C / Cl, COOH ，H, COOH / C=C / Cl, CH_2OH

⑤

$$\mathrm{CH_3CH(OH)}\backslash\mathrm{C{=}C}(\mathrm{H})\cdots$$

CH₃CH(OH)–C(H)=C(CH₃)(CH₂CH₃), CH₃CH(OH)–C(H)=C(CH₂CH₃)(CH₃)

▶ 解答　③，④，⑤

シスとトランスの区別を問われるとき

シス形かトランス形かを区別する問題は，基本的に，C=C 結合の 2 つの C 原子に同じ組み合わせの原子または原子団が結合している場合がほとんどです。

$(p, q)C{=}C(r, s)$ （p，q）（r，s）の組み合わせが同じ

例

H₃C–C(H)=C(H)–CH₃（シス形）　H₃C–C(H)=C(CH₃)–H（トランス形）

シス形　　トランス形

$p \neq q \neq r \neq s$ のときは，基本的にシス形とトランス形の区別は問われません。

例 Cl(H)C=C(CH₃)(COOH)

また，$p=q=$H，$r=s=CH_3$ のような場合には，シス-トランス異性体は存在しません。

例 (H)(H)C=C(CH₃)(CH₃)

区別は問われなくても，その化合物に「シス-トランス異性体があるかどうか」の判断はできるようになっておきましょう。

説明③

[4] シス-トランス異性体の性質の違い

シス形とトランス形では，基本的にシス形の方が極性が大きくなります。トランス形は分子全体で極性を打ち消し合うことが多く，シス形に比べ極性が小さくなりやすいからです。

例

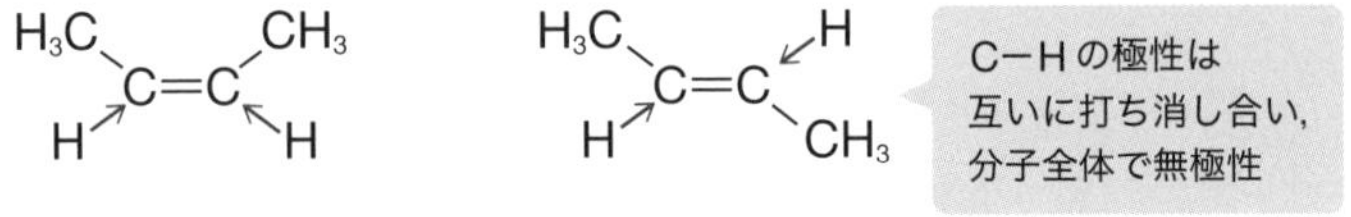

H_3C CH_3 / C=C / H H
シス形
極性(大) → 沸点(高)

H_3C H / C=C / H CH_3
トランス形
極性(小) → 沸点(低)

C−Hの極性は互いに打ち消し合い，分子全体で無極性

上の例では，シス形の方がトランス形と比べて極性が大きいため，沸点が高くなります。

このように，シス形とトランス形では分子の極性が異なるため，沸点や密度など，物理的な性質が異なります。

環状構造のシス-トランス異性体

シス-トランス異性体が生じる原因は，C=C結合が「回転できない」ことでしたね。環状構造も回転できないため，シス-トランス異性体が生じることがあります。

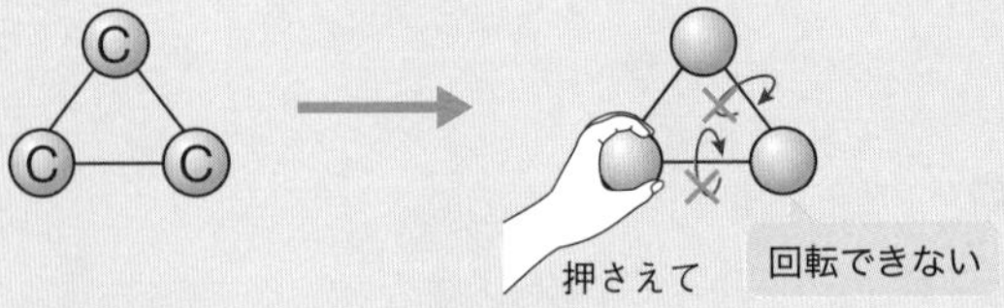

例

CH_2 / H_3C CH_3 / C−C / H H
シス形

CH_2 / H_3C H / C−C / H CH_3
トランス形

② 鏡像異性体

重要TOPIC 02

鏡像異性体の構造 説明①

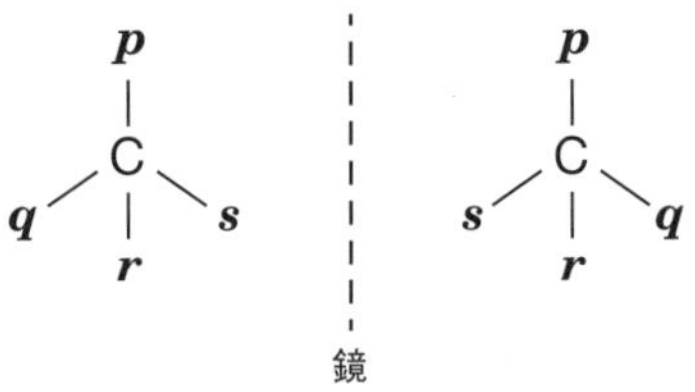

鏡像異性体が生じる条件 説明②

p
|
q − C* − s　不斉炭素原子が存在する
|
r　（p, q, r, s がそれぞれすべて異なる）

説明①

［1］鏡像異性体の構造

示性式 $CH_3CH(OH)COOH$ の化合物を構造式で表すと，右のようになります。このとき，中心のC原子には4つの異なる原子や原子団が結合しています。このようなC原子のことを**不斉炭素原子**といい，通常，アスタリスク（＊）をつけて表します。

COOH
|
CH_3 − C* − OH
|
H

この化合物の正確な立体構造は右のような四面体です（→ p.12）。

COOH
|
C
H_3C　H　OH

このように立体構造にすると，もう1つの構造が見えてきます。不斉炭素原子に結合している原子や原子団を，1ペアだけ，入れ替えてみましょう（入れ替えるのはどの組み合わせでも構いません）。

COOH
|
C
H_3C　H　OH

COOH
|
C
HO　H　CH_3

このように，不斉炭素原子をもつ化合物に生じる異性体が**鏡像異性体**(**光学異性体**)です。また，この2つは鏡に映った像と同じ関係にあるため，**鏡像体**といいます。

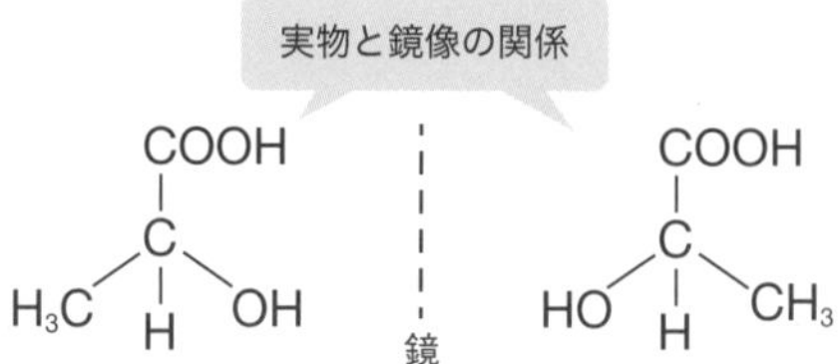

この2つの立体構造が異なることを確認してみましょう。不斉炭素原子に結合している H 原子を C－COOH を軸として回転させ，四面体の奥に移動させます。

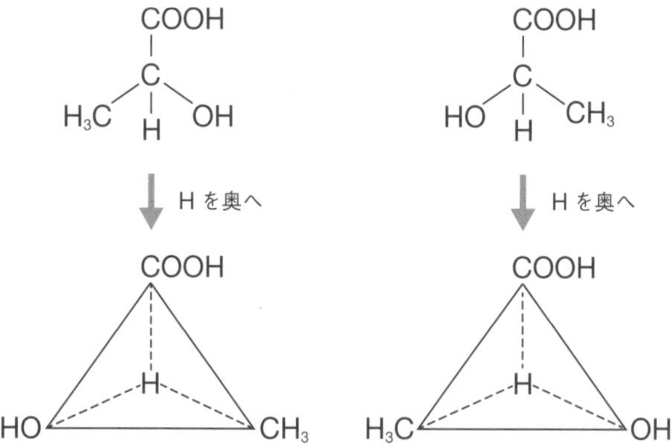

2つの四面体をこの向きのまま重ねると，COOH と H は重なりますが，CH_3 と OH は重ならないため，別の構造とわかります。

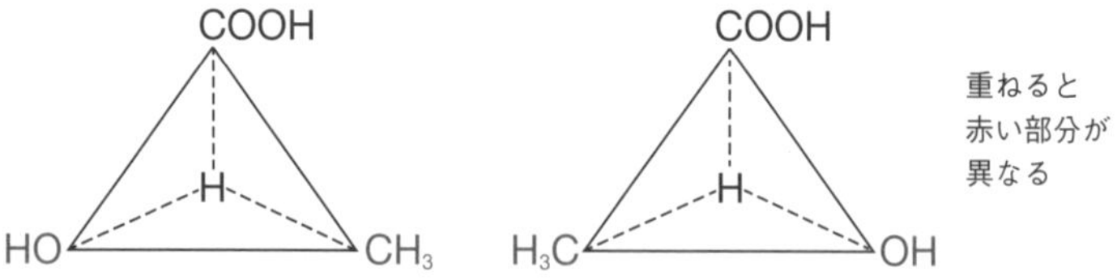

説明②

［2］鏡像異性体が生じる条件

鏡像異性体が生じるのは次の条件を満たしたときです。

不斉炭素原子が存在する
　すなわち
p, q, r, s がそれぞれ異なる原子または原子団である

$$
\begin{array}{c} p \\ | \\ q - \mathrm{C}^* - s \\ | \\ r \end{array}
$$

［3］鏡像異性体の有無を判断するときのポイント

鏡像異性体の有無を判断するとき，化合物を構造式で与えられると判断しやすいですが，示性式だと難しく感じるときがあります。

示性式で与えられたときは，
① 不斉炭素原子になりそうなC原子に◯をつける
② ◯をつけたC原子に結合している原子または原子団を確認する
の2つを落ち着いてやってみましょう。

5講　立体異性体

例　$CH_3CH_2CH(OH)CH_2COOH$ に鏡像異性体が存在するか，考えてみましょう。

① 不斉炭素原子になりそうなC原子に◯をつける

このとき，CH_3 のC原子のように，同じ原子や原子団と結合しているC原子は不斉炭素原子にはならないため候補から外れます。

→ CH_3，C＝C，COOH（$-\underset{\underset{\mathrm{O}}{\|}}{\mathrm{C}}-\mathrm{OH}$），CHO（$-\underset{\underset{\mathrm{O}}{\|}}{\mathrm{C}}-\mathrm{H}$）などのC原子は外れる。

以上より，例の化合物では，1つのC原子に◯がつきます。

$$CH_3CH_2ⒸH(OH)CH_2COOH$$

② ◯をつけたC原子に結合している原子または原子団を確認する

$$\underbrace{CH_3CH_2}_{p}Ⓒ\underbrace{H}_{q}\underbrace{(OH)}_{r}\underbrace{CH_2COOH}_{s}$$

C原子に結合している4つの原子や原子団がすべて異なるため，このC原子は不斉炭素原子であり，鏡像異性体が存在します。

ちなみに，この化合物を構造式で表すと，右のようになります。

$$
\begin{array}{c} \mathrm{H} \\ | \\ \mathrm{CH_3CH_2} - \mathrm{C}^* - \mathrm{CH_2COOH} \\ | \\ \mathrm{OH} \end{array}
$$

実践！ **演習問題 2** ▶標準レベル

次の①～⑤から，鏡像異性体が存在する化合物をすべて選びなさい。

① $CH_3CH_2CH_2COOH$　　② $CH_3CH=CHCH_2CH_3$

③ $CH_3CH(NH_2)COOH$　　④ $CH_2(OH)CH(OH)CH_2OH$

⑤ $CH_3CH_2CH(OH)CH_2CHO$

\Point!/

不斉炭素原子になりそうなC原子に○をつけて，結合している原子や原子団を確認!!

▶ 解説

① $CH_3CH_2CH_2COOH$

C原子は2つ以上のH原子と結合しているか，COOHのC原子のため，候補になるものはありません。

② $CH_3CH=CHCH_2CH_3$

C原子は2つ以上のH原子と結合しているか，C=C結合をもつC原子のため，候補になるものはありません。

③ CH_3 ©H (NH_2) COOH

異なる4つの原子や原子団と結合しているため©が不斉炭素原子であり，鏡像異性体が存在します。

④ $CH_2(OH)$ ©H (OH) CH_2OH

©が不斉炭素原子のように見えますが，同じ原子団(CH_2OH)が結合しているため不斉炭素原子ではありません。よって，鏡像異性体は存在しません。

⑤ CH_3CH_2 ©H (OH) CH_2CHO

異なる4つの原子や原子団と結合しているため©が不斉炭素原子であり，鏡像異性体が存在します。

▶ 解答　③，⑤

入試への＋α《R体とS体》

鏡像異性体を区別する表現にR・S表記があります。判断の仕方を確認していきましょう。

① 不斉炭素原子に直結している原子の原子番号を確認します(図中の)。原子番号が同じ(同じ元素)ときには，1つ隣の原子で比べます(図中の)。

② 原子番号の大きい順に1，2，3，4と番号をつけます(図中の)。

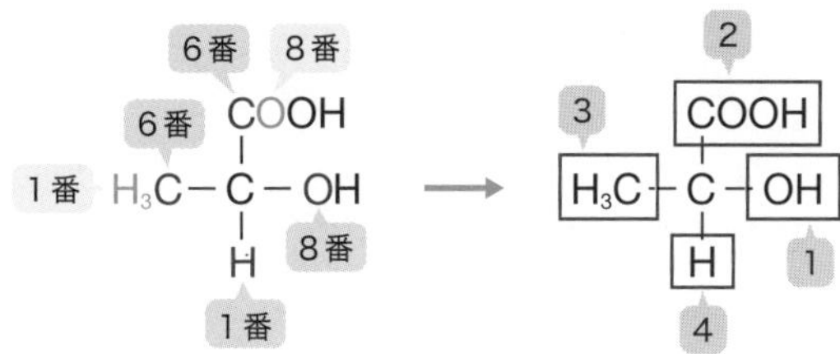

③ 4のH原子を四面体の奥に移動して，立体構造を考えます。このとき，②でつけた番号1，2，3が右回りになるものを**R体**，左回りになるものを**S体**といいます。

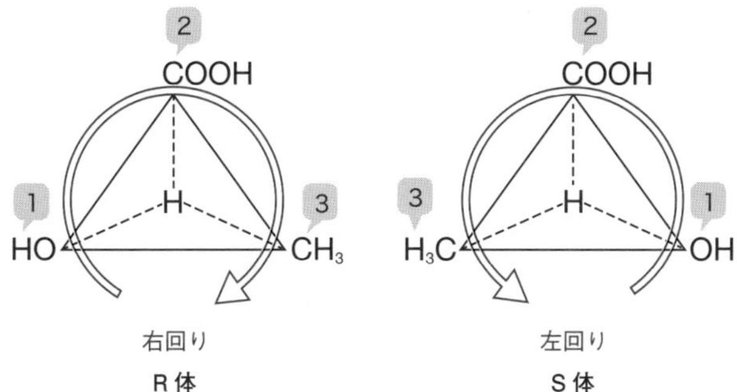

この考え方は，R体・S体を区別するだけでなく，鏡像異性体の関係にある化合物を見つけるときに使うと便利です。

実践！ **演習問題 3** ▶標準レベル

右の化合物と鏡像異性体の関係にあるものを，次の①～④から１つ選びなさい。

(COOH, C, OH, H_3C, H)

① (H, C, OH, HOOC, CH_3)　② (OH, C, CH_3, H, COOH)　③ (CH_3, C, H, HOOC, OH)　④ (COOH, C, CH_3, H, OH)

\Point!/

不斉炭素原子についている４つの原子や原子団を確認して，Ｒ体・Ｓ体を判断しよう！

▶ 解説

与えられた化合物はＲ体です。

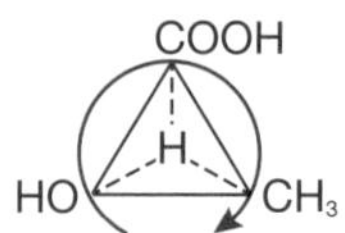

それでは，選択肢の化合物を確認していきましょう。

① (CH_3, H, HOOC, OH) → Ｒ体

② → Ｓ体

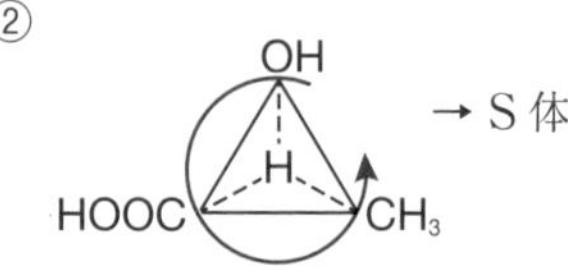

③ (CH_3, H, HOOC, OH) → Ｒ体

④ → Ｒ体

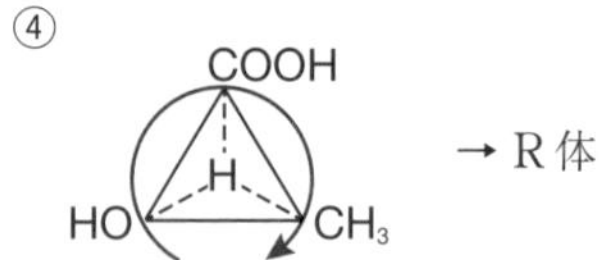

以上より，与えられた化合物と鏡像異性体の関係にあるのは②です。

▶ 解答　②

重要TOPIC 03

鏡像異性体の性質 説明①

鏡像異性体の関係にある化合物は,

・旋光性が異なる

・生体作用が異なる

説明①

[4] 鏡像異性体の性質

旋光性が異なる

鏡像異性体の関係にある化合物は，光に対する性質(**旋光性**)が異なります。平面偏光を当てると，一方の化合物では偏光面が右に回転し(**右旋性**)，もう一方では偏光面が左に回転します(**左旋性**)。

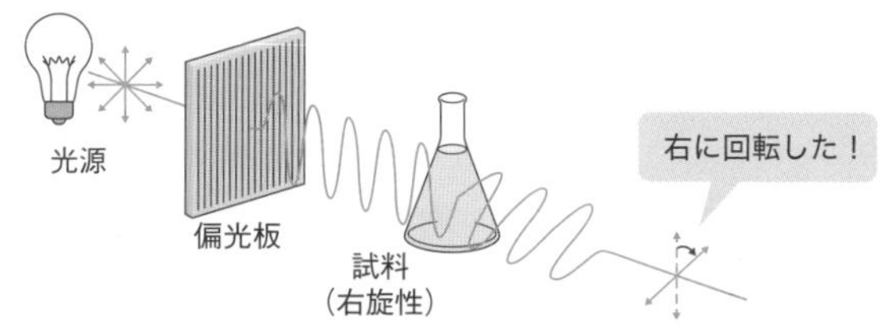

旋光性をもつときは光学活性，もたないときは光学不活性といいます。右旋性の物質と左旋性の物質の等量混合物は光学不活性で，ラセミ体といわれます。

生体作用が異なる

鏡像異性体の関係にある化合物は，体の中での作用が異なります。例えば，グルタミン酸とよばれるアミノ酸は，鏡像異性体のうち，一方のみが舌でうま味として感じられます。

入試への＋α《不斉炭素原子が2つ以上存在するとき》

1つの化合物の中に不斉炭素原子が n 個存在するとき，2^n 個の鏡像異性体が存在します。

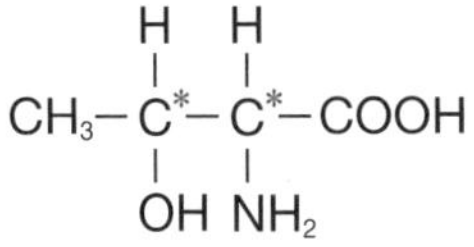

$CH_3-C^*H(OH)-C^*H(NH_2)-COOH$

$2^2=4$ 種類の鏡像異性体あり
（不斉炭素原子を ● で表す）

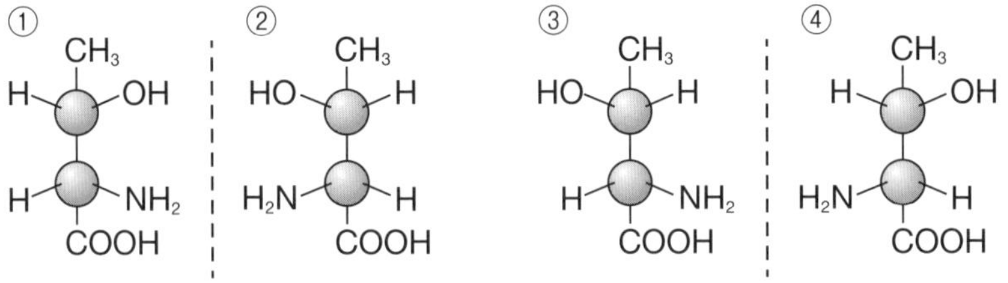

①　②　③　④

また，分子の中に対称面があるとき，鏡像異性体の中に同じものが含まれます。

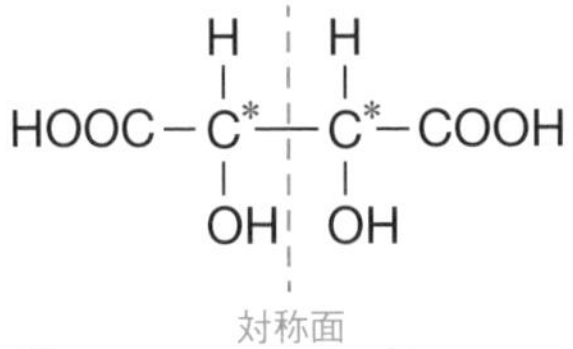

$HOOC-C^*H(OH)-C^*H(OH)-COOH$

$2^2=4$ 種類の鏡像異性体の中に同じものあり

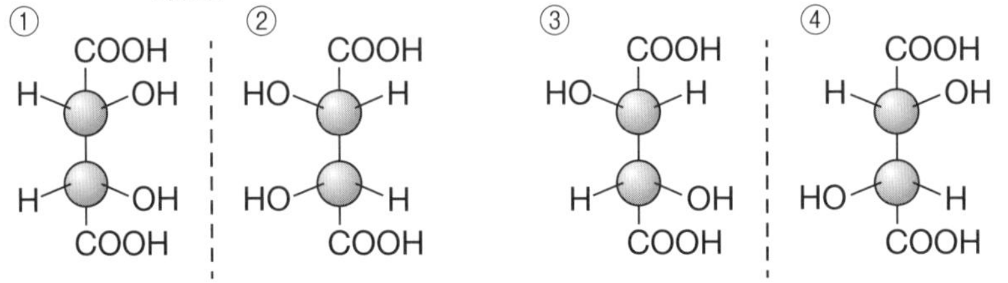

対称面

①　②　③　④

上の鏡像異性体①～④のうち，①と②は同じものです。①を平面上で180°回転させると②になります。

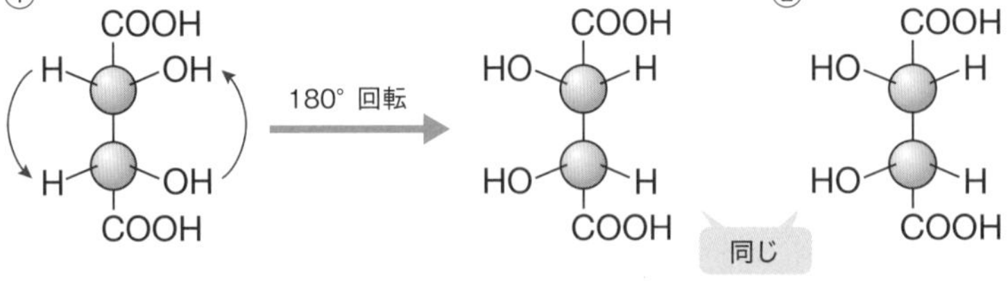

①　180° 回転　②

同じ

よって，鏡像異性体は $2^2-1=3$ 種類です。

①と②のように，鏡像異性体のようで実は同じものを**メソ体**といいます。

また，③と④が鏡像体の関係にあるのに対し，①と③や①と④のように，鏡像体ではない立体異性体を**ジアステレオマー**といいます。

入試問題にチャレンジ

01

下図は，炭素，水素，酸素からなる有機化合物C_mH_nOの元素分析を行った装置である。

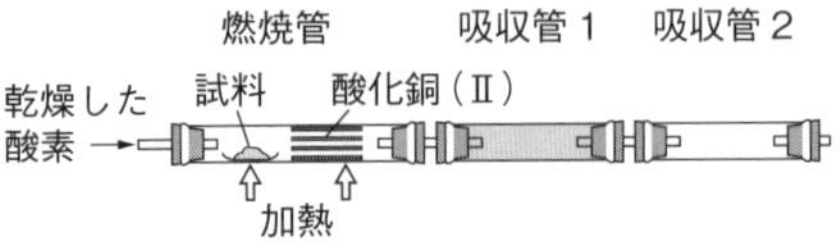

燃焼管　吸収管１　吸収管２
乾燥した酸素　試料　酸化銅（Ⅱ）
加熱

酸化銅（Ⅱ）を入れた燃焼管の中で乾燥した酸素を送りながら，この有機化合物10.8 mgを完全燃焼させた。燃焼によって生じた物質を，燃焼管に接続した吸収管１（塩化カルシウム）と吸収管２（ソーダ石灰）の順に通して吸収させたところ，吸収管１の質量増加は7.2 mg，吸収管２の質量増加は30.8 mgであった。次の問１～問３に答えよ。ただし，原子量は$H=1.0$，$C=12$，$O=16$とする。

問１　燃焼管の中の酸化銅（Ⅱ）の役割は何か。次の(a)～(e)から選び，その記号を答えよ。

(a)　酸化剤として試料を完全燃焼させるため。
(b)　還元剤として試料を完全燃焼させるため。
(c)　発生した気体をすみやかに吸収管へ導入するため。
(d)　試料中の不純物を取り除くため。
(e)　試料の酸化を防ぐため。

問２　吸収管１と吸収管２の順序を入れ替えては元素分析ができない。その理由を簡潔に記せ。

問３　この有機化合物C_mH_nOのm，nを求めよ。この化合物がベンゼン環を１つ含むとき，考えられるすべての異性体の構造式を記せ。

［東京女子大］

▶ 解説

▶▶▶ 動画もCHECK 
1-01

最初に，実験装置を確認し，問１，問２に答えていきましょう。

問１　燃焼管に入れられた酸化銅(Ⅱ)CuOは，不完全燃焼によって生じる一酸化炭素CO(中性)を酸化して二酸化炭素CO_2(酸性)に変え，ソーダ石灰管で吸収させるために加えます。

よって，正解は(a)となります。

問２　吸収管１の塩化カルシウム$CaCl_2$と吸収管２のソーダ石灰の順番を逆にすることはできません。

その理由は，ソーダ石灰は二酸化炭素だけでなく水も吸収してしまうためです。

元素分析は，C原子とH原子を別々に取り出して質量を測定することが目的なので，二酸化炭素と水は別々に取り出す必要があります。

本文は「簡潔に記せ」とあるため，短い解答にしていますが，字数制限が長いときなどは，「ソーダ石灰は二酸化炭素だけでなく水も吸収するため，水素原子と炭素原子を別々に取り出すことができなくなるため。」といった解答にするとよいでしょう。

問３　本文に与えられたデータを確認し，考えていきましょう。

$$\text{有機化合物} \xrightarrow{O_2} CO_2 + H_2O$$

10.8 mg　　30.8 mg　　7.2 mg

データより，C，H，O原子の質量はそれぞれ次のようになります。

C原子：$30.8 \times \frac{12}{44} = 8.4\,\text{mg}$

H原子：$7.2 \times \frac{2.0}{18} = 0.80\,\text{mg}$

O原子：$10.8 - 8.4 - 0.80 = 1.6\,\text{mg}$

これより，C，H，O原子の物質量比は，

$$C : H : O = \frac{8.4}{12} : \frac{0.80}{1.0} : \frac{1.6}{16} = 7 : 8 : 1$$

よって，この有機化合物の組成式はC_7H_8Oとなります。

与えられた分子式C_mH_nOより，O原子は１つであるため，C_7H_8Oは分子式でもあり，$m = 7$，$n = 8$となります。

また，ベンゼン環を１つもつことから，次のような組み合わせでできる化合物が異性体となります。

(ベンゼン環)　＋　C　＋　O

一置換体

(ベンゼン環)－CH_2-OH，(ベンゼン環)－$O-CH_3$

二置換体

(o-位：OH，CH_3)，(m-位：OH，CH_3)，(p-位：OH，CH_3)

▶ **解答**　問1　**(a)**

問2　**ソーダ石灰は二酸化炭素だけでなく水も吸収してしまうため。**

問3　$m = 7$, $n = 8$

異性体は下図

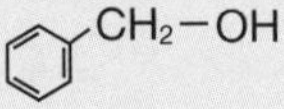

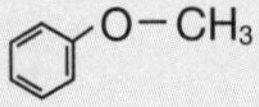

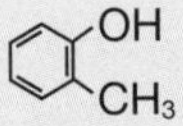

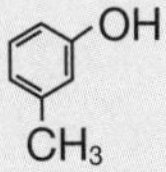

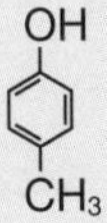

$C_6H_5-CH_2-OH$, $C_6H_5-O-CH_3$

o-$CH_3-C_6H_4-OH$, m-$CH_3-C_6H_4-OH$, p-$CH_3-C_6H_4-OH$

この問題の「だいじ」

・元素分析の吸収管をつなぐ順番は決まっている。

・元素分析の計算は，まずC，Hの質量から求める。

第2章

炭化水素

6講 アルカン

講義テーマ！

飽和炭化水素の性質，反応を学びましょう。

1 炭化水素 C_nH_m

C 原子と H 原子のみからなる化合物を**炭化水素**といいます。そのうち，単結合のみからなる炭化水素を**飽和炭化水素**，二重結合 C=C や三重結合 C≡C をもつ炭化水素を**不飽和炭化水素**といいます。また，炭化水素はすべて極性が小さく，水に溶けにくいです。

この講では，飽和炭化水素であるアルカン（鎖式），シクロアルカン（環式）を確認していきましょう。

2 アルカン C_nH_{2n+2}

一般式 C_nH_{2n+2}（不飽和度 Du＝0）の鎖式飽和炭化水素を**アルカン**といいます。

1 アルカンの命名

重要TOPIC 01

アルカン C_nH_{2n+2} の化合物名 説明①

炭素数 n	1	2	3	4	5
化合物名	メタン	エタン	プロパン	ブタン	ペンタン
炭素数 n	6	7	8	9	10
化合物名	ヘキサン	ヘプタン	オクタン	ノナン	デカン

側鎖の命名では，アルカンの語尾「～ane」を「～yl 基」に変える。

説明①

語尾が「～ane」になるのがアルカンの化合物名です。アルカンの化合物名は有機化合物の命名のベースになります。炭素数 $n=1$ ～ 10の化合物名はスラスラ言えるようになりましょう。

側鎖があるときの命名は，アルカンの化合物名の語尾「～ane」を「～yl 基」に変えます。

例　C 数 1 の側鎖($-CH_3$) → メチル基
　　C 数 2 の側鎖($-C_2H_5$) → エチル基

そして，側鎖の位置を化合物名の前に数字でつけます。その数字は，なるべく小さい数字になるように「主鎖の近い方の末端から数えて何番目の C 原子に結合しているか」で表します。

例

$$\overset{4}{C}H_3-\overset{3}{C}H_2-\overset{2}{C}H(CH_3)-\overset{1}{C}H_3$$

2-メチルブタン

主鎖：C 数 4 → ブタン
側鎖：C 数 1 → メチル基
　（主鎖の末端から 2 番目）

また，同じ側鎖が複数あるときには，側鎖名の前にその数を数詞でつけます。

数	1	2	3	4	5	6
数詞	モノ※	ジ	トリ	テトラ	ペンタ	ヘキサ

※通常は省略

例

$$\overset{5}{C}H_3-\overset{4}{C}H_2-\overset{3}{C}H(CH_3)-\overset{2}{C}H(CH_3)-\overset{1}{C}H_3$$

2, 3-ジメチルペンタン

主鎖：C 数 5 → ペンタン
側鎖：C 数 1 → メチル基が 2 個
　（主鎖の末端から 2 番目と 3 番目）

6講 アルカン

② アルカンの反応

重要TOPIC 02

アルカンの反応の全体像 説明①

アルカンは飽和なので反応しにくい。無理矢理結合を切って反応させる。

$$\begin{array}{ccccccc} & H & & H & & H & & & H & \\ & | & & | & & | & & & | & \\ H- & C & - & C & - & C & -\cdots\cdots- & & C & -H \\ & | & & | & & | & & & | & \\ & H & & H & & H & & & H & \end{array}$$

熱分解　置換反応

アルカンの反応

熱分解 (クラッキング) 説明②	加熱により小さい炭化水素へ $C-C-C-C-\cdots\cdots-C \xrightarrow{熱}$ 小さい炭化水素
置換反応 説明③	「光(UV)を照射＋ハロゲンの単体」でH原子がハロゲンで置換 $H-\underset{H}{\overset{H}{C}}-\underset{H}{\overset{H}{C}}-\cdots-\underset{H}{\overset{H}{C}}-H \xrightarrow[光]{Cl_2} H-\underset{H}{\overset{H}{C}}-\underset{H}{\overset{H}{C}}-\cdots-\underset{Cl}{\overset{H}{C}}-H + HCl$

説明①

アルカンは「飽和」炭化水素，すなわち他の原子が結合する余裕がなく「限界」の状態なので反応しにくい化合物です。無理矢理結合を切って反応させます。

アルカンがもつ結合はC−C結合とC−H結合の2種類で，それらを切る反応は，それぞれ**熱分解(クラッキング)**と**置換反応**です。

$$\begin{array}{ccccccc} & H & & H & & H & & & H & \\ & | & & | & & | & & & | & \\ H- & C & - & C & - & C & -\cdots\cdots- & & C & -H \\ & | & & | & & | & & & | & \\ & H & & H & & H & & & H & \end{array}$$

熱分解　置換反応

切れる結合は2種

C−C結合 ⟶ 熱分解

C−H結合 ⟶ 置換反応

説明②

[1] **アルカンの熱分解**

強熱によりC−C結合を無理矢理切る反応が**熱分解**(**クラッキング**)です。C−C結合が切れ, C数の小さな炭化水素(エチレンC_2H_4やアセチレンC_2H_2など)が生成します。

$$\mathrm{C-C\,)\!\!\!\!-\,C-C-\cdots)\cdots-C \xrightarrow{\text{熱}} \text{小さい炭化水素}}$$

加熱により, C−H結合ではなくC−C結合が切れるのは, C−C結合の方が結合エネルギーが小さいためです。

説明③

[2] **アルカンの置換反応**

光(紫外線UV)を当てながらハロゲンの単体と反応させ, C−H結合を無理矢理切る反応がアルカンの**置換反応**です。アルカンのH原子がハロゲンで置換され, ハロゲン化炭化水素とハロゲン化水素が生成します。このように, ハロゲンで置換される反応を**ハロゲン化**といいます。

$$\mathrm{CH_4 + Cl-Cl \xrightarrow{\text{光}} CH_3Cl + HCl}$$

反応を続けると, 段階的に置換が進行し, 最終的にすべてのH原子がハロゲンに置き換わります。

$$\mathrm{CH_4 \xrightarrow[\text{光}]{Cl_2} CH_3Cl \xrightarrow[\text{光}]{Cl_2} CH_2Cl_2 \xrightarrow[\text{光}]{Cl_2} CHCl_3 \xrightarrow[\text{光}]{Cl_2} CCl_4}$$

メタン　クロロメタン　ジクロロメタン　トリクロロメタン(クロロホルム※)　テトラクロロメタン(四塩化炭素)

※メタンCH_4のH原子が3つ, ハロゲンで置き換わると「〜ホルム」という慣用名がつきます。臭素Brだとブロモホルム, ヨウ素Iだとヨードホルムです。

置換反応の本当の姿

アルカンの置換反応はラジカルの攻撃

アルカンとハロゲンの単体が出会っただけでは，置換反応は進行しません。「飽和」であるアルカンは，そのくらい反応しにくいのです。そこで，不対電子をもつ，極めて反応性が高い原子(分子，イオン)に攻撃させます。それがラジカルです。

:C̈l· ← 不対電子あり → ラジカル

置換反応のくわしい流れ

メタン CH_4 と塩素 Cl_2 の反応で確認してみましょう。

① 光(UV)照射により，Cl_2 が塩素ラジカル Cl· に変化します(ハロゲンのラジカルをつくる方法は「紫外線(UV)照射」と頭に入れておきましょう)。

$$:\ddot{Cl}:\ddot{Cl}: \xrightarrow{光(UV)} :\ddot{Cl}\cdot + \cdot\ddot{Cl}:$$

塩素ラジカル

② 塩素ラジカルが CH_4 を攻撃し，HCl とメチルラジカルが生成します。

えいっ

$$H_3C:H + \cdot Cl \longrightarrow H:Cl + H_3C\cdot$$

メチルラジカル

③ メチルラジカルが Cl_2 を攻撃し，CH_3Cl と塩素ラジカルが生成します。

$$H_3C\cdot + Cl:Cl \longrightarrow H_3C:Cl + \cdot Cl$$

④ ③で生じた塩素ラジカルが CH_4 を攻撃し，HCl とメチルラジカルが生成します。

以降，③と④を繰り返し，次々と反応していきます。このように繰り返し起こる反応を**連鎖反応**といいます。

実践！ **演習問題 1** ▸標準レベル

アルカンに関する次の文章①〜⑤のうち正しいものをすべて選びなさい。

① 炭素数が４以下のアルカンは水に溶解する。

② アルカンはシクロアルカンの異性体である。

③ 炭素数が１増えると，分子量が15増加する。

④ プロパンとブタンではブタンの方が沸点が高い。

⑤ ペンタンを一塩素化(１か所を塩素で置換)したときに生成する化合物のうち，不斉炭素原子をもつものは２つである。

\Point!/

「分子量がいくら増加するか」は具体例で書いてみる！

有機化合物に限らず，沸点の高低は「結合」を考える！

異性体は手を動かして書いてみよう！

▶ 解説

① アルカンに限らず，炭化水素はすべて，極性が小さいため水に溶解しにくいです。(→ p.70)

② アルカンの一般式は C_nH_{2n+2}，シクロアルカンの一般式は C_nH_{2n} であり，異性体の関係ではありません。シクロアルカンの異性体はアルケン(→p.78)です。

③ C 数が１つ増えると $-CH_2-$(式量14)が増加します。◀ \Point!/

例

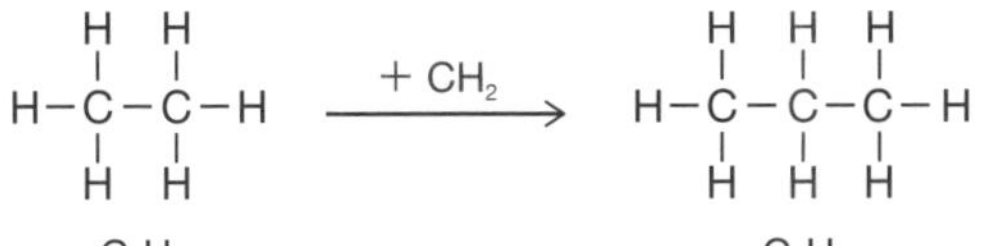

```
  H   H                        H   H   H
  |   |                        |   |   |
H-C - C-H    + CH2 ──→       H-C - C - C-H
  |   |                        |   |   |
  H   H                        H   H   H
  C2H6                           C3H8
```

C_2H_6 $\xrightarrow{+\ CH_2}$ C_3H_8

④ C 数が増えると，分子量が増加します。アルカンは無極性の分子なので，分子間にファンデルワールス力のみがはたらいています。ファンデルワールス力は分子量が大きいほど強いため，C の多いアルカンの方が沸点は高くなります。◀ \Point!/
よって，プロパン C_3H_8 とブタン C_4H_{10} ではブタンの方が沸点が高くなります。

⑤ ペンタン C_5H_{12} を一塩素化して生成する化合物は 3 種類です。Cl をつける場所を↑で示すと次のようになります。

C − C − C − C − C
↑ ↑ ↑
(1) (2) (3)

◀ Point!

このうち，不斉炭素原子をもつのは(2)の 1 つだけです。

ちなみに，生成物をすべて書き出すと次のようになります。

(1)
$CH_3-CH_2-CH(Cl)-CH_2-CH_3$

(2)
$CH_3-CH_2-CH_2-CH(Cl)-CH_3$

(3)
$CH_3-CH_2-CH_2-CH_2-CH_2Cl$

▶ 解答 ④

3 シクロアルカン C_nH_{2n}

一般式 C_nH_{2n}（$n \geqq 3$，不飽和度 Du＝1）の環式飽和炭化水素を**シクロアルカン**といいます。不飽和度 Du＝1 はC=C ではなく環からくるものです。シクロアルカンは「飽和」であることを徹底しておきましょう。

重要TOPIC 03

シクロアルカンの命名 説明①

・アルカンの化合物名の前に「シクロ」をつける。
・シス-トランス異性体が生じる可能性がある。

シクロアルカンの反応 説明②

・アルカンと同じように置換反応が進行するものが多い。

説明①

シクロアルカンの化合物名は，アルカンの化合物名の前に「シクロ」とつけます。

例

CH_2 / H_2C CH_2 / H_2C CH_2 / CH_2

シクロヘキサン

C 数 6 → ヘキサン
環状　 → シクロ

環状構造であるため，シス-トランス異性体が生じる可能性があります（→ p.56）。

説明②

シクロアルカンの反応は，同じ飽和炭化水素であるアルカンと基本的に同じです。構造決定では「アルケンの異性体（→ p.78）」という位置づけで登場することが多いです。

7講 アルケン

講義テーマ！

アルケンを通じてπ結合(C=Cの２本目の結合)について学びましょう。

1 アルケン C_nH_{2n}

鎖式不飽和炭化水素のうち，炭素原子間に二重結合 C=C を１つもつ化合物を**アルケン**といい，一般式は C_nH_{2n} ($n \geqq 2$, 不飽和度 Du = 1) で表されます。同じ一般式のシクロアルカンの異性体です。

❶ アルケンの命名

重要TOPIC 01

アルケン C_nH_{2n} の化合物名 説明①

炭素数 n	2	3	4	5	6
化合物名	エテン	プロペン	ブテン	ペンテン	ヘキセン
慣用名	エチレン※	プロピレン			

※炭素数２の化合物は通常，慣用名の「エチレン」でよばれる。

説明①

アルケンの化合物名は，アルカンの化合物名の語尾「～ane」を「～ene」に変えます。C=C の場所が複数考えられるときは，C=C の位置を数字で化合物名の前につけます。C=C の位置を表す数字は，なるべく小さい数字になるように「近い方の末端から数えて何番目の結合か」を表します。

例

末端から１番目の結合

$CH_3-CH_2-CH=CH_2$

1-ブテン

末端から２番目の結合

$CH_3-CH=CH-CH_3$

2-ブテン

② アルケンの構造と反応

重要TOPIC 02

アルケンの反応の全体像 説明①

・炭素間二重結合C=Cの1本目の結合を「σ（シグマ）結合」，2本目の結合を「π結合」という。

・アルケンの反応はπ結合に何かがくっつく反応。

アルケンの反応①

付加反応 説明②	水素 H_2，ハロゲン，酸，水 H_2O が付加 例 H_2 $>C=C< + H_2 \longrightarrow -\overset{\mid}{\underset{H}{C}}-\overset{\mid}{\underset{H}{C}}-$
付加重合 説明③	アルケンが付加反応により重合 $n >C=C< \longrightarrow \left[-\overset{\mid}{\underset{\mid}{C}}-\overset{\mid}{\underset{\mid}{C}}- \right]_n$

説明①

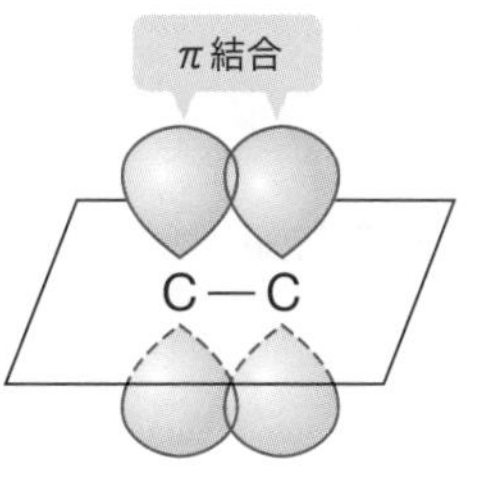

炭素間二重結合C=Cの1本目の結合を**σ結合**，2本目の結合を**π結合**といいます。

σ結合の電子は平面上にありますが，π結合の電子は平面から飛び出した位置にあり，非常に狙われやすい状態です。

そのため，基本的に「π結合に何かがくっつく」反応が起こります。

説明②

［1］アルケンの付加反応

アルケンの付加反応は，次の4種類を覚えておきましょう。**水素 H_2，ハロゲン X_2，酸 HA，水 H_2O**が付加する反応です。

水素 H_2 付加 （NiやPtを触媒に使用）

$$>C=C< + H_2 \xrightarrow{Ni} -\underset{H}{\overset{|}{\underset{|}{C}}}-\underset{H}{\overset{|}{\underset{|}{C}}}-$$

アルカン

ハロゲン X_2 付加 検 臭素 Br_2 付加 → C＝C，C≡C の検出

アルケンへの臭素Br_2 の付加はC＝C，C≡Cの検出に用いられます。

$$>C=C< + \underset{\text{赤褐色}}{Br_2} \longrightarrow -\underset{Br}{\overset{|}{\underset{|}{C}}}-\underset{Br}{\overset{|}{\underset{|}{C}}}-$$

無色

酸 HA 付加 ※参照　マルコフニコフ則

$$>C=C< + HA \longrightarrow -\underset{H}{\overset{|}{\underset{|}{C}}}-\underset{A}{\overset{|}{\underset{|}{C}}}-$$

水 H_2O 付加 ※参照　マルコフニコフ則

$$>C=C< + H_2O \xrightarrow{H^+} -\underset{H}{\overset{|}{\underset{|}{C}}}-\underset{OH}{\overset{|}{\underset{|}{C}}}-$$

マルコフニコフ則

左右非対称のアルケンに酸 HA や水 H_2O が付加するとき，生成物は 2 種類生じます。このときたくさん生成する方を主生成物，少ししか生成しない方を副生成物といいます。

主生成物になるのは，二重結合している 2 つの炭素 C 原子のうち，より多くの水素 H 原子と結合している炭素 C 原子に水素 H 原子が付加した生成物です。

例　酸 HA 付加

```
    H   H                       C－C－C－C
    |   |                             |   |
C－C－C＝C－H  ＋  HA  ────→          H   A
      Hが   Hが                    副生成物
      少ない 多い                 C－C－C－C
                                      |   |
                                      A   H
                                   主生成物
```

実践！　**演習問題 1**　▶標準レベル

分子式 C_4H_8 のアルケン A に臭素を付加させると，不斉炭素原子をもたない化合物が得られた。アルケン A の構造式を答えなさい。

\Point!/

頭の中で考えるのが難しかったら，書き出してみよう！

▶ 解説

まずは炭素数 4 の炭素骨格を書き出し，構造異性体を考えてみましょう。

分子式 C_4H_8 のアルケンには，以下の 3 つの構造異性体①～③があります。◂ \Point!/

```
                         C
                         |          ① C－C＝C－C
C－C－C－C           C－C－C
   ↑   ↑                 ↑          ② C－C－C＝C
   ①   ②                 ③
                                    ③    C
                                         |
                                       C－C＝C
```

それぞれに臭素を付加させると，つぎのように化合物④〜⑥が得られ，不斉炭素原子をもたないのは<u>⑥</u>とわかります。

```
①  C−C=C−C   ──Br₂──→   ④  C−C*−C*−C
                                 |    |
                                 Br   Br

②  C−C−C=C   ──Br₂──→   ⑤  C−C−C*−C
                                    |   |
                                    Br  Br

③    C                   ⑥      C
     |                           |
   C−C=C     ──Br₂──→         C−C−C
                                 |  |
                                 Br Br
```

[参考]

臭素付加後の生成物が不斉炭素原子をもたないためには，C=C の 2 つの C 原子それぞれに，同じ原子もしくは原子団が結合している必要があります。

Br_2

＊なし

Br　Br

C=C の C 原子がともに上記の条件を満たしているのは③となります。

```
③   Ⓒ  H
     |   |
  Ⓒ−C=C−H
```

生成物を書かなくても答えられるようになりましょう。

▶ 解答

```
        CH₃
         |
   CH₃−C=CH₂
```

実践！ **演習問題 2** ▶標準レベル

1-ブテンに塩化水素が付加したときに得られる主生成物の化合物名を答えなさい。

\Point!/

Hを多くもつのは末端のC！

▶ 解説

1-ブテンに塩化水素が付加すると，次のように1-クロロブタンと2-クロロブタンが得られます。

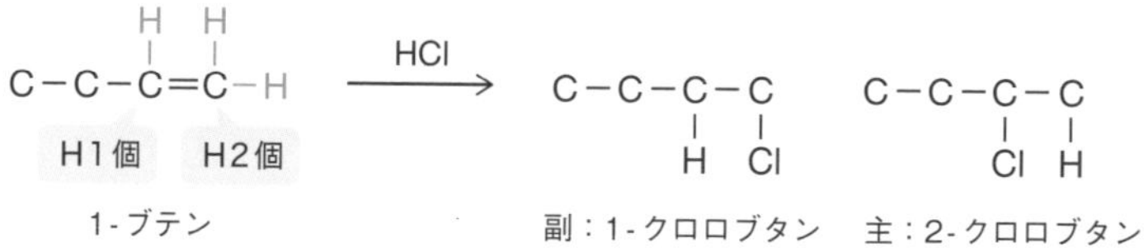

$$\underset{\text{1-ブテン}}{\mathrm{C-C-\overset{H}{\overset{|}{C}}=\overset{H}{\overset{|}{C}}-H}} \xrightarrow{\mathrm{HCl}} \underset{\text{副：1-クロロブタン}}{\mathrm{C-C-\underset{H}{\underset{|}{C}}-\underset{Cl}{\underset{|}{C}}}} \quad \underset{\text{主：2-クロロブタン}}{\mathrm{C-C-\underset{Cl}{\underset{|}{C}}-\underset{H}{\underset{|}{C}}}}$$

H1個　H2個

マルコフニコフ則より「より多くのH原子と結合しているC原子にH原子が付加する」ため，主生成物は2-クロロブタンとなります。

▶ 解答　**2-クロロブタン**

説明③

[2] アルケンの付加重合

同じ分子が繰り返しつながっていくことを**重合**といいます。

アルケンは適当な開始剤を加えると，付加反応を繰り返して分子同士が重合します。このように，付加反応で重合していくことを**付加重合**といいます。

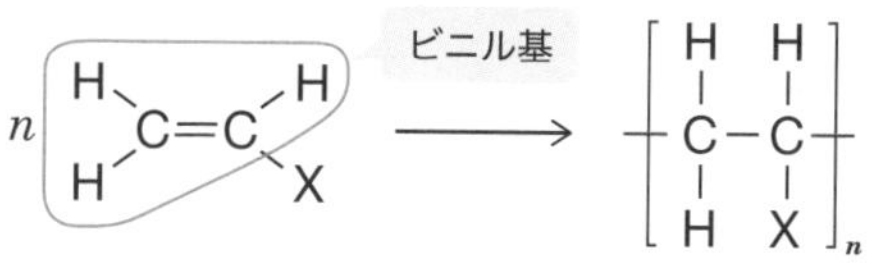

$$n\,\mathrm{\underset{H}{}^{H}\!\!>C=C<^{H}_{X}} \longrightarrow \left[\mathrm{-\underset{H}{\underset{|}{\overset{H}{\overset{|}{C}}}}-\underset{X}{\underset{|}{\overset{H}{\overset{|}{C}}}}-}\right]_n$$

ビニル基

生成物は分子量の大きい高分子化合物になるため，第23講で扱います。ここでは「ビニル基をもつものは付加重合する」と頭にいれておきましょう。

重要TOPIC 03

アルケンの反応②

酸化開裂 説明①

酸化剤($KMnO_4$ もしくは O_3)を加えると C=C が開裂する。

$$>C=C< \longrightarrow >C=O + O=C<$$

説明①

[3] アルケンの酸化開裂

アルケンは，オゾン O_3 や過マンガン酸カリウム $KMnO_4$(酸性条件下)などの酸化剤によって酸化され，C=C 結合が切れて分解が起こります。

オゾン O_3 を使用　(→演習問題 3)

オゾン O_3 を使用すると**アルデヒド**や**ケトン**が生成します。

$$R_1(H)C=CR_2R_3 \xrightarrow{O_3} R_1(H)C=O + O=CR_2R_3$$

アルデヒド　　ケトン

過マンガン酸カリウム $KMnO_4$(酸性条件下)を使用　(→演習問題 4)

過マンガン酸カリウム $KMnO_4$(酸性条件下)を使用すると，アルデヒドはカルボン酸まで酸化されるため，生成物は**カルボン酸**や**ケトン**となります。アルデヒドの酸化に関する詳細は，p.121 で確認しましょう。

$$R_1(H)C=CR_2R_3 \xrightarrow{KMnO_4} \left(R_1(H)C=O\right) + O=CR_2R_3$$

アルデヒド　　ケトン

↓ 酸化

$$R_1(HO)C=O$$

カルボン酸

実践！ **演習問題 3** ▶標準レベル

分子式 C_5H_{10} のアルケンAをオゾン分解したところ，アセトアルデヒド CH_3CHO とケトンBが得られた。アルケンAとケトンBの構造を書きなさい。

\Point!/

分解反応での構造決定は「生成物から先に決定！」「炭素Cの数に注目！」

7講 アルケン

▶ 解説

アルケンAの炭素数が5，生成物の1つがアセトアルデヒド CH_3CHO（炭素数2）であったことから，ケトンBの炭素数は $5-2=3$ とわかります。

アルケンA　>C=C<　$\xrightarrow{O_3}$　アセトアルデヒド (C)(H)C=O　＋　ケトンB O=C(C)(C)

C×5　　C×2　　C×3

炭素数3のケトンはアセトン CH_3COCH_3 の1種類のみなので，これがケトンBと決定できます。このように，分解反応では炭素数に注目します。

アセトアルデヒド CH_3CHO とアセトン CH_3COCH_3 から酸素Oを取ってくっつけるとアルケンAとなります。

(C)(H)C=O ＋ O=C(C)(C)　⟶　(C)(H)C=C(C)(C)

アセトアルデヒド　ケトンB　　アルケンA

このように，分解反応では生成物の構造が先に決まります。そして，生成物をくっつけて反応物（通常は構造を決定したい化合物）の構造が決まるため，反応物の炭素骨格や異性体から考え始める必要はありません。

▶ 解答　アルケンA

$(CH_3)(H)C=C(CH_3)(CH_3)$

ケトンB

$(CH_3)(CH_3)C=O$

実践！ **演習問題 4** ▶▶発展レベル

分子式 C_6H_{12} のアルケン A を硫酸酸性過マンガン酸カリウムで酸化したところ，酢酸と炭素骨格に枝分かれをもつ化合物 B が得られた。アルケン A と化合物 B の構造を書きなさい。

\Point!/

過マンガン酸カリウムを使用する酸化開裂では，アルデヒドは酸化されてカルボン酸に変化する！

▶ ヒント

過マンガン酸カリウムを使用すると，生成物はカルボン酸やケトンとなります。

$$\underset{\text{(R は炭化水素基)}}{(R_1)(H)C{=}C(R_2)(R_3)} \xrightarrow{KMnO_4} \underset{\text{カルボン酸}}{(R_1)(HO)C{=}O} + \underset{\text{ケトン}}{O{=}C(R_2)(R_3)}$$

▶ 解説

オゾン O_3 を使用するとき同様，分解反応なので，生成物の構造が先に決まります。また，炭素数に注目しながら進めていきましょう。

まず，過マンガン酸カリウム $KMnO_4$ を使用しているため，分解によって生じた酢酸 CH_3COOH は，同じ炭素数のアルデヒドであるアセトアルデヒド CH_3CHO が酸化されたものです。◀ \Point!/

アルケン A

$$\underset{C\times6}{{>}C{=}C{<}} \xrightarrow{KMnO_4} \underset{C\times2}{\left((C)(H)C{=}O\right)} + \underset{\substack{C\times4\\ \text{枝分かれあり}}}{O{=}C{<}}$$

↓ 酸化

$$\underset{\text{酢酸}}{(C)(HO)C{=}O}$$

よって，ここからは生成物の1つはアセトアルデヒド CH_3CHO と考えていきます。

アルケンAの炭素数が6，生成物の1つがアセトアルデヒド CH_3CHO（炭素数2）であることから，化合物Bの炭素数は6－2＝4とわかります。

化合物Bは炭素数4のアルデヒド（酸化されて最終的にはカルボン酸）もしくはケトンですが，炭素数4の骨格は以下の2つであり，枝分かれをもつのは②となります。

①

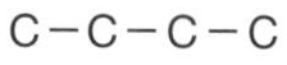

C－C－C－C

②

C－C(－C)－C

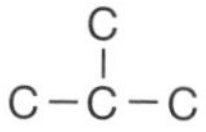

②の骨格でC＝Oの構造をとれるのは末端のC原子しか考えられません。よって，化合物Bはケトンではなく，アルデヒドが酸化されたカルボン酸と決まります。

② C－C(－C)－C(＝O)－H（これしかない） —酸化→ C－C(－C)－C(＝O)－OH

アルデヒド　　　　化合物B

また，酸化される前のアルデヒド2つから酸素Oを取ってくっつけるとアルケンAの構造が決まります。

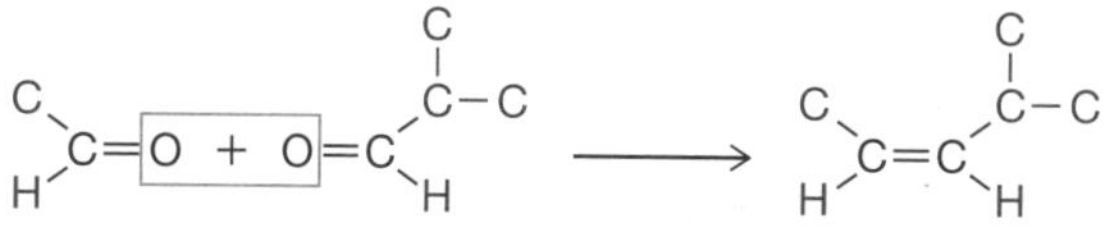

C(H)C＝[O ＋ O]＝C(H)－C(－C)－C ⟶ C(H)C＝C(H)－C(－C)－C

アセトアルデヒド　　酸化される前の化合物B　　アルケンA

▶ 解答　アルケンA　　　　化合物B

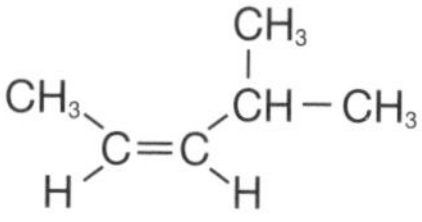

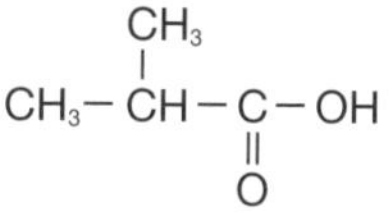

アルケンA：CH_3(H)C＝C(H)$CH(CH_3)-CH_3$

化合物B：$CH_3-CH(CH_3)-C(=O)-OH$

入試への＋α《π結合の反応》

π結合に付加するのは，大きく分けると**ラジカル X・**(→ p.74)，**陽イオン X^+ と陰イオン Y^- のペア**の 2 種類のみです。

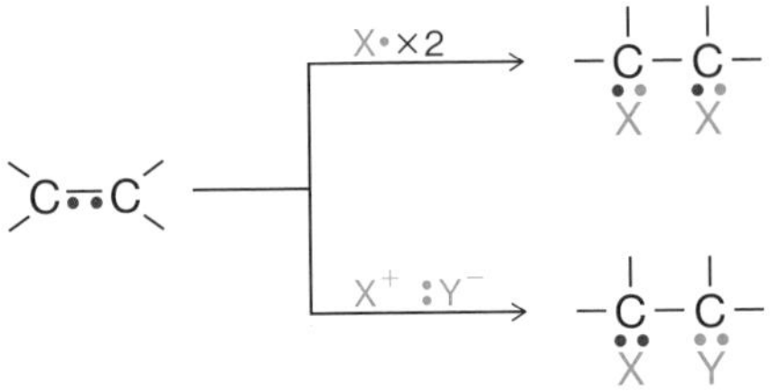

(→ p.74)

[1] ラジカル X・ の付加

付加反応（水素 H_2 付加）

水素 H_2 はニッケル Ni や白金 Pt があると水素ラジカル H・ に変化します。

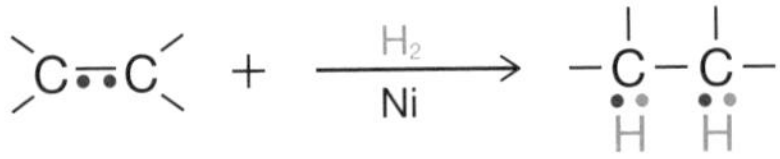

付加重合

付加重合を行うときは，過酸化水素 H_2O_2 などの開始剤を加えます。開始剤がラジカルに変化し，π結合に付加することで反応のきっかけになります。

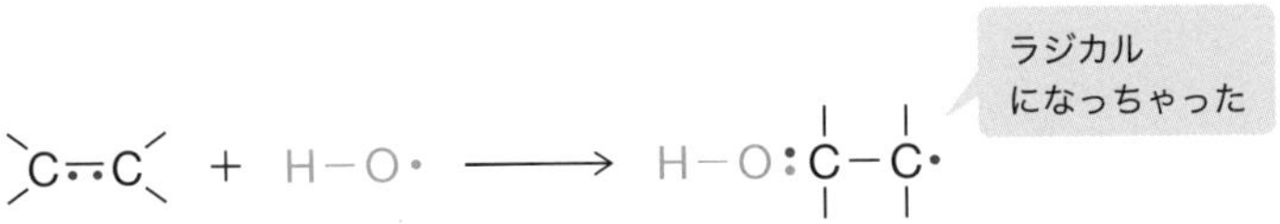

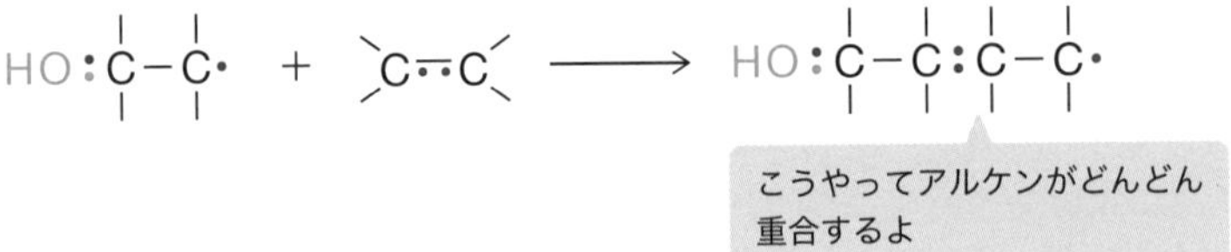

H−O:O−H ⟶ H−O・ ＋ ・O−H
ラジカル
になっちゃった
こうやってアルケンがどんどん
重合するよ

酸化開裂

オゾン O_3 や過マンガン酸カリウム $KMnO_4$(酸性条件下)がラジカルとなって π 結合に付加し，その後壊れて生成物へと変化します。

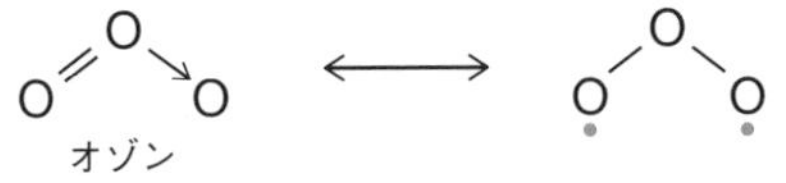

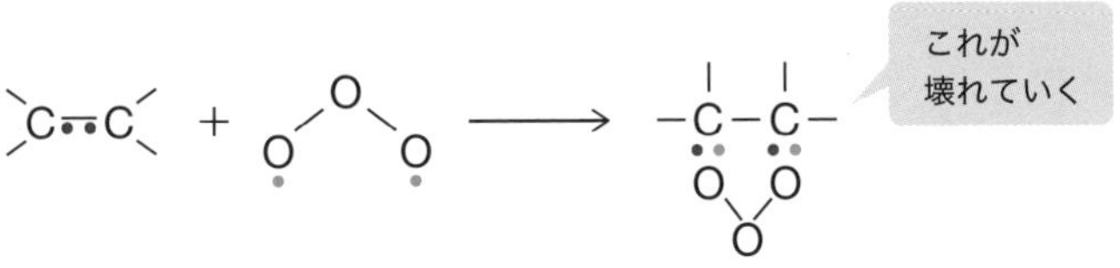

[2] 陽イオン X^+ と陰イオン Y^- のペア

付加反応(ハロゲン X_2，酸 HA，水 H_2O 付加)

ハロゲン X_2，酸 HA，水 H_2O が陽イオンと陰イオンに変化し，まずは陽イオンが π 結合に付加し，その後陰イオンがやってきます。

例　Br_2

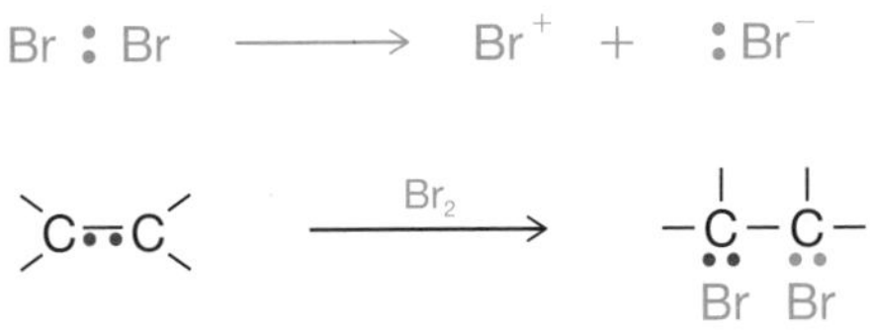

$$Br:Br \longrightarrow Br^+ + :Br^-$$

$$>C{=}C< \xrightarrow{Br_2} -\overset{|}{\underset{Br}{C}}-\overset{|}{\underset{Br}{C}}-$$

Q & A

Q 04. 結局，π 結合に何かがくっつく反応しか起こらないの？

A 04. その通りです。「何がくっつくか」で反応名が変わっているだけで，「ラジカル」か「陽イオンと陰イオンのペア」がくっつく反応しか起こりません。

8講 アルキン

講義テーマ！

同じ鎖式不飽和炭化水素であるアルケンと比較しながら，アルキンの性質や反応を学びましょう。

1 アルキン C_nH_{2n-2}

鎖式不飽和炭化水素のうち，炭素原子間に三重結合 C≡C を１つもつ化合物を**アルキン**といい，一般式は C_nH_{2n-2}（$n \geqq 2$，不飽和度 Du＝2）で表されます。二重結合 C=C を２つもつ化合物（ジエンといいます）の異性体です。

① アルキンの命名

重要TOPIC 01

アルキン C_nH_{2n-2} の化合物名 説明①

炭素数 n	2	3	4
化合物名	エチン	プロピン	ブチン
慣用名	アセチレン		

炭素数２の化合物は通常，慣用名の「アセチレン」でよばれる。

説明①

アルキンの化合物名は，アルカンの化合物名の語尾「～ane」を「～yne」に変えます。炭素鎖の中で C≡C の位置が複数考えられるときは，アルケンと同様に C≡C の位置を数字で化合物名の前につけます。

例

末端から１番目の結合

$CH_3-CH_2-C \equiv CH$

1-ブチン

主鎖の末端から２番目の結合

$CH_3-C \equiv C-CH_3$

2-ブチン

② アルキンの反応

重要TOPIC 02

アルキンの反応の全体像 説明①

・アルケン同様，π結合に何かがくっつく反応。
・塩基性条件下で末端三重結合（$-C \equiv C-H$）のH原子が電離する反応。

アルキンの反応①

付加反応 説明②	水素 H_2，ハロゲン X_2，酸 HA，水 H_2O が付加 例　酸 HA  $-C \equiv C- \ + \ HA \longrightarrow$ $C=C$（H と A が付加）
3分子重合 説明③	アセチレンが3分子重合してベンゼン生成 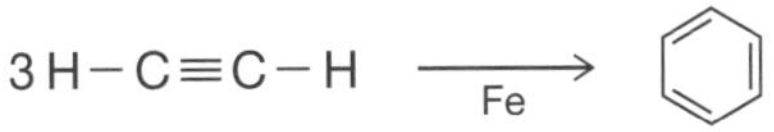 $3H-C \equiv C-H \xrightarrow{Fe}$ ベンゼン

8講 アルキン

説明①

アルキンはアルケン同様，π結合をもつため，π結合に何かがくっつく反応が起こります（→アルケンの反応 p.80）。また，末端三重結合 $-C \equiv C-H$ のH原子は，塩基性条件下で電離します（→アルキンの反応② p.96）。

説明②

[1] アルキンの付加反応

アルケン同様，**水素** H_2，**ハロゲン** X_2，**酸** HA，**水** H_2O がπ結合に付加します。

水素 H_2 付加　（触媒に Ni や Pt を使用）

H_2 が1分子付加するとアルケン，さらに1分子付加するとアルカンに変化します。

例

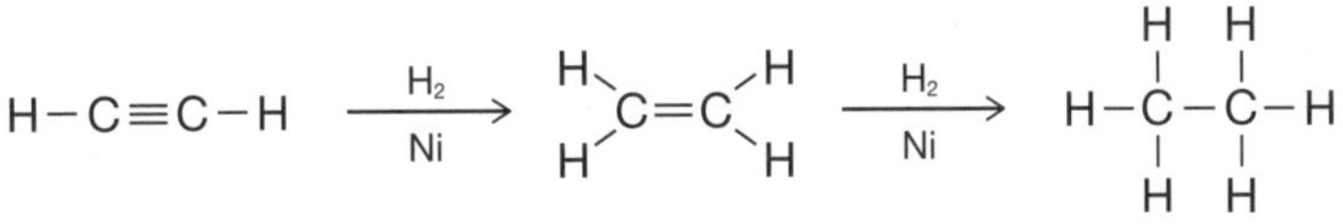

$$H-C \equiv C-H \xrightarrow[Ni]{H_2} H_2C=CH_2 \xrightarrow[Ni]{H_2} H_3C-CH_3$$

ハロゲン X_2 付加　検 臭素 Br_2 付加 → C＝C，C≡C の検出

Br_2 付加が起こると，Br_2 の赤褐色が消えて無色になるため，C＝C 結合，C≡C 結合の検出に利用されます。

例

$$\mathrm{H-C{\equiv}C-H} + \underset{\text{赤褐色}}{\mathrm{Br_2}} \longrightarrow \underset{\text{無色}}{\mathrm{CHBr{=}CHBr}}$$

酸 HA 付加

アセチレンに酸が付加すると，ビニル化合物が生成します。ビニル化合物は付加重合します(→ p.328)。

$$\mathrm{H-C{\equiv}C-H} + \mathrm{CH_3COOH}\ (\mathrm{CH_3-C(=O)-OH}) \longrightarrow \mathrm{CH_2{=}CH-O-C(=O)-CH_3}$$

ビニル基　付加重合するよ

酢酸ビニル

また，左右非対称のアルキンに酸が付加するときは，マルコフニコフ則(→p.81)に従います。

$$\mathrm{CH_3-C{\equiv}C-H} + \mathrm{HCl} \longrightarrow \underset{\text{副生成物}}{\mathrm{CH_3-CH{=}CCl-H}} + \underset{\text{主生成物}}{\mathrm{CH_3-CCl{=}CH-H}}$$

H 0 個　H 1 個

水 H_2O 付加

アルキンに H_2O を付加すると，$\mathrm{C{=}C(-OH)-}$ をもつ不安定な構造(**エノール**といいます)になるため，$\mathrm{-C(H)-C(=O)-}$ をもつ安定な構造(**ケト**といいます)に変化したものが生成します。

$$\mathrm{-C{\equiv}C-} + \mathrm{H_2O} \longrightarrow \underset{\text{エノール}}{\mathrm{(H)C{=}C(OH)}} \longrightarrow \underset{\text{ケト}}{\mathrm{H-C(H)-C(=O)-}}$$

また，左右非対称のアルキンに H_2O が付加するときは，マルコフニコフ則（→ p.81）に従います。

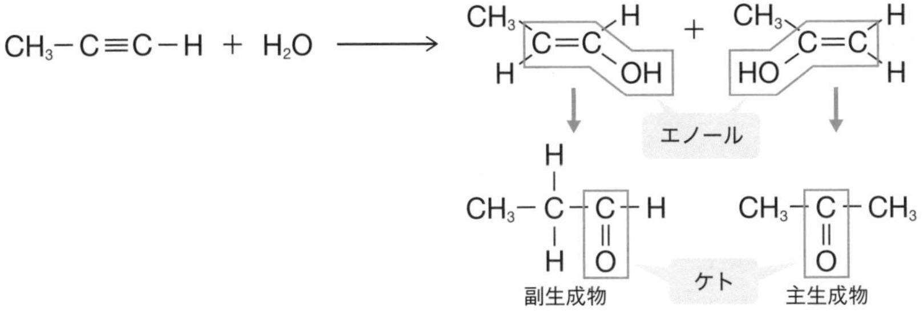

$$CH_3-C\equiv C-H + H_2O \longrightarrow CH_3(H)C=C(H)(OH) + CH_3(HO)C=CH_2$$

エノール

↓

$CH_3-CH_2-C(=O)-H$（副生成物）　$CH_3-C(=O)-CH_3$（主生成物）

ケト

ケト-エノール互変異性

アルキンに H_2O が付加する反応について，詳しく確認してみましょう。

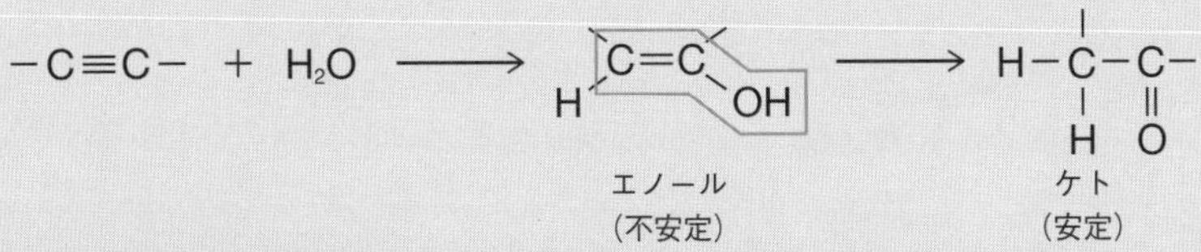

$$-C\equiv C- + H_2O \longrightarrow \text{C=C(H)(OH)} \longrightarrow H-C(H)-C(=O)-$$

エノール（不安定）　ケト（安定）

なぜエノールは不安定なのか

−OH の H 原子は共有電子対を O 原子に持っていかれた状態です。ある意味，不満を抱えた状態なのです。その −OH の隣に，平面から飛び出た状態の π 結合の電子があるのがエノールです。

そのため，−OH の H 原子は隣の π 結合へ飛び移り，エノールはケトに変化するのです。

よって，エノールは存在しません。必ずエノールはケトに変えて解答欄に書きましょう。

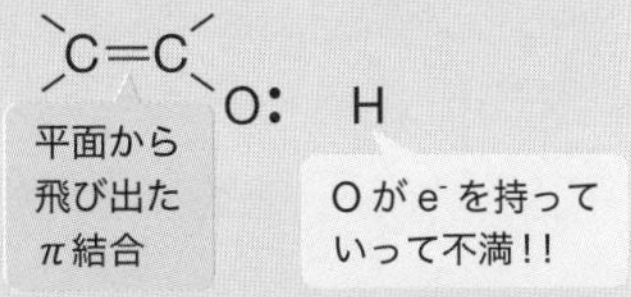

C=C O: H

平面から飛び出た π 結合

O が e^- を持っていって不満！！

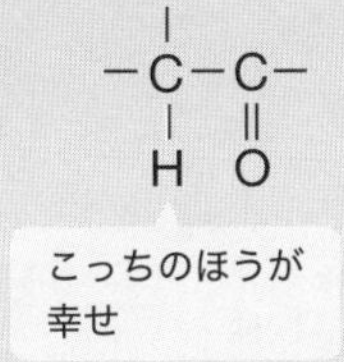

$-C(H)-C(=O)-$

こっちのほうが幸せ

8 講　アルキン

説明③

［2］3分子重合

アルケン同様，アルキンも付加重合が起こります。ただし，π結合が2つもあって複雑なので，2分子や3分子の重合になります。特に大切なのは，アセチレンの3分子重合で，ベンゼンが生成します。

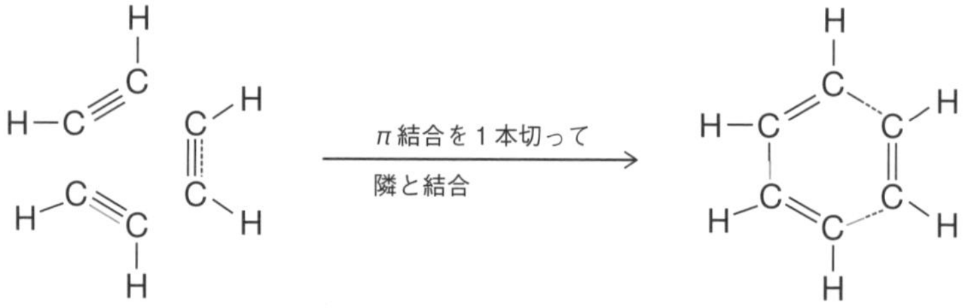

π結合を1本切って
隣と結合

実践！ **演習問題 1** ▶標準レベル

1-ブチンに水を付加させたときの主生成物の構造を書きなさい。

\Point!/

マルコフニコフからのケト-エノール！

▶ 解説

1-ブチンは左右非対称なので，マルコフニコフ則に従い主生成物を判断します。

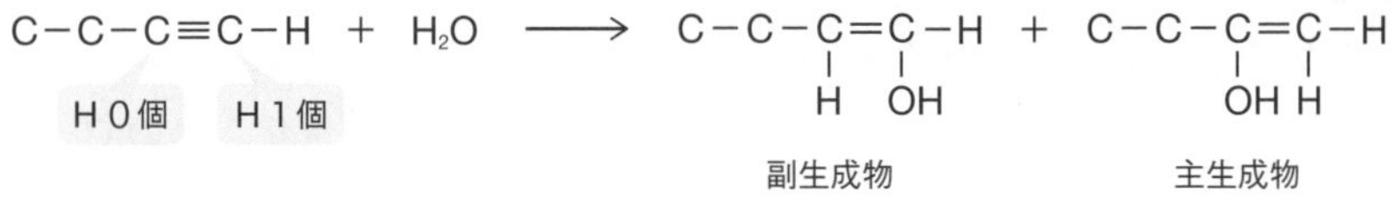

$$\mathrm{C-C-C{\equiv}C-H} + \mathrm{H_2O} \longrightarrow \underset{\text{副生成物}}{\mathrm{C-C-\underset{\large H}{\overset{}{C}}{=}\underset{\large OH}{C}-H}} + \underset{\text{主生成物}}{\mathrm{C-C-\underset{\large OH}{C}{=}\underset{\large H}{C}-H}}$$

(H 0個　H 1個)

ただし，エノールなので，ケトに変えましょう。◀ \Point!/

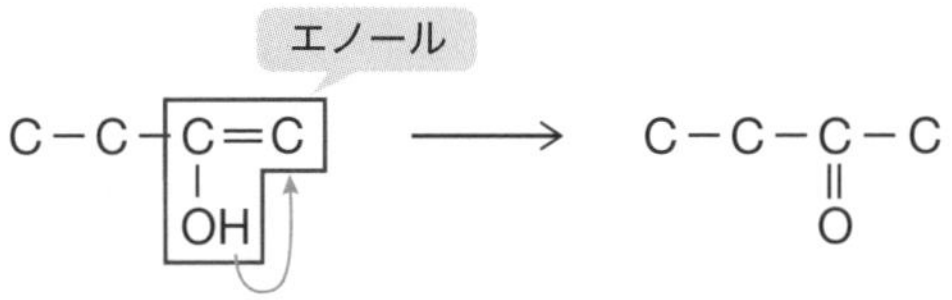

エノール

$$\mathrm{C-C-\underset{\large OH}{C}{=}C} \longrightarrow \mathrm{C-C-\underset{\large \|\atop O}{C}-C}$$

▶ 解答 $\mathrm{CH_3-CH_2-\underset{\large \|\atop O}{C}-CH_3}$

8講 アルキン

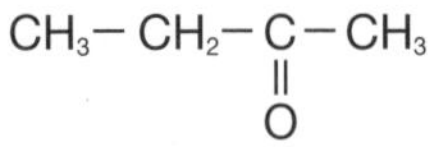

重要TOPIC 03

アルキンの反応②

アセチリドの生成 説明①

末端三重結合($-C\equiv C-H$)にアンモニア性硝酸銀水溶液を加えると銀アセチリドの白色沈殿が生成。

$$-C\equiv C-H \xrightarrow[{[Ag(NH_3)_2]^+}]{\text{アンモニア性硝酸銀}} -C\equiv CAg\downarrow$$

説明①

[3] アセチリドの生成　検 末端三重結合($-C\equiv C-H$)

C 骨格の末端にある三重結合($-C\equiv C-H$)は，その他の炭化水素の C－H 結合に比べ，H 原子が H^+ となって電離しやすくなっています。塩基性にすると(OH^- で誘ってやると)電離します。くわしくは，p.98 の「**入試への＋α**」を見てくださいね。

$$H-C\equiv C-H \quad + \quad 2OH^- \longrightarrow {}^-C\equiv C^- \quad + \quad 2H_2O$$

ここに Ag^+ を加えると沈殿が生成します。

$${}^-C\equiv C^- \quad + \quad 2Ag^+ \longrightarrow AgC\equiv CAg\downarrow$$

ただし，Ag^+ は塩基性にすると酸化銀(Ⅰ)Ag_2O の沈殿をつくります。

また，Ag^+ が唯一沈殿をつくらない塩基はアンモニア NH_3 で，錯イオン $[Ag(NH_3)_2]^+$ となることも覚えておきましょう。

$$Ag^+ \quad + \quad 2NH_3 \longrightarrow [Ag(NH_3)_2]^+$$

よって，アセチリドの生成にはアンモニア性硝酸銀水溶液を使用します。

$$H-C\equiv C-H \xrightarrow[{[Ag(NH_3)_2]^+}]{\text{アンモニア性硝酸銀}} AgC\equiv CAg\downarrow$$

この反応は，末端三重結合($-C\equiv C-H$)の検出に利用されます。

2 アセチレン

重要TOPIC 04

アセチレンの製法 説明①

炭化カルシウム(カルシウムカーバイド) CaC_2 と水 H_2O から生成。

$$CaC_2 + 2H_2O \longrightarrow H-C\equiv C-H + Ca(OH)_2$$

説明①

アセチレンは炭化カルシウム(カルシウムカーバイド) CaC_2 と H_2O からつくります。

$$CaC_2 + 2H_2O \longrightarrow C_2H_2 + Ca(OH)_2$$

アセチレンは無色の気体で，ほとんど水に溶けないため，水上置換で捕集します。反応物が水，捕集も水中なので，水槽の水に CaC_2 を入れ，生成するアセチレンをそのまま捕集します。

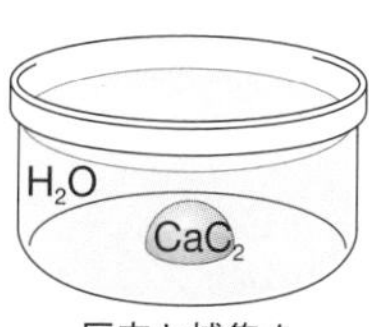

このとき，CaC_2 をそのまま入れると，発生したアセチレンが様々な方向へ広がってしまい捕集しづらいため，穴が空いたアルミニウム箔で包んで水の中に入れ，捕集しやすくしています。

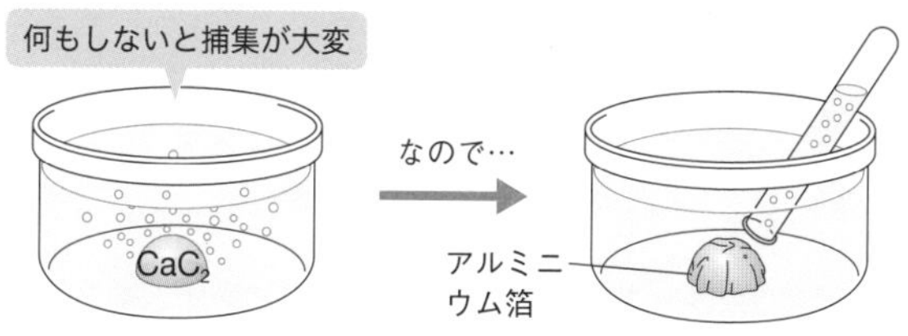

入試への＋α《アセチレンの製法》

アセチレンの製法($CaC_2 + 2H_2O \longrightarrow C_2H_2 + Ca(OH)_2$)は，末端三重結合($-C \equiv C-H$)の電離の逆反応になっています。

$$H-C \equiv C-H \quad + \quad 2OH^- \underset{\text{何反応？}}{\overset{\text{電離}}{\rightleftarrows}} {}^-C \equiv C^- \quad + \quad 2H_2O$$

では，何反応でしょうか。

アセチレンは末端三重結合($H-C \equiv C-H$)なので，H^+ が電離しやすいですね。といっても，酸性ではありません。中性です。それは，アセチレンの電離定数 K_a が水のイオン積 K_w より小さいためです。一般的に電離定数 K_a が水のイオン積 K_w より小さいものは「中性」になります。

しかし，弱酸遊離反応は成立します。電離定数 K_a の大きい酸(強い酸)から電離定数 K_a の小さい酸(弱い酸)が遊離するのです。

よって，アセチレンの製法は弱酸遊離反応となります。

$$CaC_2 \quad + \quad \underset{\text{比べて強い酸}}{2H_2O} \longrightarrow \underset{\text{比べて弱い酸}}{C_2H_2} \quad + \quad Ca(OH)_2$$

入試問題にチャレンジ

01

次の文章を読み，問１～問６に答えよ。

Ａは炭素数５の直鎖状のアルケンである。1 mol のＡに触媒を用いて 1 mol の水素を付加させると，アルカンＢが得られた。Ａに臭素を付加させると，不斉炭素原子を１つもつ化合物Ｃが得られた。また，Ａに塩化水素を付加させると不斉炭素原子を１つもつ化合物Ｄが主に生成した。Ｂと塩素を混ぜて光をあてると，モノ塩素化反応が進み，生成物は可能なすべての構造異性体の混合物であった。

問１　ＡおよびＢの名称として適切なものを次のア～シからそれぞれ１つ選べ。

ア　ヘキサン　　　イ　ペンタン
ウ　2-メチルペンタン　　　エ　2-メチルブタン
オ　2,2-ジメチルブタン　　　カ　2,2-ジメチルプロパン
キ　1-ペンテン　　　ク　2-ペンテン
ケ　1-ヘキセン　　　コ　2-メチル-1-ペンテン
サ　2-メチル-1-ブテン　　　シ　2-メチル-2-ブテン

問２　下線部のＢのモノ塩素化反応の生成物の分子式を記せ。

問３　下線部のＢのモノ塩素化反応により何種類の構造異性体が生じるか。ただし，鏡像異性体については区別しないものとする。

問４　下線部のＢのモノ塩素化反応により生じる構造異性体の中で，不斉炭素原子をもたない異性体の名称として適切なものを次のス～トからすべて選べ。

ス　1-クロロ-2-メチルブタン　　　セ　1-クロロペンタン
ソ　1-クロロ-2,2-ジメチルプロパン　　　タ　1-クロロヘキサン
チ　2-クロロ-2-メチルブタン　　　ツ　2-クロロペンタン
テ　3-クロロペンタン　　　ト　2-クロロ-2-メチルペンタン

問５　Ａと同じ分子式のアルケンの異性体はＡを含めて何種類あるか。ただし，アルケンのシス-トランス異性体は互いに区別するものとする。

問６　ＣおよびＤの構造式を記せ。

［北海道大］

アルケンAに関する情報を確認していきましょう。

情報① アルケンAは炭素数5の直鎖状アルケン

分子式はC_5H_{10}で，直鎖状であることから，以下の2種類(化合物(i)，(ii))が考えられます。

```
                          (i)
                          C−C−C−C=C
                             1-ペンテン
C−C−C−C−C
      ↑  ↑                (ii)
    (ii)(i)               C−C−C=C−C
                             2-ペンテン
```

(↑はC=Cの位置)

情報② アルケンAにH_2を付加させるとアルカンBが生成

情報①からアルケンAは化合物(i)，(ii)のどちらかですが，H_2付加後の生成物は同じ直鎖状のアルカンになるため，これがアルカンBとなります。

```
(i)
C−C−C−C=C
                     (i),(ii)どちらも
               H₂
             ────→  C−C−C−C−C
(ii)          付加       ペンタン
C−C−C=C−C
```

このように，何かが付加してもC骨格は保存されます。

情報③ アルケンAにBr_2を付加させると化合物C(＊1つ)が生成

情報①からアルケンAは化合物(i)，(ii)のどちらかです。両方にBr_2を付加させて得られる生成物を(iii)，(iv)として，それぞれの不斉炭素原子の数を数えてみましょう。

```
(i)                      (iii)
C−C−C−C=C                C−C−C−C*−C
                                  |   |
              Br₂                 Br  Br
             ────→
(ii)          付加       (iv)
C−C−C=C−C                C−C−C*−C*−C
                               |    |
                               Br   Br
```

以上より，不斉炭素原子は化合物(iii)に1つ，化合物(iv)に2つあることから，化合物Cは化合物(iii)，アルケンAは化合物(i)であると決定できます。

参考

今回の化合物(iii)のようにBr_2が付加しても不斉炭素原子が1つしか生じないのは，付加前のC=Cの一方のCに，同じ原子もしくは原子団が結合しているときです。

```
                                        ○  □ ← 同じ
○                         Br₂          |  |
  >C=C<□                ────→     △−C*−C−□
△      □                 付加          |  |
                                        Br Br
```

このような状態になるのは，C骨格の末端にC=Cが存在するときです。末端のCには，必ず2つのH原子が結合しているためです。

```
                                         絶対不斉炭素原子に
          H2個                              ならない
        H                                    H
        |           Br₂                |   |
・・・−C=C−H      ────→    ・・・−C−C−H
        ↑           付加               |   |
       末端                             Br  Br
```

よって，Br_2付加後の生成物を書かなくても，「不斉炭素原子が1つ」という情報から「末端にC=Cのある化合物(i)がアルケンA」と決定することができます。

情報④ アルケンAにHClを付加させると主生成物として化合物D(＊1つ)が生成

すでにアルケンAが決定しているので，HClを付加させたときに生成する主生成物Dをマルコフニコフ則から決定しましょう。より多くのH原子と結合しているC原子にH原子が付加したものが主生成物です。

```
H1個↘ H   H ↙H2個
       |   |
C−C−C−C＝C−H
    A
```

```
                     H  H
                     |  |
 ──HCl──→  C−C−C−C−C−H
   付加              |  |
                     Cl H
```

D：2-クロロペンタン
（主生成物）

そして最後は，アルカンBに関する情報です。

情報⑤ アルカンBをモノ塩素化すると構造異性体の混合物が生成

アルカンBはすでに決定しているので，1か所をClで置換したときに生じる化合物を考えてみましょう。

```
                              C−C−C−C−C
                                      |
                                      Cl
                              1-クロロペンタン
C−C−C−C−C  ──Cl2──→  C−C−C−C*−C
             置換                 |
    B                             Cl
                              2-クロロペンタン
                              C−C−C−C−C
                                  |
                                  Cl
                              3-クロロペンタン
```

以上より，分子式は$C_5H_{11}Cl$，生じる構造異性体は3種類となります。

問1　情報①〜③参照。

問2・問3　情報⑤参照。

問4　情報⑤より，不斉炭素原子をもたない化合物はセ，テの2つです。

問5　C_5H_{10}のアルケンの構造異性体は以下の5種類になります。

```
                                 C
                                 |
C−C−C−C−C          C−C−C−C
     ↑   ↑            ↑  ↑  ↑
     ☆
```

（↑はC＝Cの位置）

そして，☆の位置のときシス-トランス異性体が生じるため，合計6種類です。

問6　情報③，④参照。

▶ **解答**　問1　アルケンA…**キ**　アルカンB…**イ**

問2　$C_5H_{11}Cl$　問3　**3種類**　問4　**セ，テ**

問5　**6種類**　問6　化合物C　化合物D

```
    H  H  H  H  H             H  H  H  H  H
    |  |  |  |  |             |  |  |  |  |
  H−C−C−C−C−C−H         H−C−C−C−C−C−H
    |  |  |  |  |             |  |  |  |  |
    H  H  H  Br Br            H  H  H  Cl H
```

この問題の「だいじ」

・何かが付加してもC骨格は変化しない。

・末端にC＝Cがあるとき，何かが付加しても末端のCは不斉炭素原子にならない。

02 アルケンAについて，大気圧のもとで次の実験1～実験6を行った。あとの問1～問5に答えよ。ただし，原子量は H＝1.0，C＝12，O＝16 とする。

実験1：Aの液体 5.00 g を容積 1.00 L のフラスコに入れ，小さな穴をあけた栓でふたをした。これを 80 ℃の湯にひたしてAを完全に蒸発させ，フラスコ内をAの蒸気で満たした。このときのフラスコ内のAの質量を求めると 2.41 g であった。

実験2：6.0 mg のAを完全燃焼させると，18.9 mg の二酸化炭素と 7.7 mg の水が生じた。

実験3：Aに臭素を加えると臭素の赤褐色が消え，化合物Bが生成した。

実験4：白金を触媒としてAと水素を反応させると，化合物Cが生成した。

実験5：Aをオゾン分解すると，ホルムアルデヒドと化合物Dが生成した。ただし，アルケンのオゾン分解は下の反応式で示される。

$$\begin{matrix} R^1 \\ R^2 \end{matrix}\!\!>C=C<\!\!\begin{matrix} R^3 \\ R^4 \end{matrix} \xrightarrow{\text{オゾン分解}} \begin{matrix} R^1 \\ R^2 \end{matrix}\!\!>C=O \; + \; O=C<\!\!\begin{matrix} R^3 \\ R^4 \end{matrix}$$

実験6：Dにヨウ素と水酸化ナトリウム水溶液を少量加えてあたためると，ヨードホルムが生成した。

問1　実験1の結果を用いて，化合物Aの分子量を求めよ。ただし，有効数字は3桁とし，計算過程も示せ。また，大気圧は 1.01×10^5 Pa とし，気体定数は 8.31×10^3 Pa·L/(K·mol) を用いよ。なお，気体はすべて理想気体とする。

問2　実験1および実験2の結果を用いて，化合物Aの分子式を書け。

問3　化合物A～化合物Dの構造式を書け。

問4　化合物A～化合物Dの中でシス-トランス異性体が存在する化合物はどれか記号で答えよ。いずれの化合物にもシス-トランス異性体が存在しない場合は「なし」と書け。

問5　化合物A～化合物Dの中で鏡像異性体が存在する化合物はどれか記号で答えよ。いずれの化合物にも鏡像異性体が存在しない場合は「なし」と書け。

［新潟大］

まずは，実験からわかることを確認していきましょう。

実験1 アルケンAの80℃における蒸気は1.00 Lで2.41 g

→分子量測定実験(→ p.36)です。気体の状態方程式 $PV = nRT$ を使って，アルケンAの分子量(M とします)を求めましょう。

$$1.01 \times 10^5 \times 1.00 = \frac{2.41}{M} \times 8.31 \times 10^3 \times (273 + 80)$$

$$M = 70.0$$

アルケンの一般式は C_nH_{2n}(分子量 14 n)であるため，

$$14n = 70.0 \qquad n = 5$$

よって，アルケンAの分子式は C_5H_{10} であると決まります。

実験2 アルケンAを6.0 mg燃焼させると CO_2 が18.9 mgと H_2O が7.7 mg生成

→実験1からアルケンAの分子式は決まっているので，実験2からアルケンAの分子式を求める必要はありませんが，練習のために計算してみましょう。

アルケンAに含まれるC原子とH原子の物質量比は，

$$\frac{18.9}{44} : \frac{7.7}{18} \times 2 = 1 : 2$$

また，組成式は CH_2(式量 14)

よって，分子式は $(CH_2)_n$，分子量は 14 n と表すことができ，実験1の結果と合わせて，

$$14n = 70.0 \qquad n = 5$$

以上より，アルケンAの分子式は C_5H_{10} であると決まります。

実験1から求めた答えと同じ答えになりましたね。

実験3 アルケンAに Br_2 を加えると化合物Bが生成

→C=C，C≡Cの検出法ですね(→ p.80)。

実験4 アルケンAに H_2 を反応させると化合物Cが生成

→アルケンに H_2 を付加させるとアルカンになるため，化合物Cはアルカンとわかります(このとき，アルケンAとアルカンCのC骨格は同じです)。

実験5 アルケンAをオゾン分解するとホルムアルデヒドと化合物Dが生成

→分解反応ではC数が保存されます。

アルケンAのC数は5，ホルムアルデヒドHCHOのC数は1なので，化合物DのC数は，

$$5 - 1 = 4$$

よって，化合物DはC数4のアルデヒドもしくはケトンとわかります。

実験6 化合物Dに I_2 とNaOHaqを加えてあたためると CHI_3 が生成

→ヨードホルム反応(→ p.127)が陽性になるのは「末端から2番目にC=Oがあるとき」であるため，化合物Dは次のような構造であることがわかります。

```
1   2
C－C－[   ]
    ‖
    O
```

そして，化合物DはC数4であるため，上の構造の[   ]部分にはCが2つ入ります。よって，化合物Dは次のように決まります。

C−C−[C−C] ← C 2個分
  ‖
  O

最後に，ホルムアルデヒドと化合物Dの O 原子をとってくっつけると，アルケン A が決定します。

```
                   C¹
                   |2
H−C=[O   O]=C−C−C
   |
   H
ホルムアルデヒド    D

        → C=C−C−C
              |
              C
              A
```

問１　実験１参照。

問２　実験１，２参照。

問３　化合物 A の構造式は，実験６参照。また，実験３より，化合物 B はアルケン A に Br_2 を付加させた生成物であるため，次のような構造になります。

```
    C                         C
    |          Br₂            |
C=C−C−C     ———→      C−C−C−C
               付加        |   |
                          Br  Br
   A                        B
```

そして，実験４より，化合物 C はアルケン A に H_2 を付加させた生成物であるため，次のような構造になります。

```
    C                         C
    |          H₂             |
C=C−C−C     ———→      C−C−C−C
               付加
   A                        C
```

問４　化合物 A ～化合物 D のうち，シス-トランス異性体が存在する化合物はありません。

問５　問３より，化合物 B は不斉炭素原子をもつため，鏡像異性体が存在します。

▶ **解答**　問１　**70.0**　問２　C_5H_{10}

問３　化合物 A

```
        CH₃
        |
CH₂=C−CH₂−CH₃
```

化合物 B

```
          CH₃
          |
CH₂−C−CH₂−CH₃
|         |
Br        Br
```

化合物 C

```
         CH₃
         |
CH₃−CH−CH₂−CH₃
```

化合物 D

```
CH₃−C−CH₂−CH₃
      ‖
      O
```

問４　**なし**　　問５　**B**

この問題の「だいじ」

・分解反応では反応前後で C 数の総和が保存される。

・ヨードホルム反応ときたら「末端から２番目!!」

第3章

酸素を含む有機化合物

9講 アルコール・エーテル

講義テーマ！

アルコールとエーテルの性質や反応の違いを学びましょう。

1 アルコールとエーテル

アルコールとエーテルは異性体の関係にあり，構造決定では同時に登場することが多いため，「どんな性質の違いがあるか」を押さえておく必要があります。

重要TOPIC 01

アルコールとエーテルの大きな違い 説明①

	アルコール	エーテル
物理的な違い	比べて沸点が高い	比べて沸点が低い
化学的な違い	活性	不活性

説明①

[1] 物理的な違い

アルコールは分子内にヒドロキシ基 −OH をもち，分子間で水素結合を形成するため，エーテルに比べて沸点(boiling point：b.p.)が高くなります。

例　エタノール　C_2H_5OH　b.p.：78℃　(← 知っておきましょう)

　ジメチルエーテル　CH_3OCH_3　b.p.：−25℃

アルコールやエーテルの構造決定で沸点を与えられたときは，比べて沸点の高いものがアルコール，低いものがエーテルと判断できます。

[2] 化学的な違い

アルコールは化学的に活性(エネルギーが高く反応しやすい)です。それに対して，化学的に不活性なエーテルは，アルコールが起こす反応をどれも起こしません。

2 アルコール R－OH

炭化水素のH原子を**ヒドロキシ基** －OHで置き換えた化合物が**アルコール**です。分子中に －OHが1つなら**1価アルコール**，2つなら**2価アルコール**，3つなら**3価アルコール**といいます。

$$\mathrm{H-\underset{H}{\overset{H}{C}}-\underset{H}{\overset{H}{C}}-\underset{H}{\overset{H}{C}}-\cdots-\underset{H}{\overset{H}{C}}-H} \xrightarrow{-\text{H を}-\text{OH に}} \mathrm{H-\underset{H}{\overset{H}{C}}-\underset{H}{\overset{H}{C}}-\underset{H}{\overset{H}{C}}-\cdots-\underset{H}{\overset{H}{C}}-OH}$$

↓

R－OH
アルコール

1 アルコールの命名

重要TOPIC 02

アルコールの化合物名 説明①

アルカン「～ane」→ アルコール「～anol」

アルカン「～ane」	アルコール「～anol」
メタン	**メタノール**
エタン	**エタノール**
プロパン	**プロパノール**

説明①

同じC数のアルカンの化合物名の語尾「～ane」を「～anol」に変えるとアルコールの化合物名になります。ヒドロキシ基 －OHの位置が複数考えられるときは，その位置を数字で化合物名の前につけます。

例 $\mathrm{CH_3-CH_2-\underset{OH}{\overset{2}{C}H}-\overset{1}{C}H_3}$
2-ブタノール

C数4 → ブタノール
－OHの位置 → C骨格の末端から2番目

❷ アルコールの反応

重要TOPIC 03

アルコールの反応の全体像

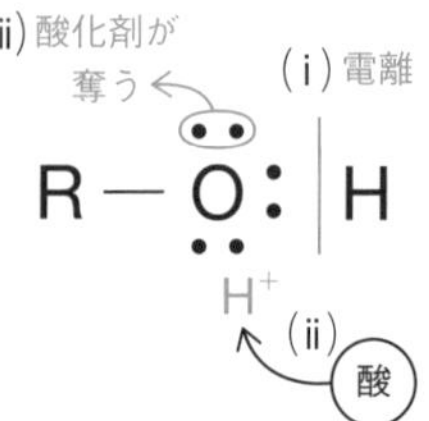

(i) $-OH$ から H^+ が電離 → Na と反応
(ii) 強酸から H^+ を投げつけられる → 脱水
(iii) 酸化剤に非共有電子対を奪われる → 酸化

アルコールの反応①

Na との反応 説明①

Na と反応して H_2 発生

$$2R-OH \quad + \quad 2Na \longrightarrow 2R-ONa \quad + \quad H_2$$

説明①

[1] Na との反応 検 $-OH$

ヒドロキシ基 $-OH$ をもつものは，多かれ少なかれ H^+ が電離しています。しかし，アルコールは電離定数 K_a が水のイオン積 K_w より小さいため中性です(→ p.98)。そして，Na は強い還元剤なので，わずかな量でも H^+ が存在すると反応します。

$$2Na \quad + \quad 2H^+ \longrightarrow 2Na^+ \quad + \quad H_2$$

よって，アルコールは Na と反応してナトリウムアルコキシドに変化し，H_2 が発生します。

$$2Na \quad + \quad 2R-OH \longrightarrow \underset{\text{ナトリウムアルコキシド}}{2R-ONa} \quad + \quad H_2$$

この反応は異性体の関係にあるエーテルとの区別に利用されます。そして，$-OH$ をもつものは H^+ が電離しているため，$-OH$ をもつ化合物はすべて Na と反応します(Na が冷水と反応するのは H_2O が $-OH$ をもっているからです)。

よって，この反応はヒドロキシ基 $-OH$ の検出法です。

例　フェノール C_6H_5-OH も Na と反応(→ p.179)

実践！ **演習問題 1** ▶標準レベル

あるアルコール 0.20 mol をナトリウムと完全に反応させたところ，標準状態で 4.48 L の水素が発生した。このアルコールの分子式として適切なものを次の①〜⑤から１つ選びなさい。

① C_3H_8O ② C_4H_8O ③ $C_4H_{10}O_2$ ④ $C_5H_{12}O$ ⑤ $C_6H_{14}O_3$

\Point!/
アルコールがもっている －OH は１つとは限らない！

▶ 解説

1 価のアルコールと Na の反応式は次のようになります。

$$2R-OH + 2Na \longrightarrow 2R-ONa + H_2$$

これより，アルコール(－OH)と H_2 の物質量比は 2：1 であるとわかります。

問題文より，アルコール0.20 mol が反応し，発生した H_2 は $\frac{4.48}{22.4} = 0.20$ mol であるため，アルコールと H_2 の物質量比が 1：1 になっています。

よって，このアルコールは －OH を 2 つもっている(2 価アルコール)ことがわかります。◀ \Point!/

アルコール0.20 mol(－OH は 0.20 × 2 = 0.40 mol) → H_2 0.20 mol 発生

－OH と H_2 の物質量比は 2：1

以上より，－OH が 2 つあるため，O 原子が 2 つある選択肢③ $C_4H_{10}O_2$ が適切です。

▶ 解答 ③

重要TOPIC 04

アルコールの反応②

脱水反応 説明①

低温：分子間脱水によりエーテル生成

$$R-OH + HO-R \xrightarrow{H_2SO_4} R-O-R + H_2O$$

エーテル

高温：分子内脱水によりアルケン生成

$$-\underset{H}{\overset{|}{C}}-\underset{OH}{\overset{|}{C}}- \xrightarrow{H_2SO_4} >C=C< + H_2O$$

説明①

[2] 脱水反応

アルコールを強い酸とともに加熱すると**脱水反応**が進行します。強い酸がアルコールの $-OH$ に H^+ を投げつけることが反応の原動力です。強い酸は，加熱に耐えられる濃硫酸を使用します。

低温(エタノールでは130〜140℃) → 分子間脱水

分子間で脱水が進行し左右対称のエーテルが生成します。

$$C_2H_5OH + HOC_2H_5 \longrightarrow C_2H_5-O-C_2H_5 + H_2O$$

ジエチルエーテル

高温(エタノールでは160〜170℃) → 分子内脱水

分子内で脱水が進行しアルケンが生成します。

$$H-\underset{H}{\overset{H}{C}}-\underset{OH}{\overset{H}{C}}-H \longrightarrow CH_2=CH_2 + H_2O$$

エチレン

左右非対称の分子内脱水では，ザイツェフ則(→ p.113)に従って主生成物を判断します。

高温か低温かを与えられていないとき

アルコールの構造決定において，問題文中に高温か低温かを与えられない場合が多いです。「濃硫酸を加えて加熱」とだけ与えられます。

このときは「分子内脱水が起こっており，生成物はアルケン」と考えてその先を解き進めてください。

例　アルコール A に濃硫酸を加えて加熱すると化合物 B が生成

　→ 分子内脱水が起こっており，化合物 B はアルケン

通常，C 数 4 以上のアルコールでは分子間脱水が起こりにくくなります(炭化水素基同士の反発が原因)。そして，入試問題の構造決定の多くは C 原子の数が 4 以上になっているため，分子内脱水が起こっていると判断するとスムーズに正解にたどり着けます。

実践！ 演習問題 2 ▶標準レベル

分子式 $C_5H_{12}O$ のアルコールのうち，脱水生成物のアルケンが１種類(異性体が１種類)しか生成しないものはいくつあるか，答えなさい。

\Point!/

C骨格を書いて考えてみよう！

▶ 解説

C数５のC骨格は次のように３種類あり，アルコールは(i)〜(viii)の８種類が考えられます。◀ \Point!/

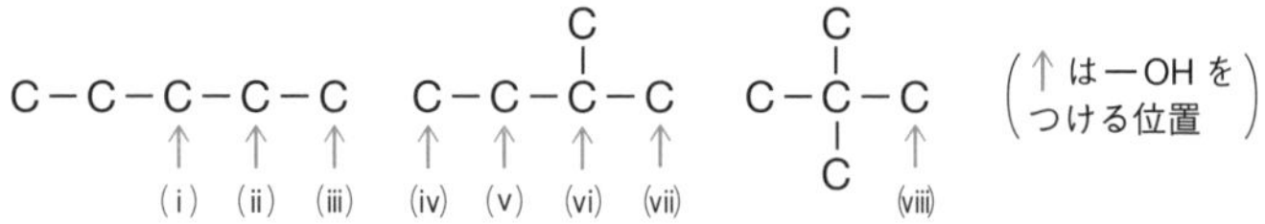

C−C−C−C−C（↑(i) ↑(ii) ↑(iii)）　C−C−C(−C)−C（↑(iv) ↑(v) ↑(vi) ↑(vii)）　C−C(−C)(−C)−C（↑(viii)）

(↑は−OHをつける位置)

C骨格の末端に −OH があるアルコールは，脱水する部分が１か所しかなく，生成するアルケンも末端 C=C でシス-トランス異性体は存在しないため，生成物は１種類になります。

C−・・・・−C(−H)−C(−OH) —末端 脱水→ C−・・・・−C=C

生成物はこの１つ

上の８種類のアルコールのうち(iii)，(iv)，(vii)，(viii)がそれに相当します。しかし，(viii)は脱水に必要な C−H 結合が存在しないため脱水できません。

よって，(iii)，(iv)，(vii)の３つになります。

また，(i)は左右対称なので，脱水生成物の構造異性体は１種類ですが，シス-トランス異性体が存在します。

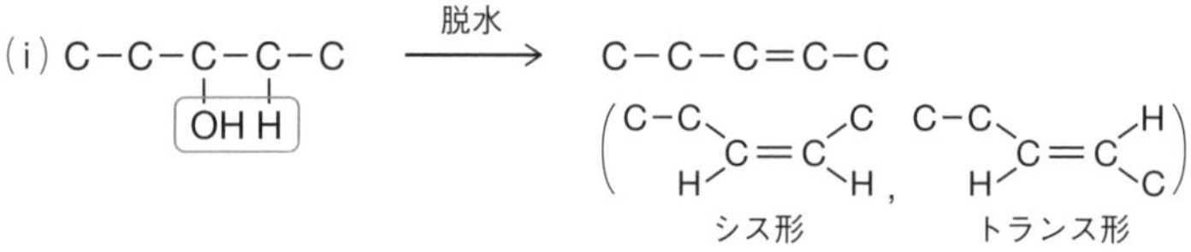

(i) C−C−C(−OH)−C(−H)−C —脱水→ C−C−C=C−C

(シス形：C−C と C が同じ側，H と H が同じ側　トランス形：C−C と C が反対側)

シス形　トランス形

▶ 解答　3つ

入試への＋α《ザイツェフ則》

ザイツェフ則とは，
「左右非対称のアルコールで分子内脱水が進行するとき，結合しているH原子がより少ないC原子から，H原子が脱離しやすい」
というものです。

例

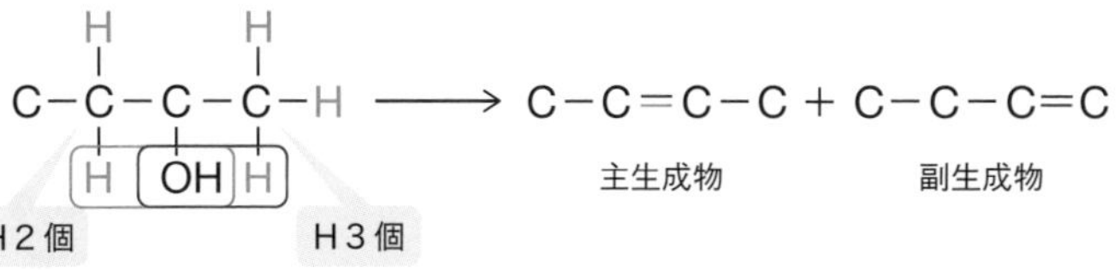

ザイツェフ則は，マルコフニコフ則(→ p.81)の逆だと考えることができます。「くっつくときは多い方へ，とれるときは少ない方から」と頭に入れておきましょう。

重要TOPIC 05

アルコールの反応③

酸化 説明①

・第一級アルコール：アルデヒドを経てカルボン酸へ

$$\mathrm{C-C-\cdots-\underset{\underset{OH}{|}}{\overset{\overset{H}{|}}{C}}-H \xrightarrow{\text{酸化}} C-C-\cdots-\underset{\underset{O}{\|}}{C}-H \xrightarrow{\text{酸化}} C-C-\cdots-\underset{\underset{O}{\|}}{C}-OH}$$

アルデヒド　　カルボン酸

・第二級アルコール：ケトンへ

$$\mathrm{C-C-\cdots-\underset{\underset{OH}{|}}{\overset{\overset{H}{|}}{C}}-C \xrightarrow{\text{酸化}} C-C-\cdots-\underset{\underset{O}{\|}}{C}-C}$$

ケトン

・第三級アルコール：酸化されにくい

$$\mathrm{C-C-\cdots\cdots-\underset{\underset{OH}{|}}{\overset{\overset{C}{|}}{C}}-C \xrightarrow{\text{酸化}} \times}$$

説明①

[3] 酸化

アルコールは，過マンガン酸カリウム $KMnO_4$ や二クロム酸カリウム $K_2Cr_2O_7$ などの酸化剤により酸化されます。次のように，C−H の H 原子と O−H の H 原子が外れて C=O に変化します。

$$\mathrm{-\underset{\underset{OH}{|}}{\overset{|}{C}}-H \xrightarrow{-2H} -\underset{\underset{O}{\|}}{C}-}$$

第一級アルコール（末端に −OH：$\mathrm{R-\underset{\underset{OH}{|}}{\overset{\overset{H}{|}}{C}}-H}$）

C 骨格の末端に −OH があるとき，**第一級アルコール**といいます。酸化されると，C−H の H 原子と O−H の H 原子が外れてアルデヒド(→ p.119)に変化します。

アルデヒドは還元性をもつため，そのまま酸化が進むとカルボン酸(→ p.133)に変化します。

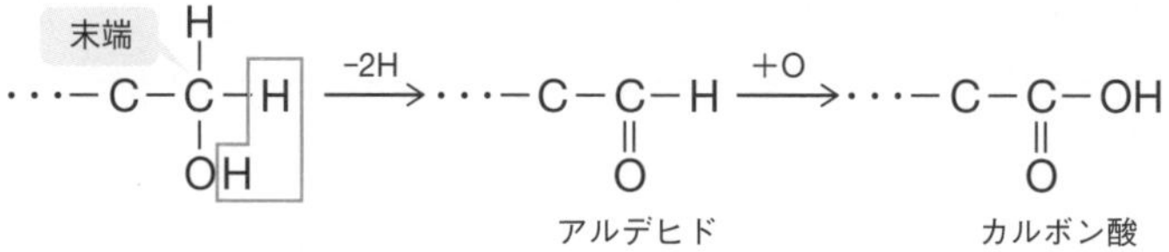

末端

$$\cdots-\underset{\underset{\text{OH}}{|}}{\overset{\overset{\text{H}}{|}}{\text{C}}}-\text{C}-\text{H} \xrightarrow{-2\text{H}} \cdots-\text{C}-\underset{\underset{\text{O}}{\|}}{\text{C}}-\text{H} \xrightarrow{+\text{O}} \cdots-\text{C}-\underset{\underset{\text{O}}{\|}}{\text{C}}-\text{OH}$$

アルデヒド　カルボン酸

第二級アルコール(連鎖部に －OH：$\text{R}-\underset{\underset{\text{OH}}{|}}{\overset{\overset{\text{H}}{|}}{\text{C}}}-\text{R}'$)

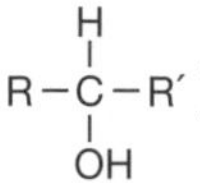

C 骨格の連鎖部に －OH があるとき，**第二級アルコール**といいます。酸化されると，C－H の H 原子と O－H の H 原子が外れてケトン(→ p.125)に変化します。

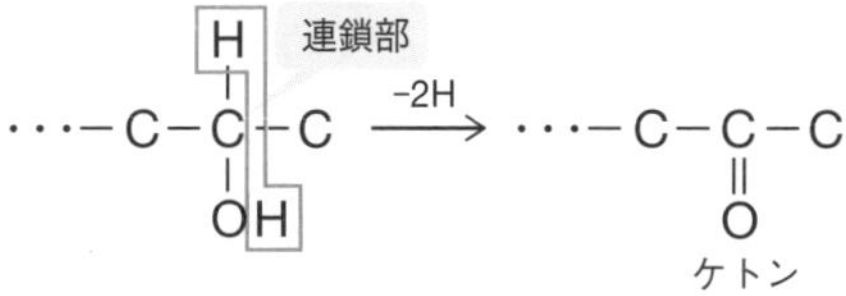

連鎖部

$$\cdots-\text{C}-\underset{\underset{\text{OH}}{|}}{\overset{\overset{\text{H}}{|}}{\text{C}}}-\text{C} \xrightarrow{-2\text{H}} \cdots-\text{C}-\underset{\underset{\text{O}}{\|}}{\text{C}}-\text{C}$$

ケトン

第三級アルコール(分枝部に －OH：$\text{R}-\underset{\underset{\text{OH}}{|}}{\overset{\overset{\text{R}'}{|}}{\text{C}}}-\text{R}''$)

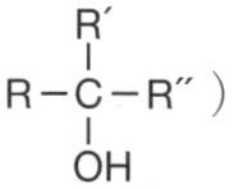

C 骨格の分枝部に －OH があるとき，**第三級アルコール**といいます。C－H が存在しないため，酸化されにくいです。

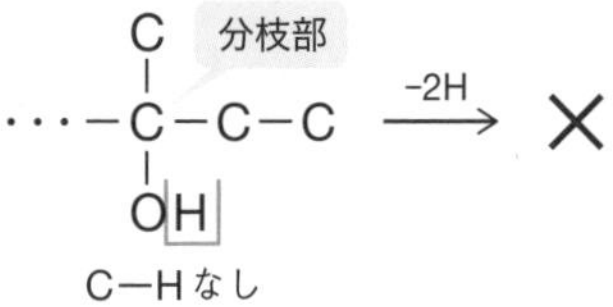

分枝部

$$\cdots-\underset{\underset{\text{OH}}{|}}{\overset{\overset{\text{C}}{|}}{\text{C}}}-\text{C}-\text{C} \xrightarrow{-2\text{H}} \times$$

C－H なし

9 講 アルコール・エーテル

実践！ **演習問題 3** ▶標準レベル

分子式 $C_6H_{14}O$ のアルコールのうち，不斉炭素原子をもち，酸化すると酸性を示す物質を生じるアルコールはいくつあるか答えなさい。

\Point!/

C 骨格を書いてみよう！

酸化生成物が酸性になるのは第何級アルコールか考えよう！！

▶ 解説

C 数 6 の C 骨格は次の 5 種類あります。また，酸化生成物が酸性を示すのは第一級アルコールです(酸化生成物はカルボン酸)。◂ \Point!/ 第一級アルコールは C 骨格の末端に −OH があるので，全部で 8 種類が考えられます。

```
                                      C                    C←(v)
                                      |                    |
C−C−C−C−C−C           C−C−C−C−C            C−C−C−C−C
          ↑            ↑       ↑                    ↑
         (i)          (ii)   (iii)                (iv)

      C                   C  C
      |                   |  |
C−C−C−C              C−C−C−C            (↑は−OH を
↑     |   ↑                  ↑             つける位置)
      C
(vi)     (vii)              (viii)
```

このうち，不斉炭素原子をもつのは(iii)，(iv)，(viii)の 3 つです。

```
        C               C              C  C
        |               |              |  |
C−C−C−C*−C       C−C−C*−C−C       C−C−C*−C
          |                 |                |
          OH,               OH,              OH
```

▶ 解答 **3 つ**

3 エーテル R−O−R′

2つの炭化水素基が**エーテル結合**(−O−)でつながった化合物を**エーテル**といいます。

① エーテルの命名

重要TOPIC 06

エーテルの化合物名 説明①

R−O−R′の化合物名 →「RR′エーテル」
(炭化水素基R＋炭化水素基R′＋エーテル)

化学式	化合物名
CH_3-O-CH_3	**ジメチルエーテル**
$CH_3-O-C_2H_5$	**エチルメチルエーテル**
$C_2H_5-O-C_2H_5$	**ジエチルエーテル**

説明①

エーテルの化合物名は，通常，慣用名の「RR′エーテル」となります。炭化水素基RとR′はアルファベット順に表記します。

例 $CH_3-O-C_2H_5$
エチルメチルエーテル
{ R：メチル(methyl)基，R′：エチル(ethyl)基
アルファベット順ではエチル(ethyl)基が先

$C_2H_5-O-C_2H_5$
ジエチルエーテル
{ 代表的なエーテル
揮発性・引火性・麻酔作用あり

10講 アルデヒド・ケトン

講義テーマ！

アルデヒドとケトンの性質や反応の違いを学びましょう。

1 アルデヒドとケトン

重要TOPIC 01

アルデヒドとケトンの違い 説明①

	アルデヒド	ケトン
還元性	あり	なし

説明①

アルデヒドとケトンはともにC=O結合をもち，**カルボニル化合物**とよばれます。C=O結合がC骨格の末端にあるのが**アルデヒド**，末端以外にあるのが**ケトン**です。

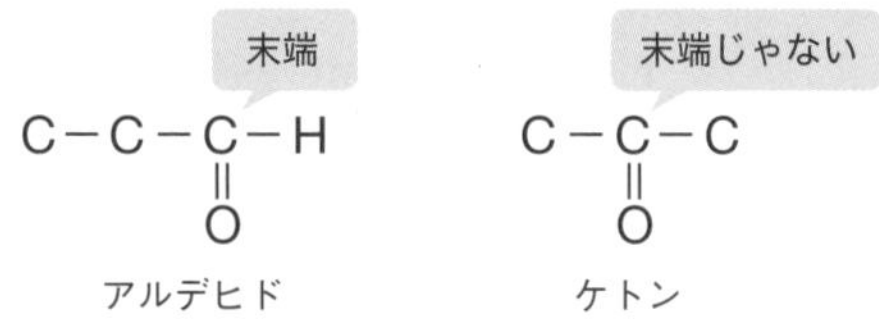

アルデヒドとケトンは異性体の関係にあります。アルコールとエーテルのように，違いに注目しておきましょう。

押さえておくべきアルデヒドとケトンの大きな違いは「還元性があるか，ないか」の一点です。アルデヒドには還元性があり，ケトンには還元性がありません。くわしい反応をこのあと見ていきます。

2 アルデヒド　R－CHO

C 骨格の末端に C=O 結合があるときは，H 原子までを 1 つの官能基としてとらえます。－CHO と表し，**ホルミル基**(**アルデヒド基**)といいます。ホルミル基をもつ化合物を**アルデヒド**といいます。

① アルデヒドの命名

重要TOPIC 02

代表的なアルデヒドの化合物名 説明①

H－C(=O)－H　ホルムアルデヒド(防腐剤)　　CH_3－C(=O)－H　アセトアルデヒド

説明①

アルデヒドの化合物名は，基本的に慣用名になります。次の 2 つが重要です。

[1] **ホルムアルデヒド**

水溶液は**ホルマリン**とよばれ，防腐剤として利用されています。

[2] **アセトアルデヒド**

アセチレンに水を付加させると，ケト-エノール互変異性(→ p.93)により生じます。また，同じ C 数 2 のアルコールであるエタノールの酸化によっても得ることができます。アセトアルデヒドの製法は頻出です。実験装置も含め，しっかり確認しておきましょう(→ p.120)。

Q & A

Q 05. アルデヒドは慣用名しかないの？

A 05. 基本的には慣用名を使いますが，アルデヒドと同じ C 数のアルカンの語尾を「～ane」から「～anal」に変えて命名することもできます。

例　CH_3CHO は，同じ C 数 2 のエタン(ethane)の語尾を変え，エタナール(ethanal)になります。

❷ アルデヒドの製法

重要TOPIC 03

アセトアルデヒドの製法

実験室的製法 **説明①**	エタノールを二クロム酸カリウムで酸化 $C_2H_5OH \xrightarrow{K_2Cr_2O_7} CH_3CHO$
工業的製法 **説明②**	触媒を用いてエチレンを空気酸化(ヘキストワッカー法) $2\ \begin{matrix}H & & H\\ & C=C & \\ H & & H\end{matrix} + O_2 \xrightarrow[(PdCl_2,CuCl_2)]{} 2\ \begin{matrix} & H & & \\ & \vert & & \\ H- & C & -C- & H\\ & \vert & \Vert & \\ & H & O & \end{matrix}$

説明①

[1] アセトアルデヒドの実験室的製法

エタノール C_2H_5OH を二クロム酸カリウム $K_2Cr_2O_7$ でおだやかに酸化します。実験装置を確認しておきましょう。

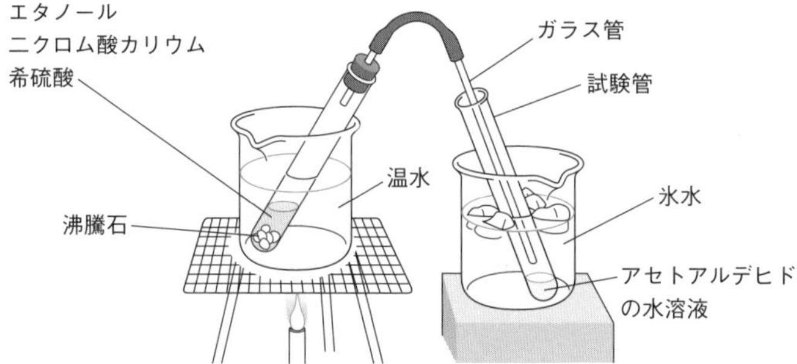

説明②

[2] アセトアルデヒドの工業的製法

エチレン C_2H_4 を塩化パラジウム(Ⅱ)$PdCl_2$ と塩化銅(Ⅱ)$CuCl_2$ を触媒に用いて空気酸化します。これを**ヘキストワッカー法**といいます。

$$2\ \begin{matrix}H & & H\\ & C=C & \\ H & & H\end{matrix} + O_2 \xrightarrow[(PdCl_2,CuCl_2)]{} 2\ \begin{matrix} & H & & \\ & \vert & & \\ H- & C & -C- & H\\ & \vert & \Vert & \\ & H & O & \end{matrix}$$

③ アルデヒドの反応

重要TOPIC 04

アルデヒドの反応の全体像 説明①

アルデヒドは還元剤Ⓡとしてはたらき，カルボン酸へ変化する。

Ⓡ $RCHO + H_2O \longrightarrow RCOOH + 2H^+ + 2e^-$

アルデヒドの反応

銀鏡反応 説明②	アンモニア性硝酸銀水溶液を加えて加熱→銀が析出 $RCHO \xrightarrow[[Ag(NH_3)_2]^+]{\text{アンモニア性硝酸銀}} RCOOH + Ag\downarrow$ （RCOOH：中和されるため最終的には $RCOO^-$）
フェーリング液の還元 説明③	フェーリング液を加えて加熱→酸化銅（Ⅰ）が析出 $RCHO \xrightarrow{\text{フェーリング液}} RCOOH + Cu_2O\downarrow$ （RCOOH：中和されるため最終的には $RCOO^-$）

説明①

［1］アルデヒドの反応の全体像

アルデヒドは還元剤としてはたらき，カルボン酸へ変化します。半反応式(電子 e^- を用いたイオン反応式)を手を動かして書いてみましょう。

Ⓡ $RCHO + H_2O \longrightarrow RCOOH + 2H^+ + 2e^-$

ただし，アルデヒドの還元力は弱いため，酸化還元反応を進めるには次のような工夫が必要です。

① 強い酸化剤を使う

過マンガン酸カリウム $KMnO_4$ や二クロム酸カリウム $K_2Cr_2O_7$ のような強い酸化剤を用いると，アルデヒドの酸化還元反応が進行します。アルコールの酸化は $KMnO_4$ や $K_2Cr_2O_7$ を使用するため，第一級アルコールはアルデヒドを経てカルボン酸まで酸化されます(→ p.114)。

$$\cdots -\underset{}{C}-\underset{\underset{OH}{|}}{\overset{\overset{H}{|}}{C}}-H \xrightarrow[-2H]{酸化} \cdots -C-\underset{\underset{O}{\|}}{C}-H \xrightarrow[+O]{酸化} \cdots -C-\underset{\underset{O}{\|}}{C}-OH$$

第一級アルコール　　アルデヒド　　カルボン酸

② 塩基性にする

弱い酸化剤が相手のときは，アルデヒドの還元力を促進させて酸化還元反応を進行させます。

$$Ⓡ\quad RCHO + H_2O \underset{}{\overset{塩基性下}{\rightleftarrows}} RCOOH + 2H^+ + 2e^-$$

アルデヒドが還元剤としてはたらくと酸 RCOOH が生成します。これを塩基で中和して取り除くことにより，平衡を右に移動させます。このとき，アルデヒドの反応式は次のようになります。

$$
\begin{array}{lll}
Ⓡ & RCHO + H_2O \longrightarrow RCOOH + 2H^+ + 2e^- & \\
+)\text{中和} & H^+ + OH^- \longrightarrow H_2O & (\times 3) \\
\hline
& RCHO + 3OH^- \longrightarrow RCOO^- + 2H_2O + 2e^- & \cdots ※
\end{array}
$$

説明②

[2] 銀鏡反応　検 アルデヒド

銀イオン Ag^+（酸化剤）とアルデヒドの酸化還元反応です。ただし，Ag^+ は弱い酸化剤であるため，塩基性にして反応させます（→ **説明①**）。このとき，Ag^+ が塩基 OH^- と出会って酸化銀 Ag_2O の沈殿にならないよう，塩基は NaOH などではなく，Ag^+ が錯イオンを形成するときの配位子であるアンモニア NH_3 を使用して塩基性にします。

以上より，アンモニア性硝酸銀水溶液を加えて加熱すると銀が析出します。これを**銀鏡反応**といい，アルデヒドの検出に利用されます。

銀鏡反応のイオン反応式

$$
\begin{array}{lll}
Ⓡ & RCHO + 3OH^- \longrightarrow RCOO^- + 2H_2O + 2e^- & \cdots ※ \\
+)Ⓞ & [Ag(NH_3)_2]^+ + e^- \longrightarrow Ag + 2NH_3 & (\times 2) \\
\hline
\multicolumn{3}{l}{RCHO + 2[Ag(NH_3)_2]^+ + 3OH^- \longrightarrow RCOO^- + 2Ag\downarrow + 4NH_3 + 2H_2O}
\end{array}
$$

説明③

［3］フェーリング液の還元　検 アルデヒド

銅イオン Cu^{2+}（酸化剤）とアルデヒドの酸化還元反応です。ただし，Cu^{2+} は弱い酸化剤であるため，塩基性にして反応させます（→ 説明①）。このとき，Cu^{2+} が塩基 OH^- と出会って水酸化銅（Ⅱ）$Cu(OH)_2$ の沈殿にならないよう，フェーリング液※にして反応させます。フェーリング液中で，Cu^{2+} は酒石酸イオンと安定な錯体になっているため，塩基性（NaOH あり）でも沈殿しません。

※硫酸銅（Ⅱ）$CuSO_4$，酒石酸ナトリウムカリウム CH(OH)(COOK)CH(OH)(COONa)，水酸化ナトリウム NaOH の混合溶液のことをフェーリング液といいます。

以上より，フェーリング液を加えて加熱すると酸化銅（Ⅰ）の赤色沈殿が析出します。これを，フェーリング液の還元といい，アルデヒドの検出に利用されます。水中でホルミル基を生じる糖の検出にも利用されています（→ p.222）。

フェーリング液の還元のイオン反応式

$$
\begin{array}{rl}
Ⓡ & RCHO + 3OH^- \longrightarrow RCOO^- + 2H_2O + 2e^- \quad \cdots ※ \\
+)\ Ⓞ & 2Cu^{2+} + 2OH^- + 2e^- \longrightarrow Cu_2O + H_2O \\
\hline
 & RCHO + 2Cu^{2+} + 5OH^- \longrightarrow RCOO^- + Cu_2O + 3H_2O
\end{array}
$$

実践！ **演習問題 1** ▶標準レベル

次のアルコール①～⑤をおだやかに酸化させたとき，酸化生成物が銀鏡反応陽性になるのはどれか。すべて選びなさい。

① $CH_3CH_2CH(OH)CH_3$　② $(CH_3)_2C(OH)CH_2CH_3$　③ $CH_3CH_2CH_2CH_2OH$

④ $CH_3CH(OH)C_6H_5$　⑤ $CH_2(OH)CH(CH_3)CH_2CH_3$

\Point!/

アルデヒドは末端 C＝O！

よって末端 －OH をもつ第一級アルコールに注目!!

▶ 解説

おだやかな酸化によってアルデヒドを生成するのは，第一級アルコールです。第一級アルコールは末端に －OH をもつ構造です。◀ \Point!/

示性式で表すと次のようになります。

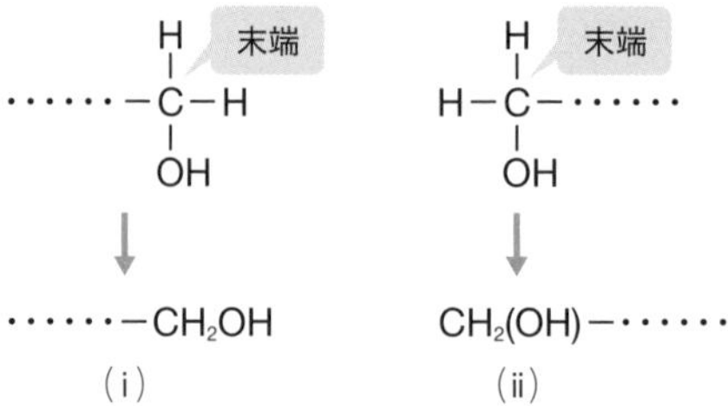

(i)にあてはまるもの　→　③ $CH_3CH_2CH_2CH_2OH$

(ii)にあてはまるもの　→　⑤ $CH_2(OH)CH(CH_3)CH_2CH_3$

ちなみに①，④は第二級アルコール，②は第三級アルコールです。

① 連鎖部
$CH_3-CH_2-CH(OH)-CH_3$
第二級

④ 連鎖部
$CH_3-CH(OH)-C_6H_5$
第二級

② 分枝部
$CH_3-C(CH_3)(OH)-CH_2-CH_3$
第三級

▶ 解答　**③，⑤**

3 ケトン R−CO−R′

C 骨格の末端以外にある C=O 結合を**カルボニル基**といいます。カルボニル基をもつ化合物を**ケトン**といいます。

① ケトンの命名

重要TOPIC 05

ケトンの化合物名 説明①

・R−C(=O)−R′ の化合物名 → 慣用名「RR′ ケトン」
(炭化水素基 R + 炭化水素基 R′ + ケトン)

・知っておくべき化合物名 → $CH_3-C(=O)-CH_3$ アセトン

・命名法による化合物名
→ 同じ C 数のアルカンの語尾「〜ane」を「〜anone」に変える

説明①

ケトンの化合物名は，通常，慣用名の「RR′ ケトン」となります。炭化水素基 R と R′ はアルファベット順に表記します。

例 $CH_3-C(=O)-C_2H_5$
エチルメチルケトン

R：メチル(methyl)基，R′：エチル(ethyl)基
アルファベット順ではエチル(ethyl)基が先

ただし，C 数 3 のケトンはジメチルケトンではなく，**アセトン**といいます。重要な有機溶媒の 1 つなので，覚えておきましょう。

$CH_3-C(=O)-CH_3$
アセトン

また，ケトンの命名法による化合物名は，同じ C 数のアルカンの化合物名の語尾「〜ane」を「〜anone」に変えます。

例 $CH_3-C(=O)-C_2H_5$
2-ブタノン

② ケトンの反応

重要TOPIC 06

ケトンの反応の全体像 説明①

ケトンには還元性がない → 銀鏡反応陰性，フェーリング液の還元陰性

ケトンの反応

ヨードホルム反応 説明②

特定の構造をもつ化合物にヨウ素と水酸化ナトリウム水溶液を加えて加熱

→ ヨードホルム（黄色沈殿）が生成

$$\left.\begin{array}{l} CH_3-\underset{\underset{O}{\|}}{C}-R \\ CH_3-\underset{\underset{OH}{|}}{CH}-R \end{array}\right. \xrightarrow{I_2\ +\ NaOH} \underset{\text{ヨードホルム(黄)}}{CHI_3\downarrow} + R-\underset{\underset{O}{\|}}{C}-ONa$$

R は H 原子もしくは炭化水素基

説明①

[1] ケトンの反応の全体像

異性体の関係にあるアルデヒドには還元性がありますが，ケトンにはありません。よって，アルデヒドと比較するときには，ケトンの情報は「銀鏡反応陰性」「フェーリング液の還元陰性」として与えられます。

説明②

［2］ヨードホルム反応

ある特定の構造（下記の２つ）をもつ化合物にヨウ素 I_2 と水酸化ナトリウム NaOH 水溶液を加えて加熱すると，ヨードホルム CHI_3 の黄色沈殿を生じます。この反応を**ヨードホルム反応**といいます。

ポイントは「末端から２番目」です。炭素鎖の末端から２番目に C=O もしくは −OH をもつことを意識しましょう。また，R は H 原子もしくは炭化水素基が直結している状態です。この２つの構造，そして，重要な生成物２つ（CHI_3 と RCOONa）はしっかりと頭に入れておきましょう。

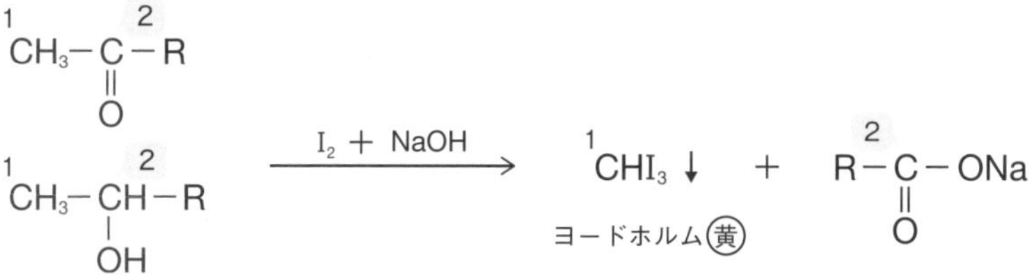

$$\overset{1}{CH_3}-\overset{2}{\underset{\underset{O}{\|}}{C}}-R \quad \text{or} \quad \overset{1}{CH_3}-\overset{2}{\underset{\underset{OH}{|}}{CH}}-R \xrightarrow{I_2 + NaOH} \overset{1}{CHI_3}\downarrow + R-\overset{2}{\underset{\underset{O}{\|}}{C}}-ONa$$

ヨードホルム（黄）

Q & A

Q 06. ヨードホルムの生成物 RCOONa は覚えておかなきゃいけないの？

A 06. ヨードホルム反応の生成物で一番重要なのはヨードホルム CHI_3（黄色）ですが，構造決定において主役になるのは，カルボン酸のナトリウム塩 RCOONa の方なのです。２つの生成物は即答できるようになっておきましょう。（→反応の詳細は p.130）

次のように，反応物が２つに分かれ，末端の C が CHI_3 へ，残りが RCOONa へ変化します。

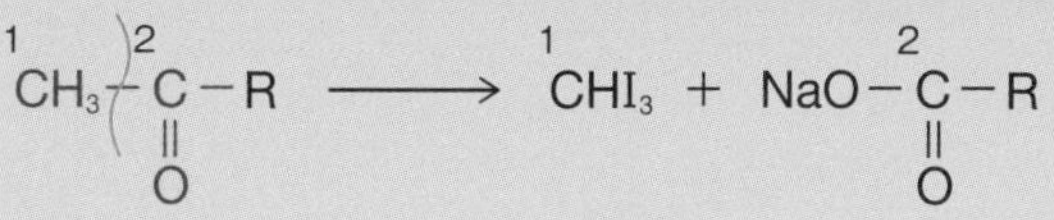

$$\overset{1}{CH_3}\,/\,\overset{2}{\underset{\underset{O}{\|}}{C}}-R \longrightarrow \overset{1}{CHI_3} + NaO-\overset{2}{\underset{\underset{O}{\|}}{C}}-R$$

実践！ **演習問題 2** ▶標準レベル

次の化合物①～⑤のうち，ヨードホルム反応を示さないものをすべて選びなさい。

① $CH_3CH_2COCH_3$　② $CH_3COCH_2CH_2CH_2COOH$　③ $CH_3CH_2CH(OH)CH_3$

④ CH_3COOH　⑤ $CH_3CH(OH)C_6H_5$

\Point!!/

末端から２番目!!

ヨードホルム反応に陽性の構造を示性式にしてみる!!

▶ 解説

ヨードホルム反応に陽性の構造を示性式にしてみましょう。

$$CH_3-\underset{\underset{O}{\|}}{C}-R \longrightarrow \underset{(\mathrm{i})}{CH_3COR} \qquad R-\underset{\underset{O}{\|}}{C}-CH_3 \longrightarrow \underset{(\mathrm{ii})}{RCOCH_3}$$

$$CH_3-\underset{\underset{OH}{|}}{CH}-R \longrightarrow \underset{(\mathrm{iii})}{CH_3CH(OH)R} \qquad R-\underset{\underset{OH}{|}}{CH}-CH_3 \longrightarrow \underset{(\mathrm{iv})}{RCH(OH)CH_3}$$

(i)にあてはまる構造 → ② $CH_3COCH_2CH_2CH_2COOH$

(ii)にあてはまる構造 → ① $CH_3CH_2COCH_3$

(iii)にあてはまる構造 → ⑤ $CH_3CH(OH)C_6H_5$

(iv)にあてはまる構造 → ③ $CH_3CH_2CH(OH)CH_3$

以上より，ヨードホルム反応を示さない化合物は④となります。

▶ 解答 ④

官能基の位置情報

「銀鏡反応」「フェーリング液の還元」「ヨードホルム反応」の陽性・陰性の情報は，C=O 結合の位置情報です。官能基の位置情報は，構造決定においてとても重要です。

例　C－C－C－C－C

　　　　↑(iii)　↑(ii)　↑(i)

　　　　×　×　○……銀鏡反応・フェーリング液の還元

　　　　×　○　×……ヨードホルム反応

銀鏡反応(フェーリング液の還元)陽性

→C=O 結合は末端，すなわち(i)

ヨードホルム反応陽性

→C=O 結合は末端から２番目，すなわち(ii)

銀鏡反応(フェーリング液の還元)陰性，かつ，ヨードホルム反応陰性

→C=O 結合は末端でも，末端から２番目でもない，すなわち(iii)

入試への＋α《ヨードホルム反応の進行過程》

ヨードホルム反応の進行過程を確認してみましょう。すべての流れを答えられるようになる必要はありません。流れを確認しておくと，ヨードホルム反応の化学反応式に登場する化合物と，その係数がわかります。

ただし，ヨードホルム反応に陽性の構造の2つのうち，ヒドロキシ基 −OH をもつものは，酸化剤の I_2 によって酸化され，カルボニル基 C=O をもつ構造に変化してヨードホルム反応が進行します。よって，カルボニル基をもつ構造で，ヨードホルム反応の進行過程を考えていきます。

$$CH_3-\underset{\underset{OH}{|}}{CH}-R \xrightarrow[\text{酸化}]{I_2} CH_3-\underset{\underset{O}{\|}}{C}-R$$

このあと
ヨードホルム反応

ヨードホルム反応の化学反応式

$$CH_3COR + 4NaOH + 3I_2 \longrightarrow CHI_3 + RCOONa + 3NaI + 3H_2O$$

ヨードホルム反応の進行過程

$$H:\overset{H}{\underset{H}{\ddot{\underset{..}{C}}}}-\underset{\underset{O}{\|}}{C}-R \xrightarrow[\curvearrowright 3H_2O]{(\mathrm{i})\ 3OH^-} :\overset{..}{\underset{..}{C}}-\underset{\underset{O}{\|}}{C}-R \xrightarrow[\curvearrowright 3I^-]{(\mathrm{ii})\ 3I_2} I:\overset{I}{\underset{I}{\ddot{\underset{..}{C}}}}-\underset{\underset{O}{\|}}{C}-R$$

$$\xrightarrow{(\mathrm{iii})\ OH^-} I-\overset{I}{\underset{I}{C}}-H + {}^-O-\underset{\underset{O}{\|}}{C}-R$$

(i) カルボニル基の隣のメチル基 $-CH_3$ は比較的電離定数が大きく，塩基性にする（OH^- で誘う）と H^+ が電離します。

→ H^+ が3つ電離。そのために OH^- が3つ必要。結果 H_2O が3つ生成。

(ii) 酸化剤の I_2（I^+ I^- の I^+）が(i)で生じた非共有電子対にやってきます。

→ 非共有電子対3つ。そのために I_2 が3つ必要。3つの I^- は NaI へ変化。

(iii) C＝O の C 原子（正に帯電している）に OH^- がやってきます。

→ そのために OH^- が1つ必要。(i)と合わせ OH^- は4つ必要。結果 CHI_3 と $RCOO^-$ に分かれる。

入試への＋α《なぜケトンには還元性がないのか》

ここで扱う内容は，この先の分野で理解を深めることに役立ちます。「**C=O 結合への付加反応**」のみでもよいので，可能な限り確認しておきましょう。

C=O 結合への付加反応

C=C 結合同様，C=O 結合でも付加反応は起こります。C=O 結合に付加する構造は1つだけです。それは「H 原子の隣に非共有電子対がある構造」です。

$$>C=O \quad + \quad :X-H \xrightarrow{\text{付加}} -\overset{|}{C}(-X)-O-H$$

アルデヒドの反応

アルデヒドの反応をもう一度確認してみましょう。

Ⓡ $RCHO + H_2O \longrightarrow RCOOH + 2H^+ + 2e^-$

この反応も，C=O 結合への付加が起こっています。H_2O が「H 原子の隣に非共有電子対」をもつためです。

$$\underset{\text{アルデヒド}}{R-CH=O} \quad + \quad \underset{\text{水}}{:O(H)-H} \xrightarrow{\text{付加}} R-CH(OH)-OH$$

付加生成物はアルコールです。アルコールは酸化されます。アルコールの酸化は「−OH の H と C−H の H が外れて C=O へ」でしたね(→ p.114)。

$$R-CH(OH)-OH \xrightarrow[\text{-2H}]{\text{アルコールの酸化}} \underset{\text{カルボン酸}}{R-C(=O)-OH}$$

以上より，アルデヒドの酸化はアルコールの酸化と考えることができます。

ケトンに還元性がない理由

ケトンに H_2O を付加させてみましょう。

$$\underset{\text{ケトン}}{\overset{R\diagdown\ \diagup R'}{\underset{O}{\overset{C}{\|}}}} \quad \text{:}O-H \atop \quad |\atop \quad H \xrightarrow{\text{付加}} R-\overset{R'}{\overset{|}{C}}\underset{|\atop OH}{}-OH$$

C−Hがない！

生成物はアルコールですが，アルコールの酸化に必要な「C−HのH」はありません。よって，酸化は進行しません。第三級アルコールと同じです。

以上より，ケトンは酸化されない，すなわち還元力をもたないのです。

11講 カルボン酸・エステル

講義テーマ！

カルボン酸とエステルの性質や反応の違いを学びましょう。

1 カルボン酸とエステル

重要TOPIC 01

カルボン酸とエステルの違い 説明①

	カルボン酸	エステル
化学的性質	活性	不活性

説明①

カルボン酸とエステルはともに $-\underset{\underset{O}{\|}}{C}-O-$ 結合をもちます。$-\underset{\underset{O}{\|}}{C}-O-$ 結合をこの向きで入れるとき，$-\underset{\underset{O}{\|}}{C}-O-$ 結合がC骨格の右末端にあるのが**カルボン酸**，右末端以外にあるのが**エステル**です。

右末端

$\cdots-C-\underset{\underset{O}{\|}}{C}-O-H$

$-COOH$

カルボン酸

右末端以外

$\cdots-C-\underset{\underset{O}{\|}}{C}-O-C-\cdots$

エステル

カルボン酸とエステルは異性体の関係にあるため，どんな性質の違いがあるかを押さえておきましょう。

2つの大きな違いは，カルボン酸は化学的に活性(反応しやすい)，エステルは不活性(反応しにくい)ということです。それぞれの反応を，このあと見ていきます。

2 カルボン酸　R－COOH

分子中に**カルボキシ基** －COOH をもつ化合物を**カルボン酸**といいます。

① カルボン酸の命名

重要TOPIC 02

カルボン酸の化合物名 説明①

代表的なカルボン酸の化合物名

例

説明②

説明①

カルボン酸の化合物名は，基本的に慣用名になります。以降，知っておくべき化合物名は明記していくので，出てきたものから順に，頭に入れておきましょう。

説明②

ギ酸はカルボキシ基の他に，ホルミル基ももち合わせています。よって，還元性を示します。

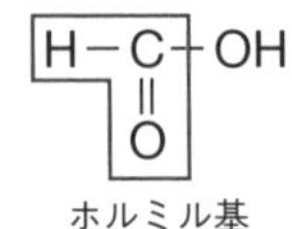

ただし，銀鏡反応(→ p.122)は陽性ですが，フェーリング液の還元(→ p.123)は陰性です(ギ酸イオンと Cu^{2+} で安定な錯体をつくり，酸化還元反応が進行しにくい)。「ギ酸が還元性をもつことを確認する反応」を問われたら，銀鏡反応で答えましょう。

❷ カルボン酸の反応

重要TOPIC 03

カルボン酸の反応の全体像

(i) −OH の電離 → 酸性，酸無水物生成

(ii) C=O 付加 → エステル化，アミド化

(iii) C=O + OH^- → 脱炭酸反応

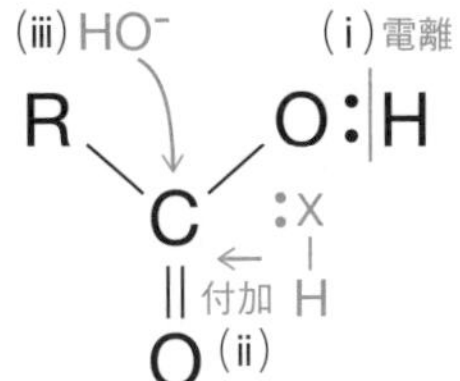

カルボン酸の反応①

酸性 ($NaHCO_3$ と反応) 説明①

酸の強弱　$-SO_3H > -COOH > CO_2 + H_2O >$ (ベンゼン環)−OH

例　$NaHCO_3$ と反応して CO_2 発生

$$RCOOH + NaHCO_3 \longrightarrow H_2O + CO_2 + RCOONa$$

説明①

[1] **酸性** ($NaHCO_3$ と反応)

カルボン酸が酸性になる理由

カルボキシ基 −COOH は −OH が C=O に結合した状態です。

C=O + −OH → ⊕C=O⊖ −O:|H

⊕に引っぱられる

電離しやすくなる

e^- が O 原子の方へ

$\overset{\delta+}{C}=\overset{\delta-}{O}$ には極性があり，C 原子は正に帯電しています。そのため，−OH の共有電子対は通常よりも極性が大きくなり，H^+ がより電離しやすくなっているため，カルボン酸は酸性です。

酸の強弱 検 カルボン酸

有機化学で必要な酸の強弱を確認しておきましょう。

$$-SO_3H > -COOH > H_2O + CO_2 > \text{C}_6\text{H}_5\text{-OH}$$

スルホン酸 (→ p.165)　カルボン酸　炭酸　フェノール

カルボン酸は弱酸ですが，炭酸($H_2O + CO_2$)より強い酸です。よって，炭酸水素ナトリウム $NaHCO_3$ と反応し，二酸化炭素 CO_2 が発生します。

$$RCOOH + NaHCO_3 \longrightarrow H_2O + CO_2 + RCOONa$$

これは，**弱酸遊離反応**でカルボン酸の検出に利用されています。

広義の弱酸遊離反応

カルボン酸 RCOOH も炭酸 $H_2O + CO_2$もともに弱酸ですが，RCOOH の方が強い酸です。それは，RCOOH の方が電離定数 K_a が大きいためです。

強い酸は，自分より弱い酸のイオンに H^+ を投げつけ，その結果弱い酸が遊離します。これが，広義の弱酸遊離反応です。

$$HX + Y^- \longrightarrow HY + X^-$$

（H^+ が HX から Y^- へ移動）

HX：強い酸　Y^-：弱い酸のイオン(塩)　HY：弱い酸　X^-：強い酸のイオン(塩)

これと同じことが，RCOOH(強い酸)と HCO_3^-(弱い酸のイオン(塩))の間で起こります。

$$RCOOH + NaHCO_3 \longrightarrow H_2O + CO_2 + RCOONa$$

（H^+ が RCOOH から $NaHCO_3$ へ移動）

RCOOH：強い酸　$NaHCO_3$：弱い酸のイオン(塩)　$H_2O + CO_2$：弱い酸　RCOONa：強い酸のイオン(塩)

アセチレンの製法も同じ，広義の弱酸遊離反応です(→p.98)。

実践！ **演習問題 1** ▶標準レベル

次の①～⑤のうち，反応が進行しないものをすべて選びなさい。

① $HCl + NaHCO_3 \longrightarrow H_2O + CO_2 + NaCl$

② $CH_3COOH + NaHCO_3 \longrightarrow H_2O + CO_2 + CH_3COONa$

③ $H_2O + CO_2 + C_6H_5ONa \longrightarrow NaHCO_3 + C_6H_5OH$

④ $CH_3COOH + NaCl \longrightarrow CH_3COONa + HCl$

⑤ $C_6H_5OH + NaHCO_3 \longrightarrow H_2O + CO_2 + C_6H_5ONa$

\Point!/

酸の強弱を考えよう!! $-SO_3H > -COOH > H_2O + CO_2 > C_6H_5OH$

▶ 解説

弱酸遊離反応が進行するのは，「(比べて)強い酸」が反応し，「(比べて)弱い酸」が生成するときです。

強い酸 ＋ 弱い酸のイオン(塩) ⟶ 弱い酸 ＋ 強い酸のイオン(塩)

酸の強弱を考えながら各選択肢を確認していきましょう。

酸の強弱 $-SO_3H > -COOH > H_2O + CO_2 > C_6H_5OH$ ◀ \Point!/

① $HCl + NaHCO_3 \longrightarrow H_2O + CO_2 + NaCl$
（HCl：強酸，$H_2O + CO_2$：弱酸）

塩酸 HCl は強酸，炭酸 $H_2O + CO_2$ は弱酸なので，強い酸から弱い酸が遊離しており，反応は進行します。

② $CH_3COOH + NaHCO_3 \longrightarrow H_2O + CO_2 + CH_3COONa$
（CH_3COOH：(比べて)強い酸，$H_2O + CO_2$：(比べて)弱い酸）

酢酸(カルボン酸)は炭酸より強い酸なので，強い酸から弱い酸が遊離しています。

③ $H_2O + CO_2 + C_6H_5ONa \longrightarrow C_6H_5OH + NaHCO_3$
（$H_2O + CO_2$：(比べて)強い酸，C_6H_5OH：(比べて)弱い酸）

炭酸はフェノールより強い酸なので，強い酸から弱い酸が遊離しています。

④ $CH_3COOH + NaCl \longrightarrow HCl + CH_3COONa$
（CH_3COOH：弱酸，HCl：強酸）

HCl は強酸，酢酸(カルボン酸)は弱酸なので，弱い酸から強い酸が遊離することになるため，この反応は進行しません。

11講 カルボン酸・エステル

⑤ (phenol)-OH ＋ $NaHCO_3$ ⟶ H_2O ＋ CO_2 ＋ (phenyl)-ONa

(比べて)弱い酸　　　　　　　　(比べて)強い酸

炭酸はフェノールより強い酸なので，弱い酸から強い酸が遊離することになるため，この反応は進行しません。

以上より，進行しないのは④，⑤です。

▶ 解答　④，⑤

実践！ **演習問題 2** ▶標準レベル

ある有機化合物 0.590 g を完全に炭酸水素ナトリウムと反応させたところ，標準状態で 224 mL の気体が発生した。この化合物として適切なものを次の①～⑥から１つ選びなさい。ただし，(　　)は分子量を表している。

① $HCOOCH_2COOH$ (104)　　② $CH_2(COOH)_2$ (104)

③ CH_3COOCH_2COOH (118)　　④ $CH_2(COOH)CH_2COOH$ (118)

⑤ $CH_3CH_2COOCH_2COOH$ (132)　　⑥ $CH_2(COOH)CH_2CH_2COOH$ (132)

\Point!/

カルボキシ基を n 個もつ(n 価のカルボン酸)と考える!!

▶ 解説

炭酸水素ナトリウムと反応したことから，化合物はカルボキシ基をもっているとわかります。このとき，－COOH の物質量と発生する気体(CO_2)の物質量は等しくなります。

$$RCOOH + NaHCO_3 \longrightarrow H_2O + CO_2 + RCOONa$$

よって，１分子中に －COOH が n 個あると，CO_2 が n 分子生成することになります。それを使って，化合物の分子量を M，もっている －COOH を n 個(n 価のカルボン酸)とすると，次の式が成立します。◀ \Point!/

$$\frac{0.590}{M} \times n = \frac{224 \times 10^{-3}}{22.4} \qquad M = 59\,n$$

これより，分子量が59の倍数とわかるため，選択肢③か④(ともに分子量118)が正解となります。このとき，$n = 2$ となるため，２価のカルボン酸である④が正解になります。④ $CH_2(COOH)CH_2COOH$

▶ 解答　④

重要TOPIC 04

カルボン酸の反応②

酸無水物の生成 説明①

2つの －COOH，または，分子内で －COOH が隣同士

→ 加熱により脱水。酸無水物が生成。

$$\begin{matrix}-COO\boxed{H} \\ -CO\boxed{OH}\end{matrix} \xrightarrow{\text{熱}} \begin{matrix}O \\ \| \\ -C\diagdown \\ \quad O \\ -C\diagup \\ \| \\ O\end{matrix} + H_2O$$

説明①

［2］酸無水物の生成

2つのカルボキシ基 －COOH から水 H_2O が1分子とれて結合した化合物を**酸無水物**といいます。

$$\begin{matrix}-COO\boxed{H} \\ -CO\boxed{OH}\end{matrix} \xrightarrow{\text{熱}} \begin{matrix}O \\ \| \\ -C\diagdown \\ \quad O \\ -C\diagup \\ \| \\ O\end{matrix} + H_2O$$

酢酸 CH_3COOH

2つの分子を引き合わせて脱水する必要があるため，十酸化四リン P_4O_{10}の力を借ります。

$$\begin{matrix}CH_3COO\boxed{H} \\ CH_3CO\boxed{OH}\end{matrix} \xrightarrow[P_4O_{10}]{} \begin{matrix}O \\ \| \\ CH_3-C\diagdown \\ \quad O \\ CH_3-C\diagup \\ \| \\ O\end{matrix} + H_2O$$

無水酢酸

11講 カルボン酸・エステル

マレイン酸 CH(COOH)＝CH(COOH)

1つの分子の中に −COOH が隣り合わせに存在しているため，加熱により容易に脱水が進行し，**無水マレイン酸**が生成します。

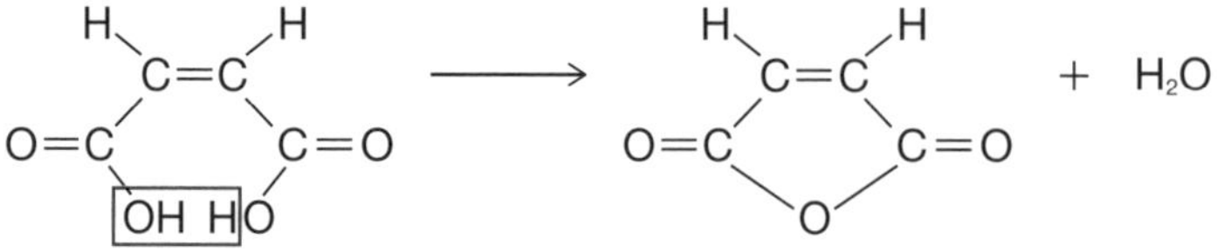

マレイン酸　→　無水マレイン酸 ＋ H_2O

シス-トランス異性体の関係にある**フマル酸**は −COOH が離れているため，酸無水物は生成しません。

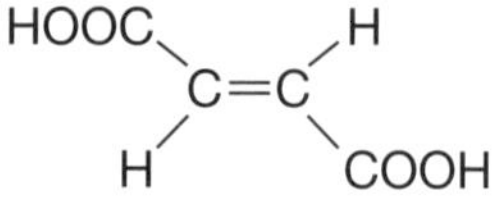

フマル酸

フタル酸 $C_6H_4(COOH)_2$

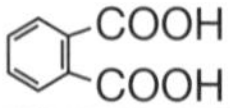

1つの分子の中に −COOH が隣り合わせに存在しているため，加熱により容易に脱水が進行し，**無水フタル酸**が生成します。

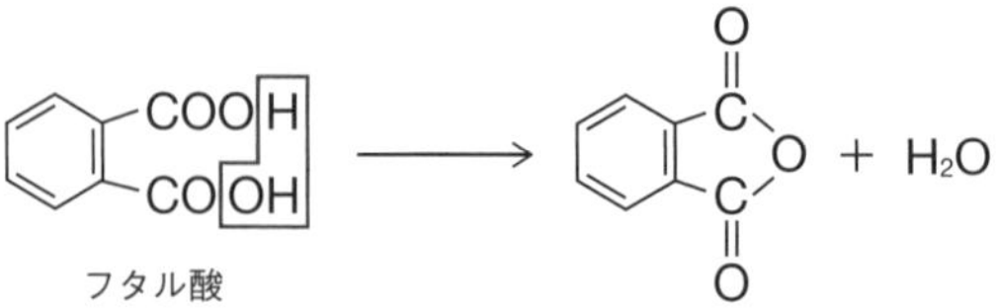

フタル酸　→　無水フタル酸 ＋ H_2O

また，構造異性体の関係にある**イソフタル酸**，**テレフタル酸**は −COOH が離れているため，酸無水物は生成しません。

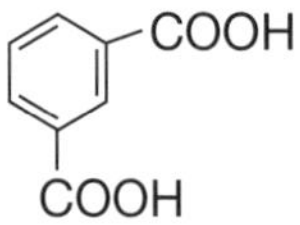

イソフタル酸 　　テレフタル酸

「加熱により容易に脱水」という文章を見たら，「−COOH がお隣さん！」と判断しましょう。その化合物は，おそらくマレイン酸かフタル酸です。

重要TOPIC 05

カルボン酸の反応③

エステル化・アミド化 説明①

・カルボン酸とアルコールに濃硫酸を加えて加熱 → エステル生成

$$R-\underset{\underset{O}{\|}}{C}-\boxed{OH \quad + \quad H}O-R' \xrightleftharpoons{H_2SO_4} R-\underset{\underset{O}{\|}}{C}-O-R' + H_2O$$

・カルボン酸とアミンに濃硫酸を加えて加熱 → アミド生成

$$R-\underset{\underset{O}{\|}}{C}-\boxed{OH \quad + \quad H}-\underset{\underset{H}{|}}{N}-R' \xrightleftharpoons{H_2SO_4} R-\underset{\underset{O}{\|}}{C}-\underset{\underset{H}{|}}{N}-R' + H_2O$$

説明①

[3] エステル化・アミド化

カルボン酸とアルコールに濃硫酸を加えて加熱するとエステル(→ p.147)が生成します。この反応を**エステル化**といいます。

$$R-\underset{\underset{O}{\|}}{C}-\boxed{OH \quad + \quad H}O-R' \xrightleftharpoons{H_2SO_4} R-\underset{\underset{O}{\|}}{C}-O-R' + H_2O$$

また，カルボン酸とアミン(**アミノ基** $-NH_2$ をもつ化合物)に濃硫酸を加えて加熱すると**アミド**(アミド結合 $-\underset{\underset{O}{\|}}{C}-\underset{\underset{H}{|}}{N}-$ をもつ化合物)が生成します。この反応を**アミド化**といいます。

$$R-\underset{\underset{O}{\|}}{C}-\boxed{OH \quad + \quad H}-\underset{\underset{H}{|}}{N}-R' \xrightleftharpoons{H_2SO_4} R-\underset{\underset{O}{\|}}{C}-\underset{\underset{H}{|}}{N}-R' + H_2O$$

ともに，カルボン酸($-COOH$)から OH，アルコール($-OH$)やアミン($-NH_2$)から H が脱離しています。また，カルボン酸の代わりに酸無水物を使用すると反応が進みやすくなります。

本当に「カルボン酸からOHが脱離」しているのか

エステル化において，カルボン酸からH，アルコールからOHを脱離させても生成物は同じエステルになります。

$$\underset{\underset{\displaystyle O}{\|}}{R-C-OH} + HO-R' \rightleftarrows \underset{\underset{\displaystyle O}{\|}}{R-C-O-R'} + H_2O$$

生成物は同じ

しかし，「カルボン酸からOH」「アルコールからH」が脱離していることは正確に知っておく必要があります。なぜなら，その事実が実験から立証されているためです。

その実験とは，酸素O原子の同位体の1つである^{18}Oからなるアルコールを使用したエステル化です。この実験では，生成するエステルに^{18}Oが必ず残ります。すなわち「アルコールから^{18}Oは脱離していない」ということなのです。

$$RCOOH + R'^{18}OH \longrightarrow RCO^{18}OR' + H_2O$$

入試への＋α《エステル化の進行過程》

エステル化とアミド化は反応の進行過程が同じであるため，エステル化で確認していきます。エステル化の原動力はC＝O付加です。C＝O結合に付加する構造は，「H原子の隣に非共有電子対がある構造」だけでしたね(→ p.131)。

付加

これを，カルボン酸とアルコールに置き換えてみましょう。

付加

中間体

上のように，中間体が生成します。そして，このあとC−OHからH^+が電離し，近くの非共有電子対に乗っかります。ただし，このとき，考えられる非共有電子対が2つあり，それぞれの場合を右の図のように①，②とします。

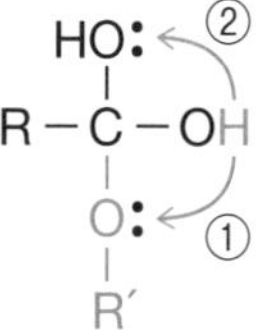

①のとき

R′OHが脱離し，もとのカルボン酸RCOOHとアルコールR′OHに戻ります。

もとの
カルボン酸
と
アルコール

②のとき

H_2Oが脱離してエステル化が進行し，エステルRCOOR′とH_2Oが生成します。

加水分解

水
と
エステル

しかし，生成物の RCOOR′ と H_2O も C=O 付加の組み合わせなので，逆反応も進行します。逆向きの反応を**エステルの加水分解**といいます。

$$\mathrm{HO{-}C(R){=}O}\ \ +\ \ \mathrm{H{-}\ddot{O}{-}R'}\ \underset{①}{\overset{\text{付加}}{\rightleftarrows}}\ \underset{\text{中間体}}{\mathrm{R{-}C(OH)(OH)(OR')}}\ \underset{\text{加水分解}}{\overset{②}{\rightleftarrows}}\ \mathrm{R{-}C({=}O){-}O{-}R'}\ +\ \mathrm{H{-}\ddot{O}{-}H}$$

よって，1段階目の反応(中間体ができる反応)も2段階目の反応(エステルができる反応)も可逆反応になります。

エステル化の問題点と対策

先述の可逆反応は，逆反応も進行しやすいため，エステル化が進みにくいという問題点があります。

$$\mathrm{R{-}C({=}O){-}OH}\ +\ \mathrm{HO{-}R'}\ \underset{\text{加水分解}}{\overset{\text{エステル化}}{\rightleftarrows}}\ \mathrm{R{-}C({=}O){-}O{-}R'}\ +\ \mathrm{H_2O}$$

そこで，エステル化を促進させる(平衡を右に移動させる)工夫が必要になります。その方法は，生成物の H_2O を取り除くことです。

$$\mathrm{R{-}C({=}O){-}OH}\ +\ \mathrm{HO{-}R'}\ \rightleftarrows\ \mathrm{R{-}C({=}O){-}O{-}R'}\ +\ \underset{\text{取り除く}}{\cancel{\mathrm{H_2O}}}$$

そして，実際には「生成物の H_2O を取り除くこと」の応用が行われています。それは「生成物の H_2O を取り除く」代わりに，「反応物から H_2O を取り除いて反応を進める」すなわち「カルボン酸ではなく酸無水物を用いる」ことです。

そうすることで H_2O をつくろうとして，平衡が右に移動し，エステル化が進行しやすくなるのです。

$$\mathrm{R{-}C({=}O){-}O{-}C({=}O){-}R}\ +\ \mathrm{HO{-}R'}\ \rightleftarrows\ \mathrm{R{-}C({=}O){-}O{-}R'}\ +\ \mathrm{RCOOH}$$

また，平衡が左に移動するのを防ぐため，実験器具は徹底して乾燥させておきます(H_2O があると H_2O を減らす方向，すなわち左に平衡が移動するため)。

広義のエステル化

エステル化とは，カルボン酸とアルコールの反応だけではありません。正確には，オキソ酸(O原子をもつ酸)とアルコール(−OH)の反応です。

例　硫酸エステル化，硝酸エステル化　※配位結合を↑で表す

$$HO-\overset{\overset{O}{\uparrow}}{\underset{\underset{O}{\downarrow}}{S}}-\boxed{OH + H}O-R \rightleftarrows HO-\overset{\overset{O}{\uparrow}}{\underset{\underset{O}{\downarrow}}{S}}-O-R + H_2O$$

硫酸 (H_2SO_4)　　硫酸エステル ($R-OSO_3H$)

$$O=\overset{\overset{O}{\uparrow}}{N}-\boxed{OH + H}O-R \rightleftarrows O=\overset{\overset{O}{\uparrow}}{N}-O-R + H_2O$$

硝酸 (HNO_3)　　硝酸エステル ($R-ONO_2$)

カルボン酸以外のエステルは，基本的に第5章，第6章の高分子化合物で登場します。通常，有機化学の構造決定ではカルボン酸のエステルになります。

ここで，主なカルボン酸の化学式と化合物名をまとめておきます。

化学式	化合物名	化学式	化合物名
HCOOH	ギ酸	$C_6H_4(COOH)_2$（o-位，ベンゼン環に COOH が隣り合う）	フタル酸
CH_3COOH	酢酸	$C_6H_4(COOH)_2$（m-位）	イソフタル酸
CH_3CH_2COOH	プロピオン酸	$HOOC-C_6H_4-COOH$（p-位）	テレフタル酸
(H)(HOOC)C=C(H)(COOH)（シス形）	マレイン酸	$HOOC-CH_2-CH(OH)-COOH$	リンゴ酸
(HOOC)(H)C=C(H)(COOH)（トランス形）	フマル酸	$HOOC-CH(OH)-CH(OH)-COOH$	酒石酸
C_6H_5-COOH	安息香酸	$CH_3-CH(OH)-COOH$	乳酸

11講　カルボン酸・エステル

重要TOPIC 06

カルボン酸の反応④

脱炭酸反応 説明①

カルボン酸の塩から炭酸塩が生成

$$RCOONa + NaOH \longrightarrow Na_2CO_3 + R-H$$

説明①

［4］脱炭酸反応

カルボン酸のナトリウム塩RCOONaと水酸化ナトリウムNaOHを混ぜて加熱すると炭酸ナトリウムNa_2CO_3とアルカンが生成します。

$$R\boxed{COONa + NaO}H \longrightarrow Na_2CO_3 + \underset{\text{アルカン}}{R-H}$$

例　$CH_3COONa + NaOH \longrightarrow Na_2CO_3 + CH_4$（メタンの製法）

また，カルボン酸のカルシウム塩$(RCOO)_2Ca$を，空気を絶って加熱する（**乾留**といいます）と，炭酸カルシウム$CaCO_3$と左右対称のケトンRCORが生成します。

$$(RCOO)_2Ca \longrightarrow CaCO_3 + R-\underset{\underset{O}{\|}}{C}-R$$

$$\left(\begin{matrix} R\boxed{COO^-} & \\ RCO\boxed{O^-} & Ca^{2+} \end{matrix}\right)$$

ケトン

例　$(CH_3COO)_2Ca \longrightarrow CaCO_3 + CH_3COCH_3$（アセトンの製法）

3 エステル　RCOOR′

分子中に**エステル結合** −COO− をもつ化合物を**エステル**といいます。

① エステルの命名

重要TOPIC 07

エステルの化合物名 説明①

エステル RCOOR′ の化合物名
→「～酸 R′」
　(RCOOH の化合物名 ＋ 炭化水素基 R′)

例 $CH_3-C(=O)-O-C_2H_5$
酢酸エチル

説明①

エステル RCOOR′ の化合物名は慣用名で「カルボン酸 RCOOH の化合物名＋炭化水素基 R′」すなわち「～酸 R′」です。

例 $CH_3-C(=O)-O-C_2H_5$
酢酸エチル

CH_3COOH → 酢酸
$-C_2H_5$ → エチル基

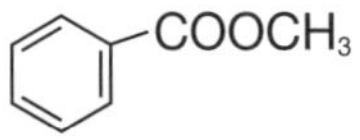

$C_6H_5-COOCH_3$
安息香酸メチル

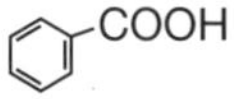

C_6H_5-COOH → 安息香酸
$-CH_3$ → メチル基

11講 カルボン酸・エステル

② エステルの反応

重要TOPIC 08

エステルの反応の全体像

C=O 付加 → エステルの加水分解

$$\mathrm{R-\underset{\underset{O}{\|}}{C}-O-R'} \quad \leftarrow \text{付加} \quad \mathrm{:O(H)-H}$$

エステルの反応

加水分解 説明①

・エステルに水と少量の酸を加えて加熱

→カルボン酸とアルコールが生成（エステル化の逆反応）

$$\mathrm{R-\underset{\underset{O}{\|}}{C}-O-R' + H_2O \underset{\text{エステル化}}{\overset{H^+}{\rightleftarrows}} R-\underset{\underset{O}{\|}}{C}-OH + HO-R'}$$

・エステルに NaOH（塩基）を加えて加熱

→カルボン酸の Na 塩とアルコールが生成（けん化）

$$\mathrm{RCOOR' + NaOH \longrightarrow RCOONa + R'OH}$$

説明①

［1］エステルの加水分解

エステルに水と少量の酸を加えて加熱するとカルボン酸とアルコールが生成します。この反応を**エステルの加水分解**といいます。エステル化（→ p.141）の逆反応です。

$$\mathrm{R-\underset{\underset{O}{\|}}{C}-O-R' + H_2O \underset{\text{エステル化}}{\overset{H^+}{\rightleftarrows}} R-\underset{\underset{O}{\|}}{C}-OH + HO-R'}$$

このとき，水酸化ナトリウム NaOH のような塩基を加えて加熱すると，生成物のカルボン酸が中和反応で取り除かれるため，加水分解が進みやすくなります。このように，塩基を用いて加水分解することを**けん化**といいます。

$$\mathrm{RCOOR' + H_2O \rightleftarrows RCOOH + R'OH} \quad \text{（通常の加水分解）}$$

$$+)\quad \mathrm{RCOOH + NaOH \longrightarrow RCOONa + H_2O} \quad \text{（中和反応）}$$

$$\mathbf{RCOOR' + NaOH \longrightarrow RCOONa + R'OH} \quad \text{（けん化）}$$

問題文中では「水酸化ナトリウムを加えて加熱すると，ゆっくり溶けて均一な溶液になりました」といった文章で，エステルのけん化を与えられることが多いです。

入試への＋α《エステルの加水分解で塩基を用いる理由》

エステルの加水分解の原動力は C=O 付加で，これはエステル化の逆反応です。

$$\mathrm{R{-}C({=}O){-}O{-}R'} + \mathrm{H_2O} \underset{}{\overset{\text{付加}}{\rightleftarrows}} \mathrm{R{-}C(OH)(OH){-}O{-}R'} \underset{\text{エステル化}}{\rightleftarrows} \mathrm{R{-}C({=}O){-}OH} + \mathrm{HO{-}R'}$$

エステル化では「可逆反応で逆反応も進行しやすい」という問題点がありました。その逆反応の加水分解も，同じ問題点を抱えることになります。

その対策が塩基を使った加水分解，すなわち，けん化です。塩基を用いて生成物のカルボン酸を取り除くことで，平衡を右に移動させ，加水分解を促進させています。

中和反応は不可逆で進行するため，けん化もほぼ不可逆となり，生成物の収率が高くなります。

実践！ **演習問題 3** ▶標準レベル

分子式 $C_4H_8O_2$ のエステル X を加水分解すると，酸性の化合物 Y と中性の化合物 Z が生成した。また，化合物 Z を酸化すると化合物 Y に変化した。エステル X の示性式を答えなさい。

\Point!/

分解反応は C 数に注目する！

▶ 解説

エステルを加水分解するとカルボン酸(酸性)とアルコール(中性)に変化するため，化合物 Y はカルボン酸，化合物 Z はアルコールとわかります。

X エステル ⟶ Y カルボン酸 ＋ Z アルコール

RCOOR′　　RCOOH　　R′OH

また，化合物 Z(アルコール)を酸化すると化合物 Y(カルボン酸)に変化したことから，化合物 Z と化合物 Y は C 数が同じとわかります。

例

C−C−C(H)(OH)−H ―酸化 −2H→ C−C−C(=O)−H ―酸化 +O→ C−C−C(=O)−OH

C 骨格は不変。すなわち C 数は不変。

よって，エステル X の C 数 4 を化合物 Y と化合物 Z で等しくわける(ともに C 数 2)ことになります。◀ \Point!/

化合物 Y は C 数 2 のカルボン酸(酢酸)，化合物 Z は C 数 2 のアルコール(エタノール)です。

X C×4 ⟶ Y C×2 ＋ Z C×2

C−C(=O)−O−C−C　　C−C(=O)−OH　　C−C−OH

そして，化合物 Y と化合物 Z を脱水縮合させたものがエステル X なので，示性式は $CH_3COOCH_2CH_3$ と決まります。

▶ 解答　$CH_3COOCH_2CH_3$

入試問題にチャレンジ

01

次の文章を読み，問1～問6に答えよ。

化合物A，B，C，Dは，すべて分子式がC_4H_8Oで示される化合物であり，4つの炭素原子すべてが連続して直鎖状に結合した構造をもつ。ただし，ヒドロキシ基と二重結合の両方が1つの炭素原子に結合した構造は不安定なので，このような化合物は考慮しなくてよい。

化合物AとBは，i)ナトリウムを加えると水素が発生したが化合物Dにナトリウムを加えても水素は発生しなかった。化合物Cにフェーリング液を加えて加熱すると，ii)赤色の沈殿が生じた。化合物BとDは，ヨウ素と水酸化ナトリウム水溶液を加えて加熱すると，iii)黄色の沈殿が生じた。化合物AとCについて，それぞれ最適な条件で水素付加による還元を行ったところ，AとCは，同一の化合物Eへと還元された。化合物Eにフェーリング液を加えて加熱しても赤色の沈殿は生じなかったが，ナトリウムを加えると水素が発生した。

問1　化合物Aとして考えられる構造式をすべて示せ。

問2　化合物Bには鏡像異性体が存在する。化合物Bの構造式を記し，不斉炭素原子に＊印を付けて示せ。

問3　化合物C～Eの構造式を記せ。

問4　下線部i)，ii)の反応が生じる官能基を含む化合物の総称をそれぞれ答えよ。

問5　下線部i)について，化合物Bにナトリウムを加えたときの反応を化学反応式で記せ。

問6　下線部ii)，iii)の沈殿の化学式をそれぞれ答えよ。

［名城大］

3-01

化合物A〜Dは分子式C_4H_8Oで不飽和度Du＝1です。また，指示により，化合物A〜DのC骨格はすべて直鎖状です。

C骨格 → C−C−C−C

よって，次のパーツの組み合わせが考えられます。

(a) C=O ＋ C×3
　Du=1　Du=0

(b) C=C ＋ −OH or −O−
　Du=1　Du=0

（エノールは考慮しない!! 指示もあり）

問1・問3（一部）・問4　化合物Aの情報を読み取ってみましょう。

・Naと反応してH_2発生 → −OHあり
・H_2付加により化合物Eへ（Cも同様）
　→ C=Cあり，化合物CとC骨格同じ
・化合物Cはフェーリング液を還元
　→ 問4 ii) アルデヒド（末端にC=O）

以上の情報より，化合物AはC=Cをもつ第一級 問4 i) アルコール（エノールを除く）なので，次の選択肢が考えられます。

C=C−C−C（末端CにOH），

C(H)C=C(H)C−OH（シス形），C(H)C=C(H)C−OH（トランス形）

そして，同じC骨格のアルデヒドが化合物Cなので，化合物Cも決まります。

C−C−C−C−H（末端CにC=O）

そして，化合物AやCにH_2を付加させて得られる化合物がEであるため，Eは次のようになります。

C−C−C−C（末端CにOH）　（化合物Cのホルミル基も還元されて −OHへ）

問2　化合物Bの情報を読み取ってみましょう。

・Naと反応してH_2発生 → −OHあり
・ヨードホルム反応陽性 → 末端から2番目に −OH
・問2の問題文より不斉炭素原子あり

以上の情報より，化合物BはC=Cをもつ第二級アルコール（エノールを除く）で不斉炭素原子をもつため，次のように決定できます。

C=C−C*−C（C*にOH）

問3　化合物Dの情報を読み取ってみましょう。

・Naと反応しない → −OHなし
・ヨードホルム反応陽性 → 末端から2番目にC=Oあり

以上より，化合物Dは次のように決定できます。

C−C−C−C（3番目のCにC=O）

問5　アルコールR−OHとNaの反応は次のような化学反応式になります。

$$2R{-}OH + 2Na \longrightarrow 2R{-}ONa + H_2$$

このRを化合物Bに変えて書きましょう。

2C=C−C−C（OH） ＋ 2Na
　⟶ 2C=C−C−C（ONa） ＋ H_2

問6　フェーリング液の還元で生じる沈殿は酸化銅（Ⅰ） ii) Cu_2O，ヨードホルム反応で生じる沈殿は，ヨードホルム iii) CHI_3 です。

▶ 解答

問1 $CH_2=CH-CH_2-CH_2(-OH)$ ， $H_3C(H)C=C(H)CH_2-OH$ ， $H_3C(H)C=C(H)CH_2-OH$

$$CH_2=CH-CH_2-\underset{\displaystyle OH}{\underset{|}{CH_2}}$$

$$\begin{matrix} H_3C & & CH_2-OH \\ & C=C & \\ H & & H \end{matrix} \quad , \quad \begin{matrix} H_3C & & H \\ & C=C & \\ H & & CH_2-OH \end{matrix}$$

問2

$$CH_2=CH-\underset{\displaystyle OH}{\underset{|}{\overset{*}{C}H}}-CH_3$$

問3 化合物C　化合物D　化合物E

化合物C $$CH_3-CH_2-CH_2-\underset{\displaystyle O}{\underset{\|}{C}}-H$$

化合物D $$CH_3-CH_2-\underset{\displaystyle O}{\underset{\|}{C}}-CH_3$$

化合物E $$CH_3-CH_2-CH_2-\underset{\displaystyle OH}{\underset{|}{CH_2}}$$

問4　i)…**アルコール**　ii)…**アルデヒド**

問5

$$2CH_2=CH-\underset{\displaystyle OH}{\underset{|}{CH}}-CH_3 + 2Na \longrightarrow 2CH_2=CH-\underset{\displaystyle ONa}{\underset{|}{CH}}-CH_3 + H_2$$

問6　ii)…Cu_2O　iii)…CHI_3

この問題の「だいじ」

・エノールは考慮しない。

・官能基の位置情報を読み取ることができる。

02

次の文の［　(6)　］に入れるのに最も適当なものを【解答群】から選び，その記号を記せ。また，(　(1)　)には分子式を，｛　　｝には右記の記入例にならって立体異性体を区別せずに構造式を，それぞれ記せ。なお，原子量は H＝1.0，C＝12，O＝16 とする。

構造式の記入例

$$\mathrm{CH_3-\overset{\overset{\Large O}{\|}}{C}-O-\overset{\overset{\Large CH_3}{|}}{CH}-\overset{\overset{\Large CH_3}{|}}{CH}-CH_2-\overset{\overset{\Large O}{\|}}{C}-H}$$

炭素，水素，酸素からなり，分子量 102 の有機化合物 A，B，C がある。A 30.6 mg を酸素気流中で完全燃焼させると，66.0 mg の二酸化炭素と 27.0 mg の水が生じる。したがって，A の分子式は(　(1)　)となる。A，B，C は，互いに構造異性体の関係にあり，いずれもエステル結合をもつ。

A を加水分解すると，アルコール D とカルボン酸 E が得られる。D はリン酸を触媒として，エテン(エチレン)へ水を付加させることでも得られる。これらのことから，A の構造式は｛　(2)　｝となる。

B を加水分解すると，アルコール F とカルボン酸 G が得られる。G は D を酸化することでも得られる。F を適当な酸化剤で酸化すると，有機化合物 H が生じ，H にフェーリング液を加えて加熱すると，赤色の沈殿が得られる。これらのことから，H の構造式は｛　(3)　｝であることがわかり，B の構造式は｛　(4)　｝となる。

C を加水分解すると，アルコール I とカルボン酸 J が得られる。I は不斉炭素原子をもつ。これらのことから，C の構造式は｛　(5)　｝となる。また，J に，［　(6)　］。

【解答群】

ア　塩化鉄(Ⅲ)水溶液を作用させると，赤紫色を呈する

イ　さらし粉水溶液を作用させると，赤紫色を呈する

ウ　アンモニア性硝酸銀水溶液を作用させると，銀鏡反応を示す

エ　ヨウ素を含む水酸化ナトリウム水溶液を作用させると，ヨードホルム反応を示す

［関西大］

(1)〜(5)　元素分析の結果から組成式を求めてみましょう。

C：$\frac{66.0}{44} = 1.5$ mmol

H：$\frac{27.0}{18} \times 2 = 3.0$ mmol

O：$\frac{30.6 - 1.5 \times 12 - 3.0 \times 1.0}{16} = 0.6$mmol

以上より，組成式は$C_5H_{10}O_2$となり，式量が102であるため分子量と一致します。よって，分子式も(1)$C_5H_{10}O_2$と決まります。

$C_5H_{10}O_2$は不飽和度Du＝1であるため，この有機化合物がもっているパーツは，

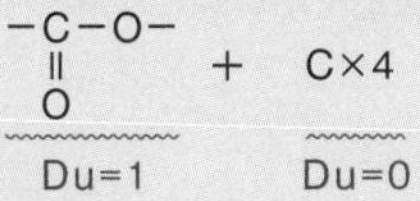

−C−O−（C＝O）（Du=1）　＋　C×4（Du=0）

となります。

化合物A

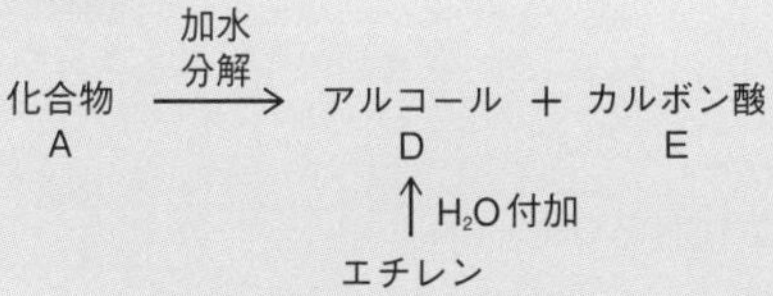

化合物A →(加水分解)→ アルコールD ＋ カルボン酸E

アルコールD ↑(H_2O付加) エチレン

Aを加水分解するとアルコールDとカルボン酸Eが得られます。また，アルコールDはエチレンへのH_2O付加でも得られることから，アルコールDはエタノールと決定できます。

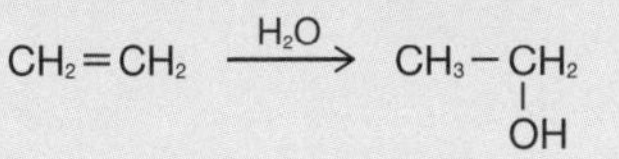

$CH_2{=}CH_2$ →(H_2O)→ $CH_3{-}CH_2{-}OH$

アルコールD

また，AのC数が5，DのC数が2であることから，EはC数3のカルボン酸なのでプロピオン酸と決定できます。

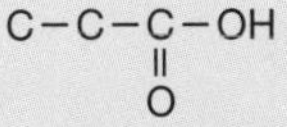

C−C−C(＝O)−OH

カルボン酸E

以上より，エステルAは次のように決定できます。

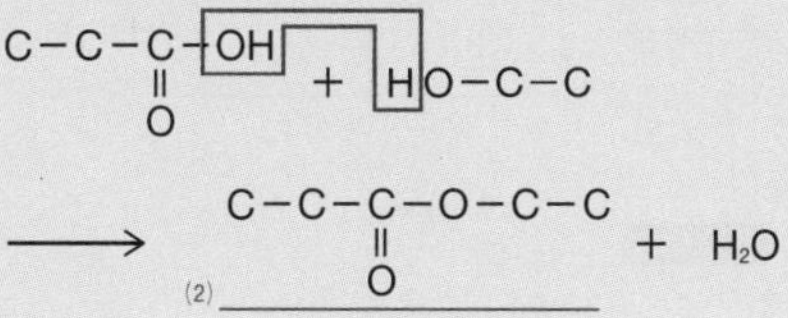

C−C−C(＝O)−OH ＋ H−O−C−C

⟶ C−C−C(＝O)−O−C−C ＋ H_2O

(2) エステルA

化合物B

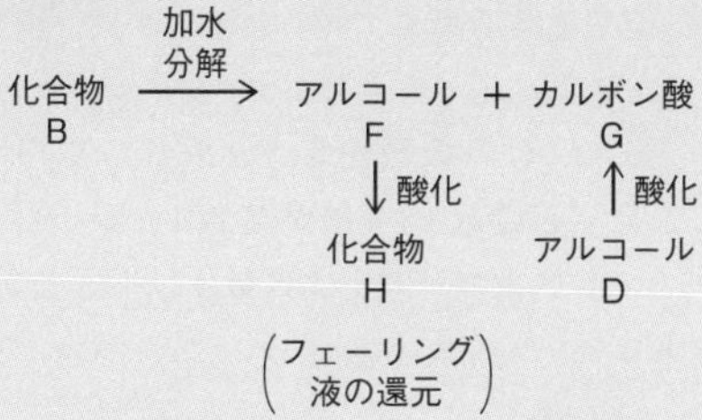

化合物B →(加水分解)→ アルコールF ＋ カルボン酸G

アルコールF ↓(酸化) 化合物H（フェーリング液の還元）

カルボン酸G ↑(酸化) アルコールD

加水分解により生じるカルボン酸Gは，D(エタノール)を酸化しても得られることから，酢酸と決定できます。

C−C−OH →(酸化)→ C−C(＝O)−OH

アルコールD　カルボン酸G

また，BのC数が5，GのC数が2であることから，FはC数3のアルコールです。

そして，Fを酸化するとフェーリング液を還元する化合物Hが生じることから，FはC数3の第一級アルコールである1-プロパノール，Hはプロピオンアルデヒドと決まります。

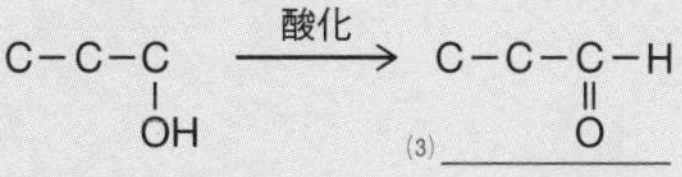

C−C−C−OH →(酸化)→ C−C−C(＝O)−H

アルコールF　(3) 化合物H

以上より，Bは次のように決定できます。

$$\mathrm{CH_3{-}C(=O){-}OH} + \mathrm{H{-}O{-}C{-}C{-}C} \longrightarrow \underset{\text{(4) エステルB}}{\mathrm{C{-}C(=O){-}O{-}C{-}C{-}C}} + H_2O$$

化合物C

$$\underset{\text{C}}{\text{化合物}} \xrightarrow{\text{加水分解}} \underset{I^*}{\text{アルコール}} + \underset{J}{\text{カルボン酸}}$$

Cを加水分解して得られるアルコールIは不斉炭素原子をもちます。

また，CのC数が5，カルボン酸Jは最低でもC数1（ギ酸がC数1で最小）なので，アルコールIはC数4以下とわかります。

C数4以下のアルコールで不斉炭素原子をもつのは2-ブタノールのみです。

$$\mathrm{C{-}C{-}C^*(OH){-}C}$$

以上より，カルボン酸JはC数1のギ酸となり，Cは次のように決定できます。

$$\mathrm{H{-}C(=O){-}OH} + \mathrm{H{-}O{-}C(C){-}C{-}C} \longrightarrow \underset{\text{(5) エステルC}}{\mathrm{H{-}C(=O){-}O{-}C(C){-}C{-}C}} + H_2O$$

(6)　ギ酸はホルミル基をもつため，還元性を示し，銀鏡反応陽性になります。

→ ウ

▶ 解答　(1)　$C_5H_{10}O_2$　(2)　$CH_3{-}CH_2{-}C(=O){-}O{-}CH_2{-}CH_3$

(3)　$CH_3{-}CH_2{-}C(=O){-}H$　(4)　$CH_3{-}C(=O){-}O{-}CH_2{-}CH_2{-}CH_3$

(5)　$H{-}C(=O){-}O{-}CH(CH_3){-}CH_2{-}CH_3$　(6)　**ウ**

この問題の「だいじ」

・分解反応ではC数に注目する。

第4章

芳香族化合物

12講 ベンゼン・アルキルベンゼン

講義テーマ！

ベンゼン環の性質を理解し，ベンゼンやアルキルベンゼンの反応を学びましょう。

1 ベンゼン環

① ベンゼン環の本当の姿

重要TOPIC 01

ベンゼン環 C_6H_6（ ・ ）の本当の姿

ベンゼン環の C 原子間の結合は，1.5 結合 × 6 説明①

説明①

分子式 C_6H_6(不飽和度 Du = 4)のベンゼン環は，一般的に や のような略記で表されます。 の略記は，ドイツの有機化学者**ケクレ**が唱えた「ベンゼン環の C−C と C=C の繰り返しの環状構造」を表しています。このような C 骨格を**ベンゼン環**といい，ベンゼン環をもつ化合物を**芳香族化合物**といいます。

C=C と C−C の
繰り返し

しかし，本当のベンゼン環はこのような構造にはなっていません。略記のような構造と考えると扱いやすいため，その表記を用いているだけなのです。

C=C の π 結合の姿はアルケンで確認しました(→ p.79)。

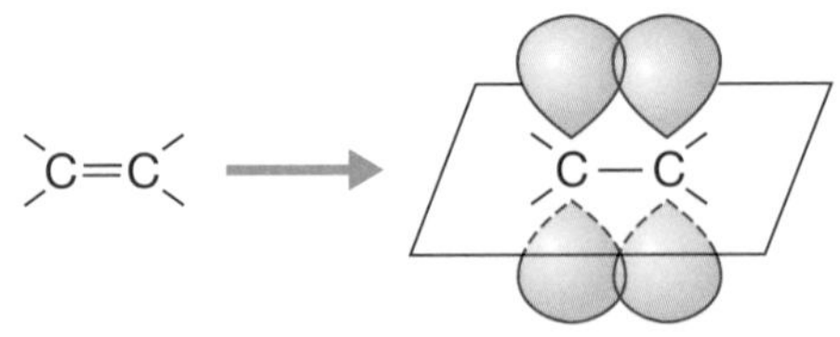

このπ結合が六角形の中に3つ存在している状態が，ケクレの唱えたベンゼン環(⌬)になります。では，π結合を使って書いてみましょう。

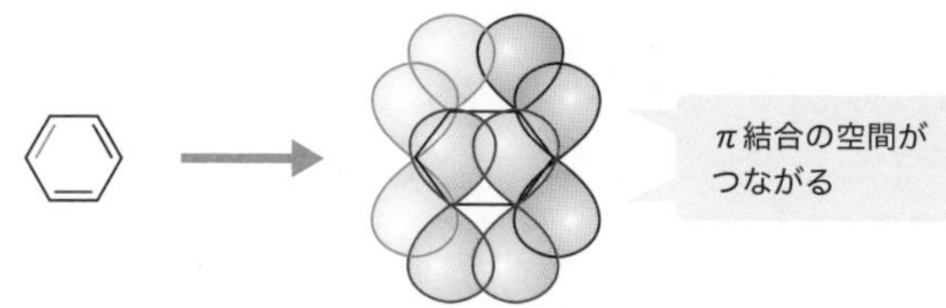

π結合の空間がつながることがわかります。π結合の電子は，この空間を自由に動き回ることができます。つまり，固定されていない(局在していない)のです。この状態を**非局在化**といいます。

局在 (C−C×3, C=C×3)　　非局在 (C⋯C×6)　　本当のベンゼン

よって，ベンゼンの結合は「C−C 結合×3＋C=C 結合×3」ではなく「1.5結合×6」になります。

② ベンゼン環の「1.5結合×6」とは

重要TOPIC 02

ベンゼン環の「1.5 結合×6」の確認

・正六角形(一辺の長さ：C−C と C=C の間の長さ) 説明①
・付加反応より置換反応が起こりやすい 説明②
・二置換体が3種類(オルト，メタ，パラ) 説明③

ベンゼン環が「1.5 結合×6」になっているのは，次のような事実から確認することができます。

説明①

[1] ベンゼン環は正六角形

ベンゼン環は正六角形です。そして，その一辺の長さはC−C 結合とC=C 結合の間の長さになっています。

もし，ケクレの唱えたベンゼン環が本当の姿なら，ベンゼン環は正六角形にはなりません(C−C 結合の長さ > C=C 結合の長さ)。

(長さ
C−C > C=C)

説明②

[2] 付加反応より置換反応が起こりやすい

π 結合の電子は平面から飛び出たところにあるため，それらが局在しているなら，アルケン同様に付加反応が起こりやすくなります。

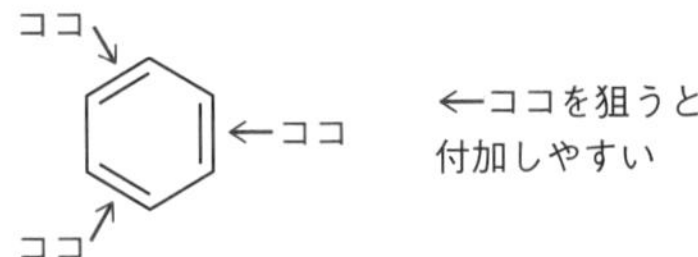

しかし，本当のベンゼン環は π 結合の電子が局在しておらず，自由に動き回ることができます。よって，π 結合の電子は非常に捕まりにくく，なかなか付加反応は進行しません(進行させるには工夫が必要)。

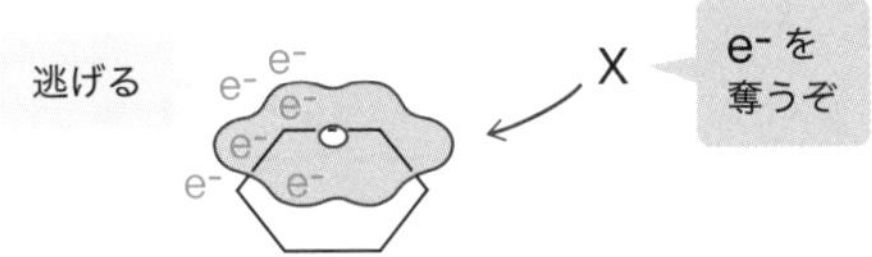

実際に，ベンゼン環は，π 結合への付加反応より，ベンゼン環の H 原子と何かが置き換わる反応(置換反応)の方が起こりやすいです。

説明③

[3] 二置換体は 3 種類

ベンゼン環の H 原子を何かで置き換えた(置換した)ものを**置換体**といいます。H 原子 1 つを置換したものを一置換体，2 つを置換したものを二置換体といいます。

もし，ベンゼン環が C−C 結合と C=C 結合の繰り返しなら，二置換体は置換する位置によって 4 種類存在するはずです。しかし，実際にはベンゼンの二置換体は 3 種類(オルト，メタ，パラ)しか存在しません。

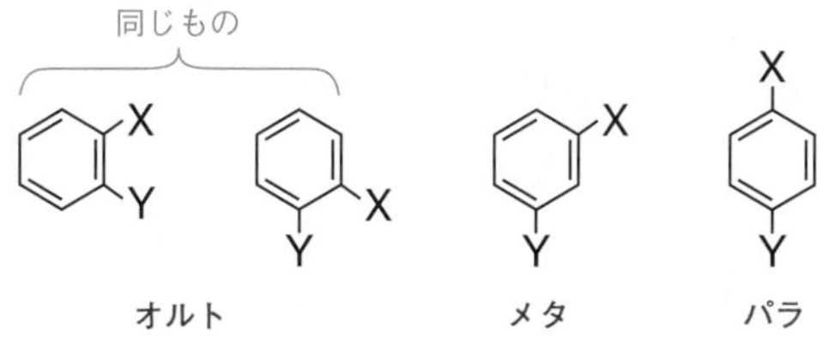

以上のことから，ベンゼン環はC−C結合とC=C結合の繰り返しではなく，1.5結合×6でできているため，π結合の電子が奪われにくく，非常に安定な環状構造であることがわかります。

入試への＋α《共役二重結合》

ベンゼン環のように，π結合の空間を電子が自由に動き回るため，電子が奪われにくく，非常に安定な状態になるのは，2つのC=C結合の間にC−C結合が入っているときです。この結合を**共役二重結合**といいます。

共役二重結合を本当のπ結合の姿で表すと，次のように，π結合の空間がつながることがわかります。

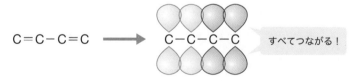

C=C−C=C → C−C−C−C

すべてつながる！

よって，共役二重結合では，π結合の電子が自由に動き回ることができるため，電子が奪われにくく安定です。

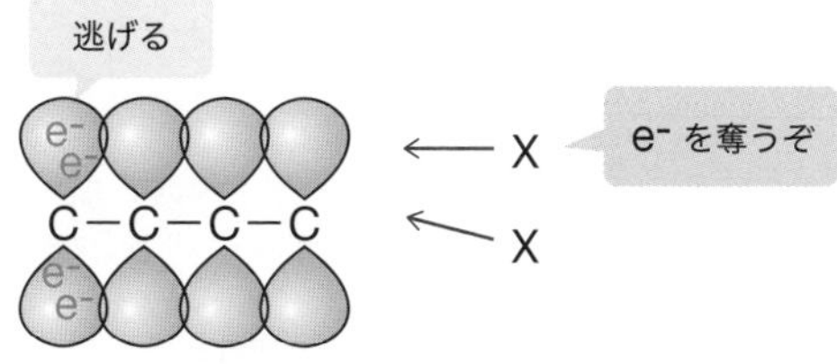

この共役二重結合の電子を奪うのに最も有効なのは，両末端からの攻撃です。よって，両末端からの付加が一番起こりやすくなります。

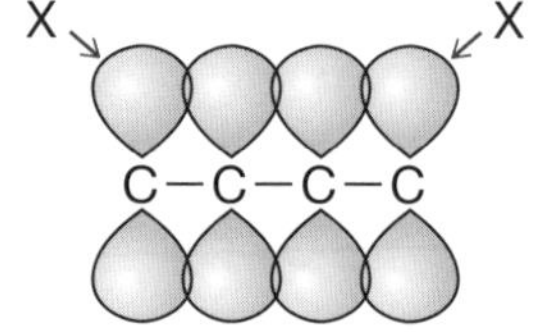

両端から攻めると
e^- がつかまりやすい

この共役二重結合の究極版がベンゼン環です。よって，電子対たちはベンゼン環の共役二重結合に憧れ，できれば仲間入りしたいと思っています。

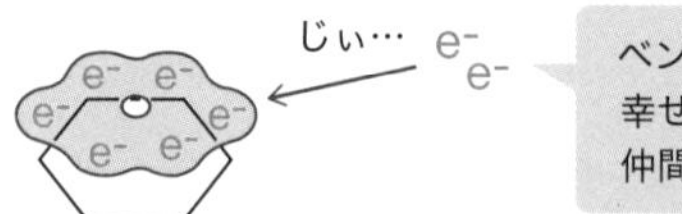

ベンゼンの e^- は
幸せそうだなあ。
仲間入りしたいなあ。

そのことを頭に置いて，芳香族化合物と向き合ってみましょう。

Q&A

Ⓠ 07．C=C 結合が複数あるときは必ず共役二重結合になるの？

Ⓐ 07．構造決定において，C=C が２つ以上存在する化合物の場合，共役二重結合になっている可能性が極めて高いです。もし，導いた化合物がそうなっていないときは，時間に余裕がある限り見直してみましょう。

C−C−C=C=C−C　間違っているかも？

C−C=C−C=C−C　いい感じ

（C=C−C=C の部分：共役）

2 ベンゼン

1 ベンゼンの性質・製法

重要TOPIC 03

ベンゼンの性質

・炭化水素なので水に不溶(→ p.70)

・空気中で燃えるとすすが多い 説明①

ベンゼンの製法

・アセチレンの３分子重合(→ p.94)

説明①

ベンゼンはＣ数６の化合物です。Ｃ数６に対しては最大で14個のＨ原子が結合できますが，ベンゼンはＨが６個しかありません。

よって，分子中でＣ原子の占めている割合(炭素含有率といいます)が高く，不完全燃焼を起こしやすくなるため，燃焼時にすすが多く出ます。

分子式 C_6H_{14} の炭素含有率　$\dfrac{12 \times 6}{12 \times 6 + 14} = \underline{0.837}$

分子式 C_6H_6 の炭素含有率　$\dfrac{12 \times 6}{12 \times 6 + 6} = \underline{0.923}$

ベンゼンと同様に，Ｃ原子数とＨ原子数が等しいアセチレン C_2H_2(→ p.97)も，炭素含有率が高く，燃焼時にすすが多く出ます。

② ベンゼンの反応

重要TOPIC 04

ベンゼンの反応の全体像

(i) H^+ と X^+ が置き換わる

→(1)置換反応

(ii) π 結合に何かがくっつく

→(2)付加反応，(3)酸化開裂

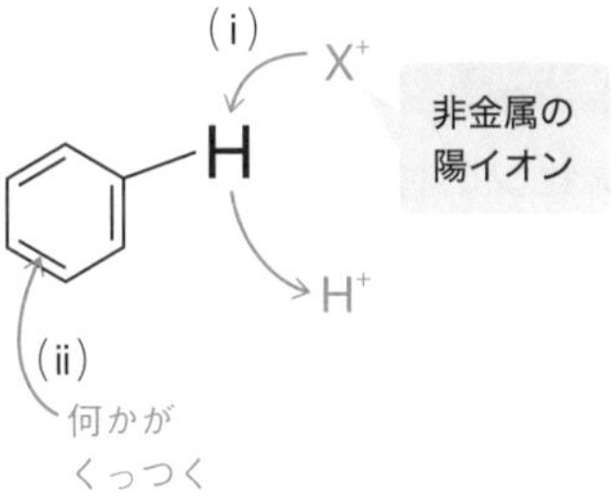

(i) X^+ 非金属の陽イオン H H^+ (ii) 何かがくっつく

ベンゼンの反応①

置換反応 説明①

ベンゼンのH原子が何かで置き換わる(ハロゲン化，ニトロ化，スルホン化)

例　ハロゲン化

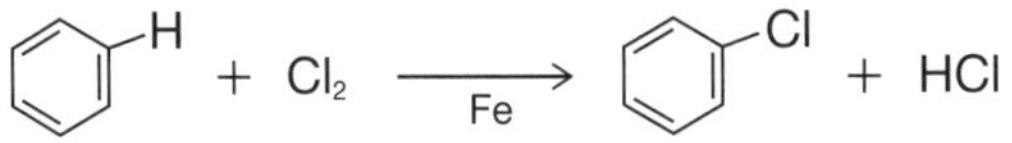

$$C_6H_5-H + Cl_2 \xrightarrow{Fe} C_6H_5-Cl + HCl$$

説明①

[1] **置換反応**

ベンゼンのH原子が何かで置き換わる反応を総称して置換反応といいます。代表的な置換反応には，「ハロゲン化」「ニトロ化」といった特別な呼び方があります。

ハロゲン化…ベンゼンのH原子がハロゲンで置き換わる反応

ベンゼンに鉄Feまたは塩化鉄(Ⅲ) $FeCl_3$ を加えて塩素 Cl_2 を通じると，クロロベンゼンが生成します(Feを使ったときは，まずFeと Cl_2 が反応して $FeCl_3$ が生成し，これが触媒としてはたらきます)。

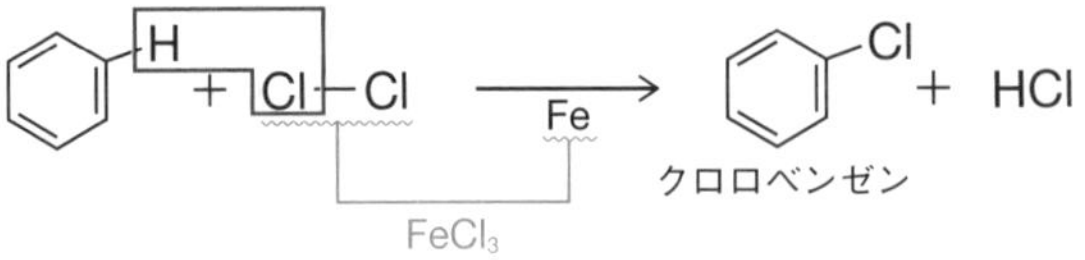

$$C_6H_5-H + Cl-Cl \xrightarrow{Fe} C_6H_5-Cl + HCl$$

クロロベンゼン

$FeCl_3$

ニトロ化…ベンゼンのH原子がニトロ基 $-NO_2$ で置き換わる反応

ベンゼンに**混酸**（濃硝酸と濃硫酸の混合物）を加えて約 60 ℃で反応させると，ニトロベンゼンが生成します。このとき，硫酸は触媒としてはたらいています。

$$C_6H_5\text{-}H + HO\text{-}NO_2\ (HNO_3) \xrightarrow[H_2SO_4]{約60℃} C_6H_5\text{-}NO_2\ (ニトロベンゼン) + H_2O$$

混酸

約 60 ℃で反応させる理由

温度を上げ過ぎると，さらにニトロ化が進行し，爆発性をもつ *m*-ジニトロベンゼンに変化するため危険です。よって，*m*-ジニトロベンゼンの生成を防ぐために約 60 ℃で行います。

$C_6H_4(NO_2)_2$

m-ジニトロベンゼン

（*m*-ジニトロベンゼンのように，ニトロ基 $-NO_2$ を2つ以上もつ化合物は爆発性のものが多く危険です）

スルホン化…ベンゼンのH原子がスルホ基 $-SO_3H$ で置き換わる反応

ベンゼンに濃硫酸を加えて加熱すると，ベンゼンスルホン酸が生成します。スルホ基をもつ化合物を**スルホン酸**といいます。

$$C_6H_5\text{-}H + HO\text{-}SO_3H\ (H_2SO_4) \longrightarrow C_6H_5\text{-}SO_3H\ (ベンゼンスルホン酸) + H_2O$$

入試への＋α《ベンゼンの置換反応の本当の姿》

置換反応の本当の姿

ベンゼンの置換反応は，ベンゼン環のH原子が何か(X)で置き換わる反応です。非金属元素の陽イオンX^+がH^+を追い出して置換します。

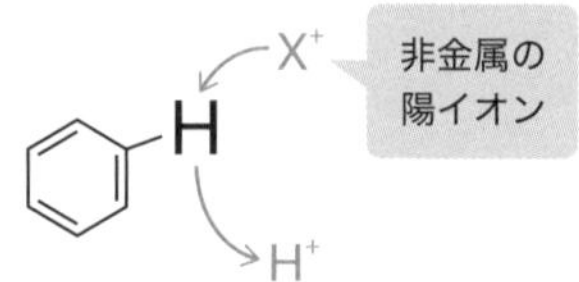

非金属の陽イオンX^+のつくり方

非金属は陰性なので，通常陰イオンになります。陰性の非金属を陽イオンにするには，工夫が必要です。

① Cl^+ のつくり方　塩素の単体Cl_2 ＋塩化鉄(Ⅲ)$FeCl_3$

$FeCl_3$のFeはオクテット(最外殻電子が8個の状態)ではありません。

よって，非共有電子対をもつCl_2を近づけると，Cl_2の非共有電子対を強く引きつけます。これにより，Cl原子間の結合が切れ，Cl^+イオンが生成します。このCl^+イオンがベンゼンのH原子に襲いかかるのがハロゲン化です。

切れる　引っぱる

$$Cl{-}Cl + FeCl_3 \longrightarrow Cl^+ + [FeCl_4]^-$$

これが ⌬ のH⁺と置換

② NO_2^+ のつくり方　混酸(濃硝酸HNO_3 ＋濃硫酸H_2SO_4)

HNO_3とH_2SO_4はともに強酸ですが，H_2SO_4の方が電離定数K_aが大きく，比べて強い酸です。

よって，H_2SO_4がHNO_3にH^+を投げつけます。これにより脱水が起こり，NO_2^+が生成します。このNO_2^+がベンゼンのH原子に襲いかかるのがニトロ化です。

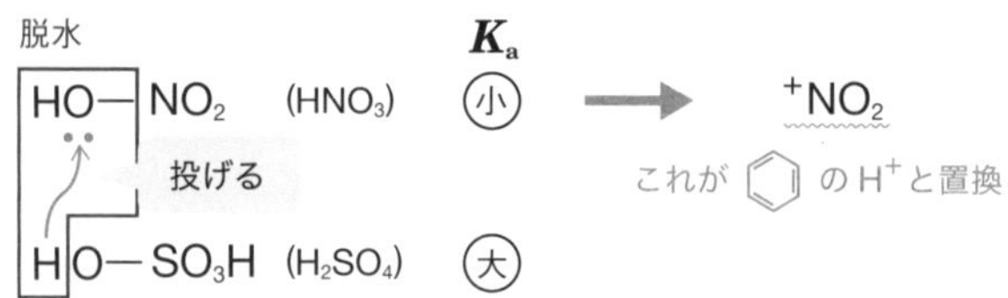

このとき，同時に生成する H^+ は事実上 H_2SO_4 のものになるため，H_2SO_4 は反応前後で変化せず，触媒としてはたらいていることになります。

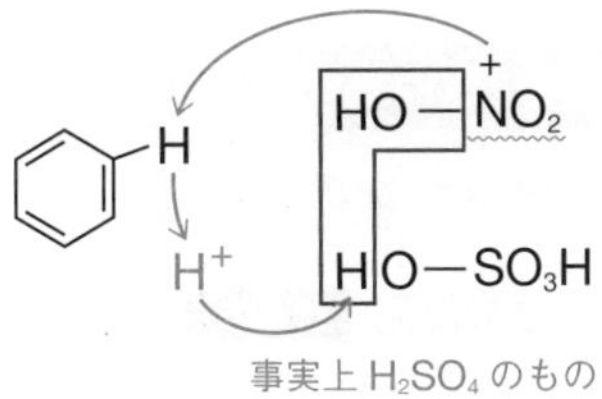

③ **SO_3H^+ のつくり方**　濃硫酸 H_2SO_4 を加熱

濃硫酸は電離定数 K_a が非常に大きく，H^+ を投げつける能力の強い酸です。

投げつける相手がいないときに加熱すると，我慢できず，仲間の H_2SO_4 に投げつけます。これにより脱水が起こり，SO_3H^+ が生成します。この SO_3H^+ がベンゼンの H 原子に襲いかかるのがスルホン化です。

このように「ベンゼン＋非金属の陽イオン」の組み合わせで置換反応は進行します。

重要TOPIC 05

ベンゼンの反応②

付加反応 説明①

H_2 やハロゲンの単体が３分子同時に付加

例　H_2 付加

ベンゼン ＋ $3H_2$ ⟶ シクロヘキサン

説明①

［2］付加反応

ベンゼンもアルケン同様，π結合をもつため，付加反応が進行します。しかし，極めて進行しにくく（→ p.160），3分子同時の付加のみです。

ベンゼン（C_6H_6） ＋ $3H_2$ —高温・高圧, Ni→ シクロヘキサン（C_6H_{12}）

ベンゼン（C_6H_6） ＋ $3Cl_2$ —光（UV）→ ヘキサクロロシクロヘキサン（$C_6H_6Cl_6$）

入試への＋α《ベンゼンの付加反応》

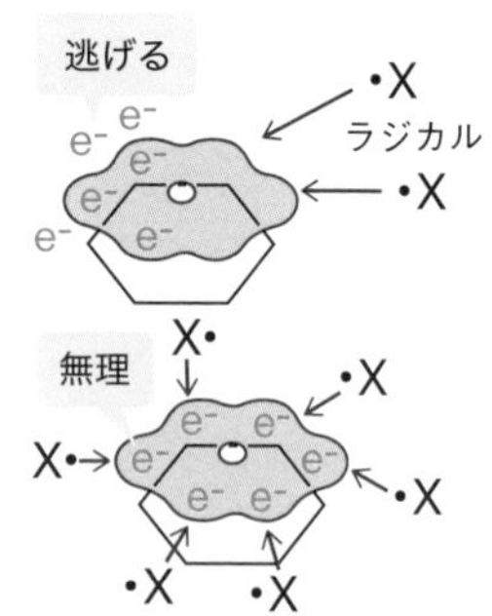

ベンゼンに付加するのはラジカルのみです。しかし，π結合の電子が自由に動くため，１分子のみの付加は進行しません。

大量のラジカルに同時に攻撃させたときだけ，逃げ回る電子を捕まえることができます。だから，ベンゼンへの付加は３分子同時しか進行しないのです。

重要TOPIC 06

ベンゼンの反応③

酸化開裂 説明①

V_2O_5 存在下で空気酸化→酸無水物生成

(ベンゼン) $\xrightarrow[V_2O_5]{O_2}$ (無水マレイン酸の構造式)

説明①

[3] 酸化開裂

ベンゼンを，酸化バナジウム(V)V_2O_5 存在下で加熱しながら空気酸化すると，酸無水物が生成します。

(ベンゼン) $\xrightarrow[V_2O_5]{O_2}$ (構造式)

無水マレイン酸

(ナフタレン) $\xrightarrow[V_2O_5]{O_2}$ (構造式)

ナフタレン

無水フタル酸

入試への＋α《ベンゼンの酸化開裂》

ベンゼンの酸化開裂は，アルケンの酸化開裂と同じことが2か所で起こっています。アルケンの酸化開裂と比較しながら反応の過程を確認してみましょう。

アルケンの酸化開裂

$$>C=C< \xrightarrow{O_3} >C=O + O=C<$$

ベンゼンの酸化開裂

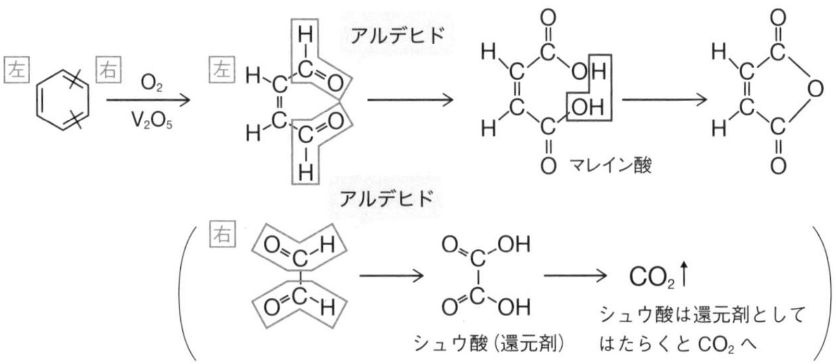

左 右 $\xrightarrow[V_2O_5]{O_2}$ 左 アルデヒド → マレイン酸 →

アルデヒド

（右 → シュウ酸（還元剤） → CO_2↑ シュウ酸は還元剤としてはたらくと CO_2 へ）

過マンガン酸カリウム $KMnO_4$ を使わない理由

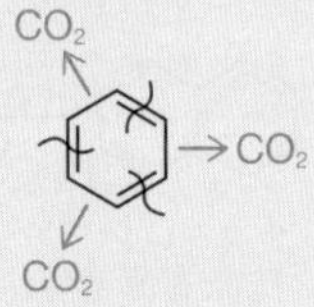

ベンゼンは安定なので，$KMnO_4$ とも簡単には反応しませんが，加熱，触媒存在下で反応し，右図のように CO_2 に変化します。

CO_2 CO_2 CO_2

酸無水物を得るには，酸化開裂を 2 か所で止める必要があります。それを叶えているのが V_2O_5 を用いた空気酸化なのです。

実践！ **演習問題 1** ▶標準レベル

ベンゼンから次の化合物(1)〜(4)をつくりたい。必要な条件として適切なものを①〜⑧からそれぞれ1つずつ選びなさい。

(1) クロロベンゼン（ベンゼン環-Cl）　(2) シクロヘキサン（C_6H_{12}）　(3) 無水マレイン酸（H-C=C-H，O=C-O-C=O 環）　(4) ニトロベンゼン（ベンゼン環-NO_2）

① 白金触媒存在下で空気酸化させる

② ニッケルを用いて高温高圧で水素を反応させる

③ 約 80 ℃で硝酸と反応させる

④ 希酸を用いて水素を反応させる

⑤ 鉄を用いて塩素と反応させる

⑥ 赤熱した鉄に通じる

⑦ 酸化バナジウム(Ⅴ)存在下で空気酸化させる

⑧ 約 60 ℃で混酸と反応させる

\Point!/

ベンゼンの反応とその条件をしっかりと確認しておこう！

▶ 解説

(1)クロロベンゼンは，鉄(もしくは塩化鉄(Ⅲ))を用いて塩素と反応させると生成します。

→ ハロゲン化 ⑤

(2)シクロヘキサンは，高温高圧下で Ni 触媒を用いて H_2 を反応させると生成します。

→ 付加反応 ②

(3)無水マレイン酸は，ベンゼンを V_2O_5 存在下で空気酸化すると生成します。

→ 酸化開裂 ⑦

(4)ニトロベンゼンは，約 60 ℃でベンゼンと混酸を反応させると生成します。

→ ニトロ化 ⑧

▶ 解答 (1) **⑤**　(2) **②**　(3) **⑦**　(4) **⑧**

3 アルキルベンゼン

ベンゼン環にアルキル基が結合している化合物を総称して**アルキルベンゼン**といいます。

1 アルキルベンゼンの命名

重要TOPIC 07

アルキルベンゼンの化合物名 説明①

$C_6H_5CH_3$ トルエン

$C_6H_4(CH_3)_2$ *o*-キシレン

$C_6H_5CH_2CH_3$ エチルベンゼン

説明①

アルキルベンゼンの化合物名は基本的に慣用名です。出てきたものから順に頭に入れていきましょう。

② アルキルベンゼンの反応

重要TOPIC 08

アルキルベンゼンの反応の全体像

ベンゼンの隣は特別

（ベンゼン環）−C−・・・・・

酸化されやすい

アルキルベンゼンの反応

アルキル基の酸化反応 説明①

$KMnO_4$(中性条件)を加えて加熱

→アルキル基が酸化されてカルボキシ基に変化

$$\text{C}_6\text{H}_5\text{-C-}\cdots \xrightarrow[\text{中性下}]{KMnO_4} \text{C}_6\text{H}_5\text{-COOH}$$

$$\text{C}_6\text{H}_4(\text{-C-}\cdots)_2 \xrightarrow[\text{中性下}]{KMnO_4} \text{C}_6\text{H}_4(\text{COOH})_2$$

説明①

アルキルベンゼンに過マンガン酸カリウム $KMnO_4$を中性条件下で加えて加熱すると，アルキル基が酸化され，カルボキシ基 −COOH に変化します。

$$\text{C}_6\text{H}_5\text{-CH}_3 \xrightarrow[\text{中性下}]{KMnO_4} \text{C}_6\text{H}_5\text{-COOH}$$

安息香酸

$$\text{C}_6\text{H}_4(\text{CH}_3)_2 \xrightarrow[\text{中性下}]{KMnO_4} \text{C}_6\text{H}_4(\text{COOH})_2$$

フタル酸

このとき，ベンゼン環に直結している C 原子が −COOH に変化し，その他の C 原子は CO_2 などに変化するため，考える必要はありません。

アルキルベンゼンの酸化の化学反応式

酸化還元反応式のつくり方に従い，手を動かして書いてみましょう。

Ⓞ $MnO_4^- + 2H_2O + 3e^- \longrightarrow MnO_2 + 4OH^-$ 中和される （×2）

Ⓡ $C_6H_5\text{-}CH_3 + 2H_2O \longrightarrow C_6H_5\text{-}COOH + 6H^+ + 6e^-$

+)

$$C_6H_5\text{-}CH_3 + 2MnO_4^- + 6H_2O \longrightarrow C_6H_5\text{-}COO^- + 2MnO_2 + OH^- + 7H_2O$$

両辺に $K^+ \times 2$ 追加

$$C_6H_5\text{-}CH_3 + 2KMnO_4 \longrightarrow C_6H_5\text{-}COOK + 2MnO_2 + KOH + H_2O$$

反応式からわかること

反応が進行すると OH^- が生成するため（上の $KMnO_4$ の半反応式参照），カルボン酸は中和されて塩に変化します。ここに強酸を加えると，弱酸遊離反応でカルボン酸が遊離します。

$$C_6H_5\text{-}COO^-K^+ + H^+ \longrightarrow C_6H_5\text{-}COOH + K^+$$

しかし，構造決定において「アルキルベンゼンに $KMnO_4$ を加えて酸化」としか書いていないときでも，生成物は「カルボン酸の塩」ではなく「カルボン酸」と考えてよいことがほとんどです。

実践！ **演習問題 2** ▶▶発展レベル

分子式 C_8H_{10} の芳香族化合物 A がある。ベンゼン環の水素原子を 1 つ，臭素で置換したところ，3 種類の化合物が得られた。化合物 A として考えられる構造式をすべて書きなさい。

\Point!/

分子式 C_8H_{10} の芳香族化合物をすべて書き出そう！

▶ 解説

分子式 C_8H_{10}(不飽和度 Du = 4)は芳香族化合物なので，ベンゼン環をもち，それ以外のパーツは C 原子 2 個分です。

ベンゼン環 + C + C で考えられる C 骨格は次の①〜④の 4 種類です。◀ \Point!/

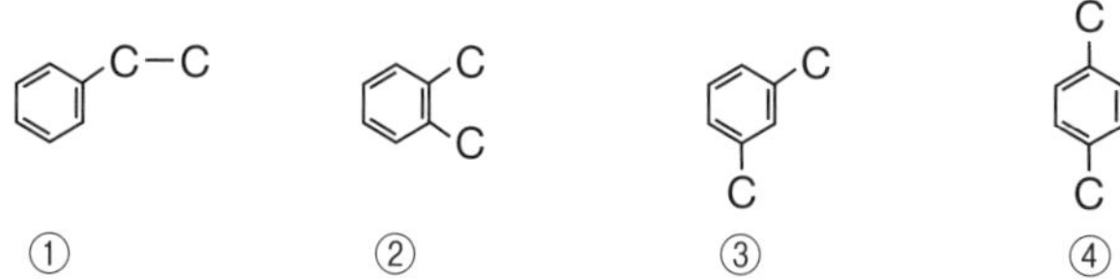

ベンゼン環の H 原子を Br 原子で置換するため，置換したときに異性体となる位置に↑をつけていきましょう。

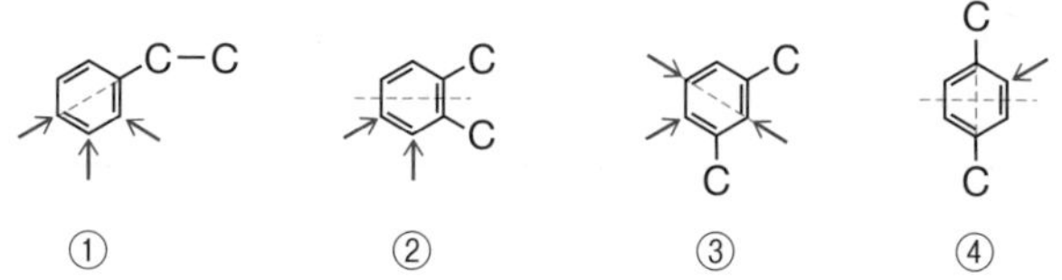

これより，3 種類の化合物が考えられるのは，①（ベンゼン環−C−C）と③（ベンゼン環の 1,3 位に C）の 2 つとなります。

ちなみに，パラ位の二置換体(上の④)は対称性が高く，何かで置換したときの異性体の数が少なくなることを意識しておきましょう。

▶ 解答 （ベンゼン環−CH_2-CH_3）（ベンゼン環の 1,3 位に CH_3, CH_3）

12 講 ベンゼン・アルキルベンゼン

13講 フェノール・芳香族カルボン酸

講義テーマ！

アルコールとの違いに注目しながら，フェノールの性質と反応，製法を学びましょう。また，サリチル酸の反応を押さえましょう。

1 フェノール類

ベンゼン環に直結しているヒドロキシ基 −OH を**フェノール性ヒドロキシ基**といい，それをもつ化合物を総称して**フェノール類**といいます。アルコールのヒドロキシ基とは性質が異なるため，官能基名には必ず「フェノール性」とつけましょう。

① フェノール類の命名

重要TOPIC 01

フェノール類の化合物名 説明①

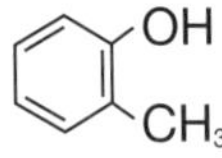

o-クレゾール

OH
COOH

サリチル酸

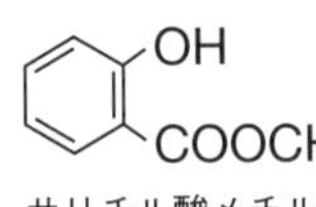

サリチル酸メチル

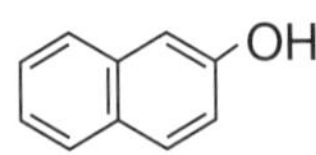

2-ナフトール

説明①

フェノール類の化合物名は基本的に慣用名です。1つずつ頭に入れていきましょう。

Q & A

Q 08. アルコールのヒドロキシ基には「アルコール性」ってつけないの？

A 08. 正確には「アルコール性ヒドロキシ基」ですが，省略するのが基本です。「ヒドロキシ基」とあったら，アルコール性だと判断しましょう。

フェノール性ヒドロキシ基の電子供与性(オルト・パラ配向性)

ベンゼン環は，共役二重結合で非常に安定している(→ p.161)ため，ベンゼン環に直結している官能基は，共役二重結合の仲間入りを狙います。非共有電子対をもつ官能基は，それをベンゼン環の方へ移動させ，共役二重結合の仲間入りを果たします。

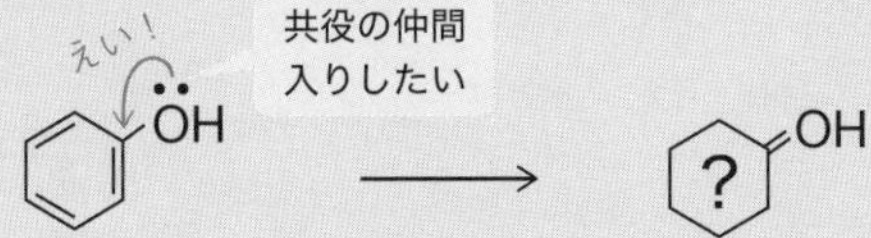

このように，共役二重結合の仲間入りを狙って，非共有電子対をベンゼン環の方に移動させる性質を**電子供与性**といいます。

では，ベンゼン環は，どのような共役二重結合(C=C と C−C の繰り返しの状態)になるか考えてみましょう。

① **左回り，または右回りで共役二重結合**

→ オルト位の C 原子が共役から外れる

→ オルト位の電子が局在化(狙われやすい)

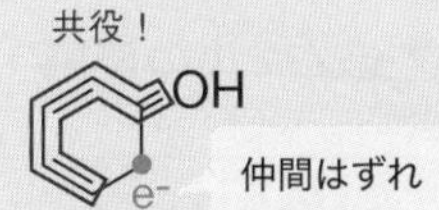

② **左右で共役二重結合**

→ パラ位の C 原子が共役から外れる

→ パラ位の電子が局在化(狙われやすい)

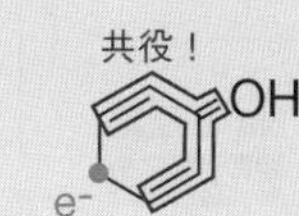

①，②より，オルト位とパラ位は共役から外れ，電子が局在化した状態になるため狙われやすくなります。これを**オルト・パラ配向性**といいます。

フェノール性ヒドロキシ基のように，非共有電子対をもつ官能基がベンゼン環に直結しているとき，電子供与性となり，オルト・パラ配向性になります。

[オルト・パラ配向性の官能基]

$-CH_3$ (H が外れて非共有電子対を生じる)

$-\ddot{N}H_2$，$-\ddot{O}-CH_3$，$-\ddot{Cl}:$

2 フェノール

① フェノールの反応

フェノール類の反応をフェノールで確認していきます。他の官能基があっても，フェノール性ヒドロキシ基の反応は同じです。

重要TOPIC 02

フェノールの反応の全体像

(i) －OH が電離
→ 酸性，Na と反応，$FeCl_3aq$ で紫に呈色

(ii) 電子を供与する
→ 置換反応（オルト位とパラ位）

(iii) C＝O 付加 → エステル化

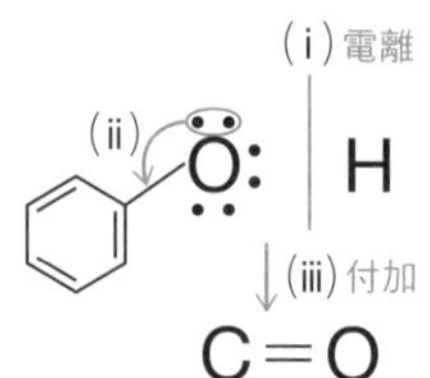

フェノールの反応①

酸性 説明①	酸の強弱（$-SO_3H > -COOH > H_2O + CO_2 >$ フェノール）
Na と反応 説明②	Na と反応して H_2 発生 検 －OH 2 フェノール ＋ 2Na ⟶ 2 ナトリウムフェノキシド(ONa) ＋ H_2
$FeCl_3aq$ で紫 説明③	$FeCl_3aq$ を加えると紫に呈色 検 フェノール性 －OH
置換反応 説明④	オルト位とパラ位で置換反応 例 フェノール(OH) ＋ $3Br_2$ ⟶ 2,4,6-トリブロモフェノール(OH, Br, Br, Br) ＋ 3HBr ．

説明①

[1] 酸性

フェノールの非共有電子対はベンゼン環の方へ移動しています(電子供与性→p.177)。そのため，フェノールの $-OH$ はアルコールの $-OH$ より極性が大きく，電離しやすくなっています。

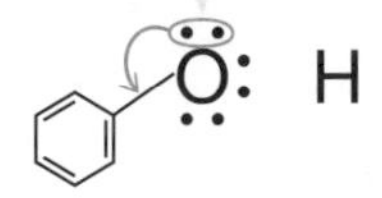

通常より e^- が O 原子の方へ偏る！

水より電離しやすいため，フェノールは酸性ですが，非常に弱い酸性(炭酸よりも弱い)であることを意識しておきましょう。

[酸の強弱]　$-SO_3H > -COOH > H_2O + CO_2 >$ (フェノール C₆H₅OH)

フェノールは炭酸より弱い酸であるため，炭酸水素ナトリウム $NaHCO_3$ と反応しません(→ p.136)が，逆反応(弱酸遊離反応)は進行します。

$$C_6H_5OH + NaHCO_3 \ \underset{\bigcirc}{\overset{\times}{\rightleftarrows}}\ C_6H_5ONa + H_2O + CO_2$$

説明②

[2] Na と反応　検 $-OH$

フェノールに Na を加えると，H_2 が発生します(−OH の検出法→ p.108)。−OH をもつものはすべて反応するため，この反応では，フェノールとアルコールを区別することはできません。

$$2C_6H_5OH + 2Na \longrightarrow 2C_6H_5ONa + H_2$$

説明③

[3] $FeCl_3aq$ で紫に呈色　検 フェノール性 −OH

フェノールに塩化鉄(Ⅲ)水溶液($FeCl_3aq$)を加えると紫に呈色します。電離によって生じるフェノキシドイオンと，Fe^{3+} からなる錯イオンによる呈色であるため，アルコールでは呈色しません。

アルコールと区別できるため，フェノール性ヒドロキシ基の検出法として利用されています。

13講 フェノール・芳香族カルボン酸

説明④

[4] 置換反応

ベンゼン環をもつため，ベンゼンの反応である置換反応が起こります。ただし，オルト位とパラ位のみで起こります(電子供与性→ p.177)。

ハロゲン化

$$\text{フェノール} + 3Br_2 \xrightarrow{\text{触媒なし}} \text{2,4,6-トリブロモフェノール} + 3HBr$$

2,4,6-トリブロモフェノール※(白)

※ベンゼン環が2つ以上の置換基をもつとき，主となる置換基が結合したC原子の位置を1として，右回りに番号をつけ命名することもあります。2, 4, 6-トリブロモフェノールは，−OH基を1として，右回りに2, 4, 6番目のC原子に −Brがついていることを表しています。

ベンゼンのハロゲン化は触媒が必要ですが，フェノールでは必要ありません。そのくらい，オルト位とパラ位の反応性が高くなっています。

ニトロ化

$$\text{フェノール} + 3HNO_3 \xrightarrow{H_2SO_4} \text{ピクリン酸} + 3H_2O$$

ピクリン酸
(強酸性・爆発性)

生成物のピクリン酸は，ニトロ基 $-NO_2$ を3つもつため爆発性です(→p.165)。また，フェノールは弱い酸性ですが，ピクリン酸は強酸性です(→ p.182)。

そして，オルト位とパラ位の反応性が高いため，濃硫酸がなくてもニトロ化が進行します。その場合，ニトロ化は1か所もしくは2か所で進行します。

$$\text{フェノール} \xrightarrow{HNO_3} \text{o-ニトロフェノール},\ \text{p-ニトロフェノール},\ \text{2,4-ジニトロフェノール} \quad \text{など}$$

入試への＋α《ニトロ基の電子求引性（メタ配向性）》

ベンゼン環は共役二重結合で非常に安定しているため，ベンゼン環に直結している官能基は，共役二重結合の仲間入りを狙います。

ニトロ基 $-NO_2$ のように非共有電子対をもたない官能基は，ベンゼンの電子を引きつけて共役二重結合の仲間入りを果たします。

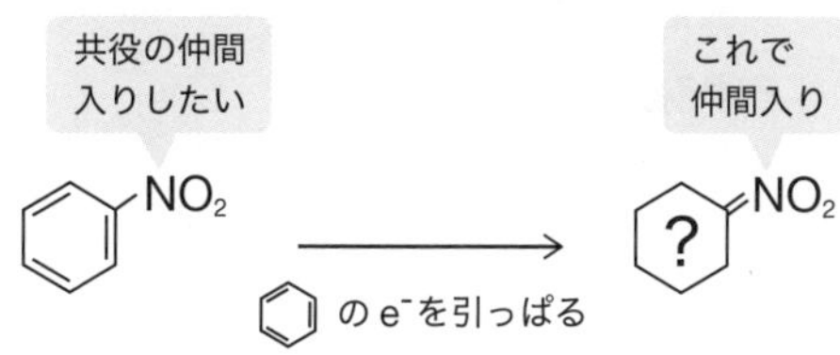

このように，共役二重結合の仲間入りを狙って，ベンゼンの電子を引きつける性質を**電子求引性**といいます。

では，どのような共役二重結合（C＝C と C−C の繰り返しの状態）になるか考えてみましょう。

① 左回り，または右回りで共役二重結合

→ オルト位の C 原子が共役から外れる

→ オルト位には電子がない（狙われにくい）

共役

NO_2

e^- がない

② 左右で共役二重結合

→ パラ位の C 原子が共役から外れる

→ パラ位には電子がない（狙われにくい）

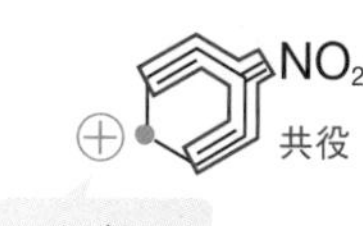

①，②より，オルト位とパラ位は共役から外れて電子が存在しない状態になり，狙われにくくなります。すなわち，メタ位が狙われやすくなるのです。これを，**メタ配向性**といいます。

ニトロ基のように，非共有電子対をもたない官能基がベンゼン環に直結しているとき，電子求引性となり，メタ配向性になります。

［メタ配向性の官能基］

$-COOH$ ，$-CHO$ ，$-CN$

Q&A

Q 09. どうしてピクリン酸は強酸性なの？

A 09. ピクリン酸は電子求引性の $-NO_2$ を 3 つももつため，ベンゼン環の電子は強く引っぱられ，電子供与性の $-OH$ の極性はかなり大きくなります。

これにより，ピクリン酸の $-OH$ は電離しやすくなり，強酸性を示します。

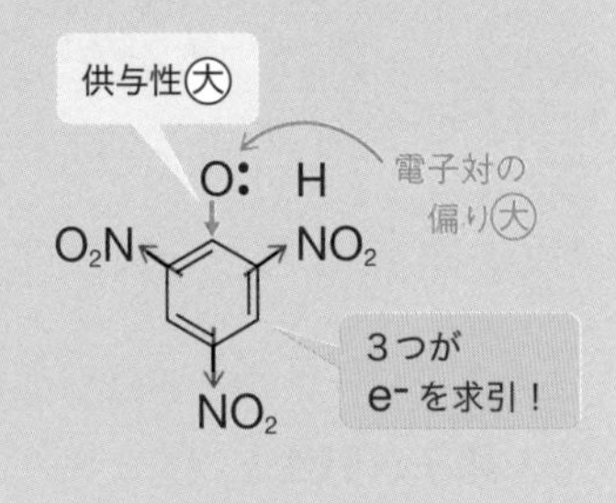

重要TOPIC 03

フェノールの反応②

エステル化 説明①

酸無水物と反応してエステルを生成

例 アセチル化

$$C_6H_5OH + (CH_3CO)_2O \longrightarrow C_6H_5OCOCH_3 + CH_3COOH$$

説明①

［5］エステル化

アルコールがカルボン酸とエステルをつくるように，フェノールもエステルをつくります。しかし，フェノール性 $-OH$ はエステル化の反応性が低いため，カルボン酸が相手だと反応が進行しません。

そこで，エステル化が進行しやすくするために，カルボン酸ではなく酸無水物を使用します(→ p.144)。

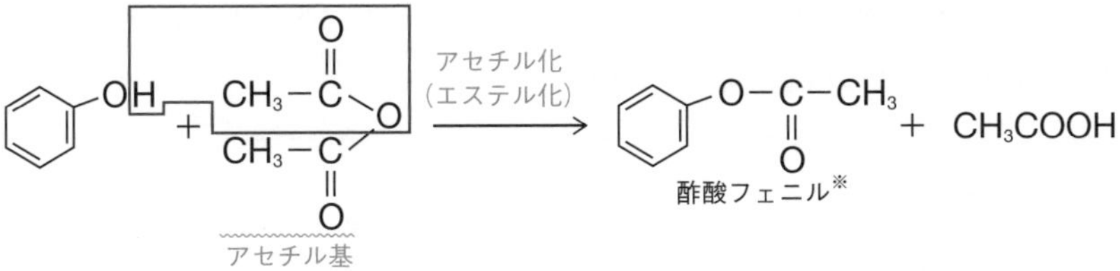

$$C_6H_5-OH + (CH_3CO)_2O \xrightarrow[\text{(エステル化)}]{\text{アセチル化}} C_6H_5-O-CO-CH_3 + CH_3COOH$$

アセチル基

酢酸フェニル※

※ベンゼン環を官能基として見るときは「フェニル基」というため，エステルの命名法「〜酸 R′」に従い「酢酸フェニル」となります。

フェノールを無水酢酸でエステル化したとき，フェノールの −OH の H 原子がアセチル基($-COCH_3$)で置き換わったと捉えることができます。よって，この反応を**アセチル化**ともいいます。

入試への＋α《フェノールのエステル化が起こりにくい理由》

エステル化の原動力は C=O 付加です。C=O 結合に付加するのは「H 原子の隣に非共有電子対がある構造」です(→ p.131)。

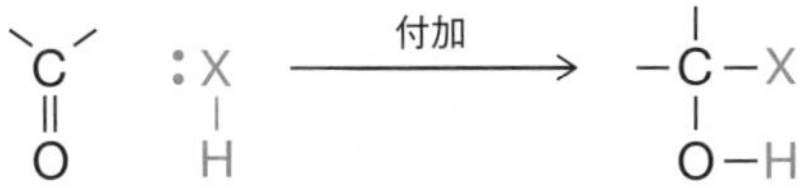

$$>C=O + :X-H \xrightarrow{\text{付加}} -C(-X)(-O-H)-$$

フェノールは電子供与性で，−ÖH の非共有電子対はベンゼン環の方へ移動しています。

そのため，C=O 付加が進行しにくい，すなわちエステル化が進行しにくくなっているのです。

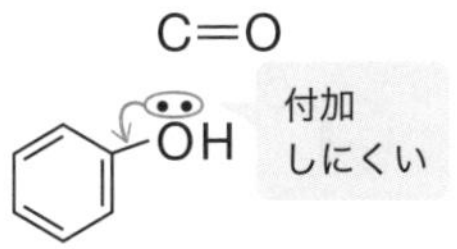

C=O
OH
付加しにくい

実践！ **演習問題 1** ▸標準レベル

分子式 $C_8H_8O_2$ の化合物Xを加水分解すると化合物Yと化合物Zが得られた。化合物Yに塩化鉄(Ⅲ)水溶液を加えたところ，紫に呈色した。また，化合物Zは銀鏡反応を示さなかった。化合物Xの構造を書きなさい。

\Point!/
分解反応はC数に注目！

▶ **解説**

分子式 $C_8H_8O_2$(不飽和度 Du＝5)の化合物Xがもつパーツを予想してみましょう。

O数2 → $-\underset{\underset{O}{\|}}{C}-O-$ ×1 (不飽和度 Du＝1)

C数6以上 → (ベンゼン環)×1 (不飽和度 Du＝4)

残りのパーツ → C×1

パーツの予想と加水分解の記述より，「化合物Xは(ベンゼン環)とエステル結合を1つずつもち，どこかにC原子が1つ結合している」と考えられます。

また，$-\underset{\underset{O}{\|}}{C}-O-$ をもつことを考慮すると，加水分解生成物はカルボン酸とアルコールもしくはフェノール類となります。

化合物Y $FeCl_3aq$ で紫に呈色 → フェノール類(−OH)(最低C数6)

化合物Z 化合物Yが −OH をもつ → 化合物は −COOH をもつ(カルボン酸)

銀鏡反応陰性 → ギ酸 HCOOH(C数1)ではない

最大のC数 → 化合物Yがフェノール(C数6)だと 8−6＝2

ギ酸(C数1)ではないため C数2の酢酸 CH_3COOH

以上より，化合物Yはフェノール。よって化合物Xは次のように決まります。

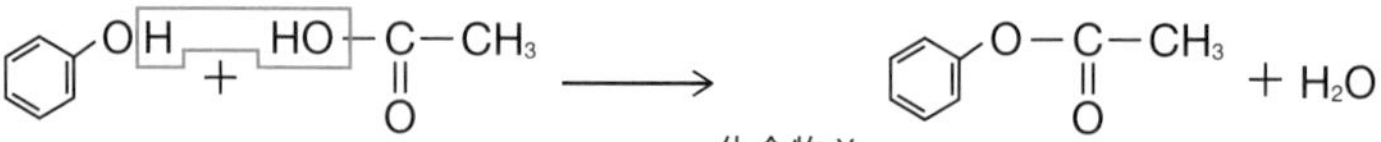

$$C_6H_5-OH + HO-\underset{\underset{O}{\|}}{C}-CH_3 \longrightarrow \underbrace{C_6H_5-O-\underset{\underset{O}{\|}}{C}-CH_3}_{\text{化合物X}} + H_2O$$

▶ **解答** $C_6H_5-O-\underset{\underset{O}{\|}}{C}-CH_3$

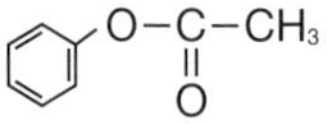

② フェノールの製法

ベンゼンの置換反応でフェノールを合成できれば簡単ですが，実際にはできません。それは，^{+}OH イオンをつくることができないからです。

$$C_6H_5\text{-}H \xrightarrow[\text{つくれない}]{^{+}OH} C_6H_5\text{-}OH$$

また，^{-}OH イオンで置換することもできません。プラスとマイナスは置き換わることができないからです（化学反応式の両辺で電荷が一致しないことからもわかります）。

$$\underbrace{C_6H_5\text{-}H + {}^{-}OH}_{\text{電荷 }-1} \not\longrightarrow \underbrace{C_6H_5\text{-}OH + H^{+}}_{\text{電荷 }+1}$$

よって，フェノールはいくつかの段階を経て合成します。

重要TOPIC 04

フェノールの製法

アルカリ融解 **説明①**	$C_6H_5\text{-}SO_3H \xrightarrow[\text{中和}]{NaOHaq} C_6H_5\text{-}SO_3Na$ $\xrightarrow[\text{アルカリ融解}]{NaOH（固）} C_6H_5\text{-}ONa \xrightarrow[\text{弱酸遊離}]{H^{+}} C_6H_5\text{-}OH$
クロロベンゼンの加水分解 **説明②**	$C_6H_5\text{-}Cl \xrightarrow[\text{高温・高圧}]{NaOHaq} C_6H_5\text{-}ONa \xrightarrow[\text{弱酸遊離}]{H^{+}} C_6H_5\text{-}OH$
クメン法（工業的製法） **説明③**	$C_6H_5\text{-}H \xrightarrow[H^{+}]{C=C-C} C_6H_5\text{-}CH(CH_3)_2 \xrightarrow{O_2} C_6H_5\text{-}C(CH_3)_2OOH$ $\xrightarrow{H_2SO_4} C_6H_5\text{-}OH + CH_3-CO-CH_3$
塩化ベンゼンジアゾニウムの加水分解 **説明④**	$C_6H_5\text{-}N_2Cl \xrightarrow[\text{加熱}]{H_2O} C_6H_5\text{-}OH + N_2 + HCl$

13講 フェノール・芳香族カルボン酸

説明①

［1］ベンゼンスルホン酸ナトリウムのアルカリ融解

ベンゼン（-H） —H_2SO_4 (i)→ ベンゼンスルホン酸（$-SO_3H$） —NaOHaq (ii)→ ベンゼンスルホン酸ナトリウム（$-SO_3^-Na^+$）

—NaOH（固）(iii)→〔中和〕ナトリウムフェノキシド（-ONa） —H^+ (iv)→ フェノール（-OH）

(i) **ベンゼンのスルホン化**（→ p.165）

(ii) **ベンゼンスルホン酸を水酸化ナトリウムで中和する**

→ 中和反応によってベンゼンスルホン酸ナトリウムに変化し，ベンゼン環に直結する官能基がマイナスに帯電（$-SO_3^-Na^+$）。

(iii) **水酸化ナトリウム（固体）とともに加熱し融解させる（アルカリ融解）**

→ $-SO_3^-$ と $-OH^-$ の置換によりフェノールになるが，NaOH によって中和されてナトリウムフェノキシドが生成。

(iv) **強酸を加えてフェノールを遊離させる（弱酸遊離反応）**

説明②

［2］クロロベンゼンの加水分解

ベンゼン（-H） —Cl_2 (i)→ クロロベンゼン（$C^{\delta+}-Cl^{\delta-}$） —NaOHaq 高温・高圧 (ii)→〔中和〕ナトリウムフェノキシド（-ONa） —H^+ (iii)→ フェノール（-OH）

(i) **ベンゼンのハロゲン化**（→ p.164）

→ 極性により Cl 原子はマイナスに帯電。

(ii) **高温高圧で水酸化ナトリウム水溶液と反応させる**

→ $-Cl^{\delta-}$ と $-OH^-$ の置換によりフェノールになるが，NaOH によって中和されてナトリウムフェノキシドが生成。

(iii) **強酸を加えてフェノールを遊離させる（弱酸遊離反応）**

説明③

[3] クメン法(工業的製法)

$$C_6H_5\text{-}H + C{=}C{-}C \xrightarrow[\text{(i)}]{H^+} C_6H_5\text{-}CH(CH_3)_2 \ (\text{クメン}) \xrightarrow[\text{(ii)}]{O_2} C_6H_5\text{-}C(CH_3)_2\text{-}O{-}O{-}H \ (\text{クメンヒドロペルオキシド})$$

$$\xrightarrow[\text{(iii)}]{H_2SO_4} C_6H_5\text{-}OH \ (\text{フェノール}) + CH_3{-}C({=}O){-}CH_3 \ (\text{アセトン})$$

カルボン酸じゃない

(i) **ベンゼンとプロペンを酸(H^+)触媒下で反応させる**

→ H^+ が C=C 結合に付加(マルコフニコフ則に従う → p.81)して非金属の陽イオンが生じる(プロペンの 2 番目の C 原子が正に帯電)。その後，ベンゼンの置換反応が進行し，クメンが生成。

$$C_6H_5\text{-}H + C{=}C{-}C \xrightarrow{H^+} C_6H_5\text{-}CH(CH_3)_2 \ (\text{クメン})$$

(C=C−C + H^+ → $C{-}\overset{\oplus}{C}{-}C$ (H付加)：マルコフニコフ則，置換，H^+ 脱離)

(ii) **空気酸化**

→ アルキル基が酸化される(クメンヒドロペルオキシドの生成)。
(ベンゼン環に直結している C 原子が酸化されやすい(→ p.173)。酸素は弱い酸化剤なので他の C 原子は酸化されずに残る。)

(iii) **硫酸で分解**

→ フェノールとアセトン(重要な有機溶媒の 1 つ)に分解。

13講 フェノール・芳香族カルボン酸

Q & A

Q 10. 「クメンヒドロペルオキシド」って覚えないとダメなの？

A 10. 化合物名として答えられるようになりましょう。次のように，１つ１つの構造から名前がつくられています。

「ペルオキシド」とは「過酸化物（－O－O－をもつ）」という意味です。「クメンと水素の過酸化物」なので，「クメンヒドロペルオキシド」です。

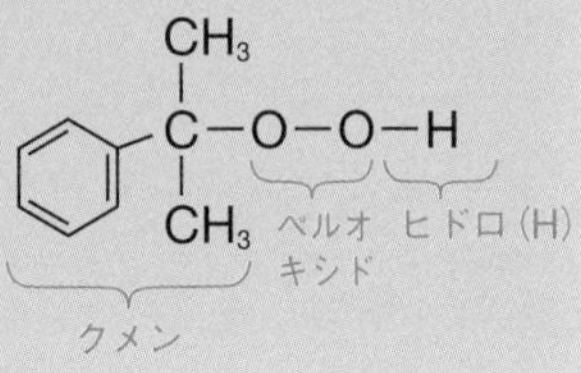

説明④

［4］塩化ベンゼンジアゾニウムの加水分解

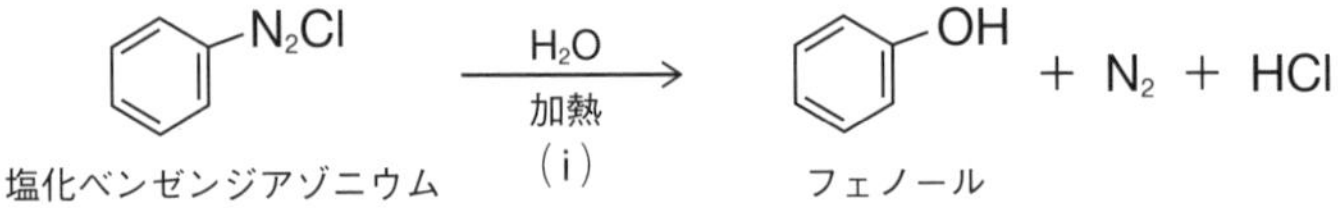

（i）塩化ベンゼンジアゾニウムの水溶液を加熱する

→ 窒素 N_2 発生とともにフェノールが生成。

（安定な N_2 が出ていき，C原子がプラスに帯電したところに水の OH^- がくっつく。）

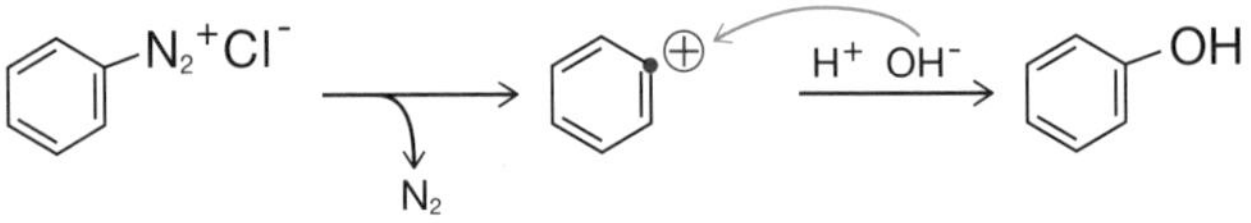

実践！ **演習問題 2** ▶標準レベル

ベンゼン(分子量78)100 kgを用いてクメン法でフェノール(分子量94)を合成した。ベンゼンからフェノールを得るまでの収率が78 %であったとき，得られたフェノールは何kgか，整数で答えなさい。ただし，収率とは，反応式から計算される生成物の量(mol)に対する，実際に得られた生成物の量(mol)の割合を百分率で表したものである。

\Point!/

理論的には何molのフェノールが得られるかを考えてみよう。

▶ **解説**

ベンゼン1つからフェノール1つが得られるため，理論的には，ベンゼンと同じ物質量だけフェノールが得られるはずです。◀ \Point!/

1 ベンゼン (78) 100kg —クメン法→ 1 フェノール(OH)

$\frac{100}{78}$ kmol得られるはず

しかし，実際にはx〔kg〕しか得られず，その収率が78 %だった，と考えて式をたててみましょう。

収率を式にすると次のようになります。

$$\text{収率(\%)} = \frac{\text{実際に得られた生成物の量}}{\text{反応式から計算される生成物の量}} \times 100$$

この式に数値を代入してみましょう。

$$\text{収率(\%)} = \frac{\frac{x}{94}}{\frac{100}{78}} \times 100 = 78 \qquad x = \underline{94\ \text{kg}}$$

▶ **解答** **94 kg**

13講 フェノール・芳香族カルボン酸

3 芳香族カルボン酸

ベンゼン環のC原子にカルボキシ基 $-COOH$ が直結した化合物を**芳香族カルボン酸**といいます。**安息香酸** C_6H_5COOH や**サリチル酸** $C_6H_4(OH)COOH$ が代表例です。

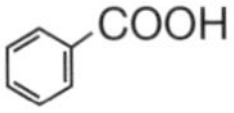

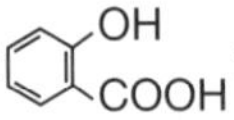

① サリチル酸の製法(コルベシュミット反応)と反応

サリチル酸は昔，ヤナギの樹皮に含まれるサリシンという物質から合成し，解熱鎮痛剤として利用されていましたが，副作用が大きいため，現在はサリチル酸のエステルが医薬品として利用されています。

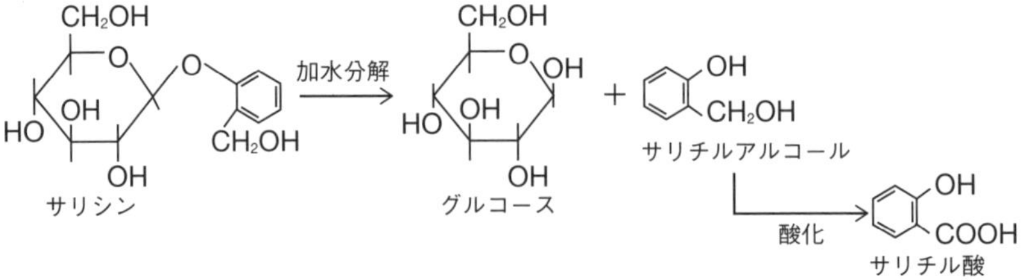

重要TOPIC 05

サリチル酸の製法 説明①

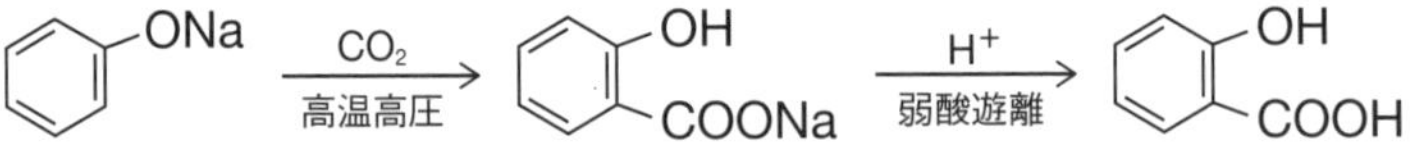

$$C_6H_5ONa \xrightarrow[\text{高温高圧}]{CO_2} C_6H_4(OH)COONa \xrightarrow[\text{弱酸遊離}]{H^+} C_6H_4(OH)COOH$$

サリチル酸の反応 説明②

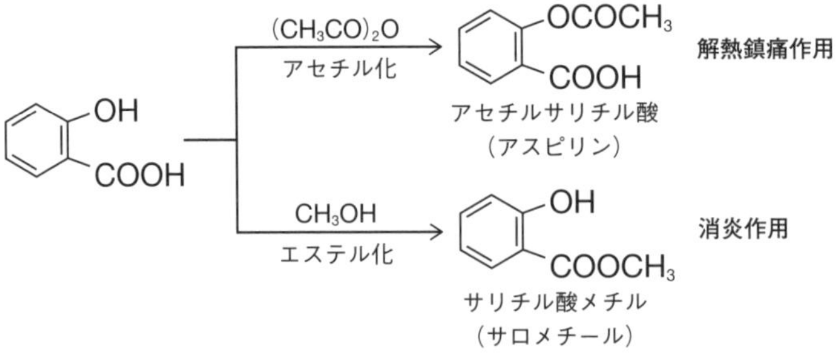

$$C_6H_4(OH)COOH \xrightarrow[\text{アセチル化}]{(CH_3CO)_2O} C_6H_4(OCOCH_3)COOH$$

アセチルサリチル酸（アスピリン）　**解熱鎮痛作用**

$$C_6H_4(OH)COOH \xrightarrow[\text{エステル化}]{CH_3OH} C_6H_4(OH)COOCH_3$$

サリチル酸メチル（サロメチール）　**消炎作用**

説明①

[1] サリチル酸の製法

ナトリウムフェノキシド　H^+　(i)付加　O=C=O　δ- δ+ δ-　→　O^-Na^+ COOH　→（弱酸遊離）　サリチル酸ナトリウム（OH, COONa）　→（弱酸遊離(ii)）　サリチル酸（OH, COOH）

(i) ナトリウムフェノキシドに CO_2 を高温高圧で反応させる

(サリチル酸ナトリウム生成)

→ CO_2 の C 原子は極性によりプラスに帯電しているため，高温高圧にすると非金属の陽イオン同様，置換反応が進行。このとき，弱酸遊離反応も同時に進行し，フェノール性ヒドロキシ基が遊離。

(酸の強弱　−COOH ＞ フェノール(OH))

(ii) 強酸を加えてカルボン酸を遊離させる(弱酸遊離反応)

説明②

[2] サリチル酸の反応

サリチル酸がもつ官能基である「カルボキシ基 −COOH」と「フェノール性ヒドロキシ基 −OH」はともに学習済みであるため，新しく学ぶ反応ではありません。思い出しながら確認してみましょう。

(i) フェノール性ヒドロキシ基のアセチル化(→ p.183)

サリチル酸 + 無水酢酸 $(CH_3-CO)_2O$ →（アセチル化）アセチルサリチル酸（$OCOCH_3$, COOH） + CH_3COOH

アセチルサリチル酸
(医薬品名：アスピリン)
解熱鎮痛作用

(ii) カルボン酸のエステル化(→ p.141)

サリチル酸（OH, COOH） + CH_3OH（メタノール） →（エステル化） サリチル酸メチル（OH, $COOCH_3$） + H_2O

サリチル酸メチル
(医薬品名：サロメチール)
消炎作用

サリチル酸メチルの合成実験

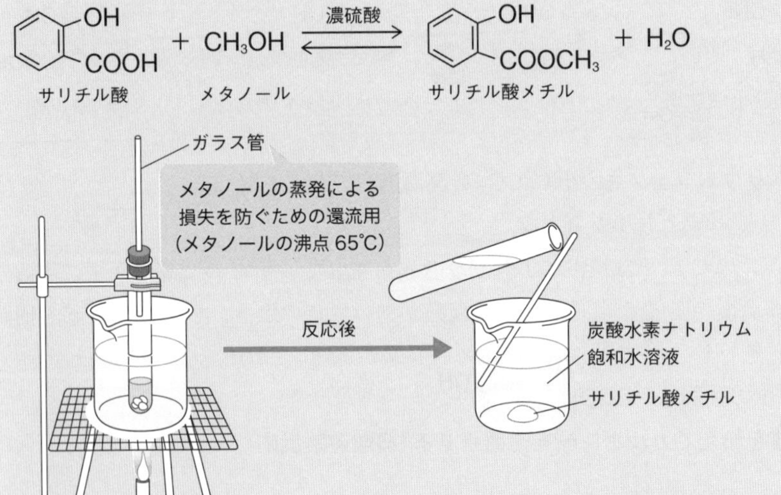

エステル化は進行しにくく（→ p.144），100 % 進行することはありません。そのため，反応終了後は反応物（サリチル酸，メタノール）も共存しています。

よって，目的物質のサリチル酸メチル以外の物質を取り除く作業が必要です。

メタノール・濃硫酸（水溶性） → 水に溶解させて取り除く

サリチル酸（－COOHをもつ） → 炭酸水素ナトリウム $NaHCO_3$ 水溶液に溶解させて取り除く

実践！ **演習問題 3** ▶標準レベル

次のように，ベンゼンを原料にサリチル酸を合成したい。化合物 A，化合物 B を化学式で答えなさい。また，反応させる試薬や条件 a～d として適切なものを①～⑤から 1 つずつ選びなさい。

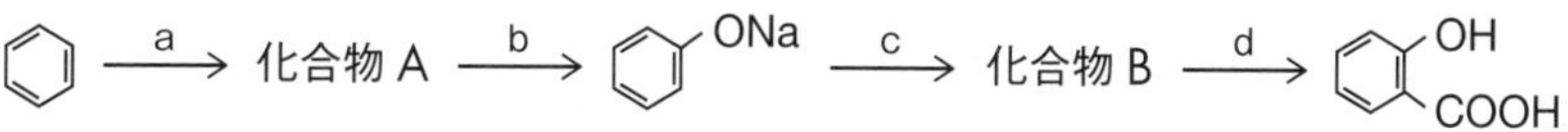

① 希硫酸　② 塩素と鉄　③ 水酸化ナトリウム(高温)
④ 二酸化炭素(高温高圧)　⑤ 水酸化ナトリウム水溶液(高温高圧)

\Point!/

フェノールやサリチル酸の製法を思い出そう！

▶ 解説

ナトリウムフェノキシドからサリチル酸にたどり着く方法は 1 つ(コルベシュミット反応)しかないため，まずは c と d，そして化合物 B が次のように決まります。

(ナトリウムフェノキシド) —c: CO_2・高温高圧→ (OH, COONa：化合物 B) —d: H^+→ (OH, COOH)

ベンゼンからナトリウムフェノキシドにたどり着くのは，フェノールの製法であるアルカリ融解かクロロベンゼンの加水分解があります。ベンゼンから 2 段階(a，b)でたどり着いていることと，選択肢から，クロロベンゼンの加水分解が適切とわかります。

(ベンゼン) —a: Cl_2(Fe)→ (Cl：化合物 A) —b: NaOHaq・高温高圧→ (ONa)

▶ 解答　化合物 A (Cl)　化合物 B (OH, COONa)

a…②　b…⑤　c…④　d…①

13 講　フェノール・芳香族カルボン酸

14講 アニリン

講義テーマ！

アニリンを通じて芳香族アミンの性質や反応を学びましょう。

1 芳香族アミン

アンモニア NH_3 の H 原子が炭化水素基で置き換わった化合物を総称して**アミン**といいます。1つ置き換わると**第一級アミン**，2つだと**第二級アミン**，3つだと**第三級アミン**といいます。

H−N−H（−H）　R−N−H（−H）　R−N−H（−R′）　R−N−R″（−R′）

アンモニア　第一級アミン　第二級アミン　第三級アミン

さらに，アミンの中で，ベンゼンに**アミノ基** $-NH_2$ が直結している化合物を総称して**芳香族アミン**といいます。

Rが ⌬　⌬−N−H（−H）

芳香族アミン

いずれもアンモニアの H 原子が炭化水素基で置き換わっているだけなので，「アンモニアのお友達」といった感覚で向き合っていきましょう。

2 アニリン ⌬−NH_2

ベンゼン環にアミノ基 $-NH_2$ のみが結合している化合物を**アニリン**といいます。芳香族アミンで化合物名を問われるのはアニリンのみです。

⌬−NH_2

アニリン

❶ アニリンの反応

重要TOPIC 01

アニリンの反応の全体像

(i) H^+ を受け取る → 塩基性

(ii) 電子供与性(→ p.177)

→(オルト位とパラ位が)酸化されやすい

(iii) C=O 付加 → アミド化

(iv) その他 → ジアゾ化・カップリング

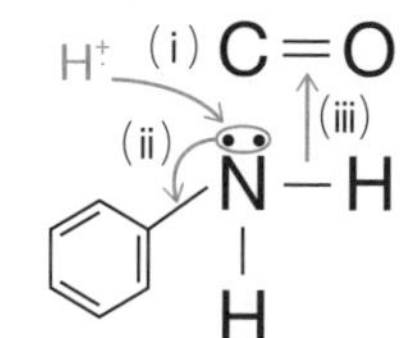

アニリンの反応

塩基性 説明①	中和反応(NH_3 と同様) $C_6H_5NH_2$ + H^+ ⟶ $C_6H_5NH_3^+$
酸化されやすい 説明②	① 空気中 → 褐色～赤褐色 ② さらし粉 → 赤紫色　検 芳香族アミン ③ 二クロム酸カリウム → 黒色沈殿(アニリンブラック)
アミド化 説明③	カルボン酸や酸無水物と反応し，アミド生成 $C_6H_5NH_2$ + RCOOH ⇄ C_6H_5−N(H)−C(=O)−R + H_2O
ジアゾ化・カップリング 説明④	アニリンに塩酸と亜硝酸ナトリウムを加え反応(5℃以下) $C_6H_5NH_2$ —($HCl + NaNO_2$, ジアゾ化)→ $C_6H_5N_2Cl$ 続けてナトリウムフェノキシドを加える(5℃以下) $C_6H_5N_2Cl$ —(C_6H_5ONa, カップリング)→ C_6H_5−N=N−C_6H_4−OH

説明①

[1] 塩基性

アミンはNH_3のH原子を炭化水素基で置き換えただけなので，NH_3と同様に非共有電子対をもち，H^+を受け取ることができるため塩基としてはたらきます。

$$H-\ddot{N}(H)-H \;(\leftarrow H^+) \longrightarrow [H-N(H)(H)-H]^+$$

アンモニア

$$C_6H_5-\ddot{N}H-H \;(\leftarrow H^+) \longrightarrow [C_6H_5-NH_2-H]^+$$

よって，NH_3と同様に，塩酸HClaqと中和反応を起こします。

$$C_6H_5NH_2 + HCl \longrightarrow C_6H_5NH_3Cl$$

アニリン　　　　アニリン塩酸塩

アニリンはアンモニアより弱い塩基性

アニリンは，リトマス紙で検出できないくらいの非常に弱い塩基性です。それは，電子供与性により，非共有電子対がベンゼン環の方へ移動しており，H^+を受け取りにくくなっているためです。

説明②

[2] 酸化されやすい

アニリンは酸化されてオルト位やパラ位で重合していきます(電子供与性 → p.177)。「どんな現象が見られるか」を押さえておきましょう。

空気中(O_2中) → 褐色 ～ 赤褐色

酸素は弱い酸化剤なので，アニリンは，徐々に酸化されて褐色～赤褐色になります。そして，長時間放置すると酸化が進んで黒くなります。

さらし粉水溶液(ClO^-) → 赤紫色　検 芳香族アミン

さらし粉は次亜塩素酸イオンをもつため，酸化剤としてはたらきます。アニリンは酸化されて赤紫色になり，検出法として利用されています。

硫酸酸性のニクロム酸カリウム水溶液($Cr_2O_7^{2-}$) → 黒色沈殿

$K_2Cr_2O_7$ は強い酸化剤なので，アニリンは酸化されて黒色の物質ができます。これは，**アニリンブラック**とよばれ，染料として利用されています。

説明③

[3] アミド化

アミノ基 $-NH_2$ は C=O に付加する構造(H 原子の隣に非共有電子対がある H−N̈)をもつため，カルボン酸と反応してアミドを生成します(→ p.141)。

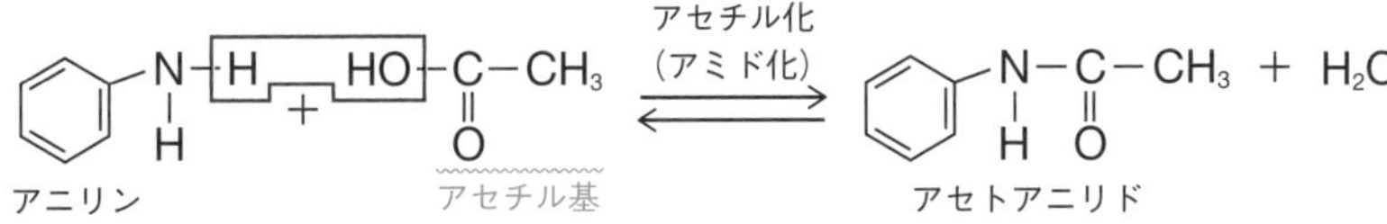

アニリンはカルボン酸が相手でもアミドを生成しますが，酸無水物にすると平衡が右に移動し，アミド化が促進されます(→ p.144)。また，アニリンに氷酢酸を加えて加熱，または無水酢酸と反応させたとき，アミノ基の H 原子がアセチル基で置き換わったと捉えることができるため，**アセチル化**ともいわれます。

説明④

[4] ジアゾ化・カップリング

ジアゾ化

まず，亜硝酸ナトリウム $NaNO_2$ と塩酸 HClaq から亜硝酸 HNO_2 が生成します。

$NaNO_2 + HCl \longrightarrow HNO_2 + NaCl$　(弱酸遊離反応)　…①

次に，HNO_2 とアニリンが反応し，塩化ベンゼンジアゾニウムが生成します。

$C_6H_5NH_2 + HNO_2 + HCl \longrightarrow C_6H_5N_2Cl + 2H_2O$　…②

アニリン　→　塩化ベンゼンジアゾニウム

(HNO_2 が酸化剤，アニリンが還元剤としてはたらく酸化還元反応)

①，②の２式を合わせると次のようになり，この反応を**ジアゾ化**といいます。

$$C_6H_5NH_2 + 2HCl + NaNO_2 \xrightarrow{\text{ジアゾ化}} C_6H_5N_2Cl + NaCl + 2H_2O$$

生成物の塩化ベンゼンジアゾニウムは，５℃以上でフェノールに変化してしまうため，ジアゾ化は氷冷しながら５℃以下で行います。

カップリング

塩化ベンゼンジアゾニウムの水溶液にナトリウムフェノキシドの水溶液を加えると，*p*-フェニルアゾフェノールが生成します。

$$C_6H_5N_2Cl \xrightarrow{C_6H_5ONa} C_6H_5{-}N{=}N{-}C_6H_4{-}OH$$

塩化ベンゼンジアゾニウム　　　　*p*-フェニルアゾフェノール

生成する −N=N− を**アゾ基**，アゾ基をもつ化合物を総称して**アゾ化合物**といい，この反応を**カップリング**といいます。アゾ化合物の多くは染料として利用されており，**アゾ染料**といわれます。

また，カップリングも，ジアゾ化と同様に，反応物の塩化ベンゼンジアゾニウムがフェノールに変化しないよう，５℃以下で行います。

入試への＋α《カップリングの進行過程》

塩化ベンゼンジアゾニウムの陽イオンは，次のように2つの構造が共存しています(共鳴状態といいます)。

$C_6H_5-N^{+}\equiv N \longleftrightarrow C_6H_5-\ddot{N}=N^{+}$

(i)　　　　　(ii)

(ii)の陽イオン(非金属の陽イオン)とナトリウムフェノキシドで置換反応が起こります。置換によって生じる H^{+} により，フェノール性ヒドロキシ基が遊離します(弱酸遊離反応)。

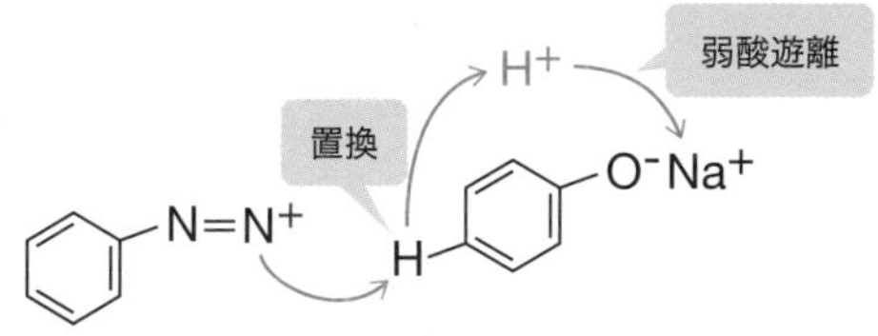

このように，生じる H^{+} が消費されて(生成物を取り除いていることになる)反応が進行しやすくなるのです(ルシャトリエの原理)。オルト位ではなくパラ位で置換が進行するのは，パラ位の方が立体障害が少ないためです。

$C_6H_5-N=N-C_6H_4-OH$

p 位だと ⌬ 同士が
180°離れる

2-ナフトールのカップリング

1-フェニルアゾ-2-ナフトール

2-ナフトール(の Na 塩)で置換が起こる場所は，１番のオルト位と３番のオルト位の２か所が考えられます(パラ位には H 原子がないため，置換は進行しません)。

どっちのオルト位で置換が起こる？

実際にカップリングが進行するのは１番のオルト位です。その理由は共役二重結合です。それぞれの場合について共役二重結合をつくってみると，３番のオルト位では，共役二重結合がうまく成立しません。

１番のオルト位が共役から外れるとき

綺麗な共役二重結合ができます。これにより，１番のオルト位が共役から外れ，１番のオルト位で置換が進行します。

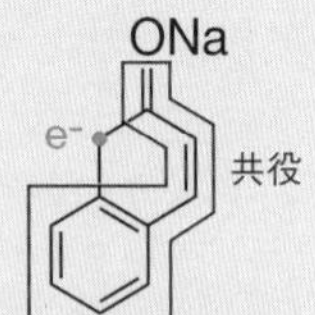

３番のオルト位が共役から外れるとき

うまく共役二重結合をつくることができません。よって，置換反応は進行しません。

Cの手が5本必要

不可能

② アニリンの製法

重要TOPIC 02

アニリンの製法

ニトロベンゼンの還元 説明①

ニトロベンゼンにスズと塩酸を加えて還元

$C_6H_5NO_2$ —(Sn + HCl / 還元)→ $C_6H_5NH_3Cl$ —(NaOH / 弱塩基遊離)→ $C_6H_5NH_2$

説明①

[1] ニトロベンゼンの還元

アニリンは，ベンゼンの置換反応を利用して簡単に合成することができません。フェノールのときと同様に，$^{+}NH_2$ イオンをつくることができないためです。

C_6H_5H —($^{+}NH_2$ つくれない / 置換)→ $C_6H_5NH_2$

よって，まずはニトロベンゼンを合成し，ベンゼン環に N 原子が直結した状態をつくり，$-NO_2$ の O 原子を H 原子に変えて $-NH_2$ にする(還元する)方法で合成します。

製法の流れ

$C_6H_5NO_2$ (ニトロベンゼン) —((i) Sn + HCl / 還元)→ $C_6H_5NH_3Cl$ (アニリン塩酸塩) —((ii) NaOHaq / 弱塩基遊離)→ $C_6H_5NH_2$ (アニリン)

(i)塩酸酸性下でスズ Sn(還元剤)を加え，ニトロベンゼンを還元

$C_6H_5NO_2$ —(Sn + HCl / 還元)→ ($C_6H_5NH_2$ —(HClaq / 中和)→) $C_6H_5NH_3Cl$

還元されたニトロベンゼンはアニリンに変化しますが，塩酸と中和反応を起こし，アニリン塩酸塩になります。

(ii)水酸化ナトリウム水溶液を加えてアニリンを遊離（弱塩基遊離反応）

$$C_6H_5NH_3Cl + NaOH \longrightarrow C_6H_5NH_2 + H_2O + NaCl$$

塩化アンモニウム NH_4Cl からアンモニア NH_3 を遊離させるときと同じです。

$$NH_4Cl + NaOH \longrightarrow NH_3 + H_2O + NaCl$$

Q & A

Q 11. ある問題に「化合物 A はニトロベンゼンにスズと塩酸を加えて合成する」と書いてあったので，化合物 A は「アニリン塩酸塩」だと思ったのに，答えはアニリンでした。アニリン塩酸塩じゃないのですか？

A 11. そうですね。正確には，そのあと水酸化ナトリウム水溶液を加えないとアニリンは遊離しません。しかし，弱塩基遊離の段階を省略して合成方法が表現されることが多いので，問題の前後から，どちらかを判断しましょう。ちなみに，フェノールの合成法のアルカリ融解も，最後の弱酸遊離は省略して，「ベンゼンスルホン酸ナトリウムのアルカリ融解で合成」としか書かれていない場合が多いです。

実践！ 演習問題 1 ▶標準レベル

分子式 C_8H_9NO の有機化合物 X を加水分解すると化合物 Y と化合物 Z が得られた。化合物 Y にさらし粉水溶液を加えたところ，赤紫色に呈色した。また，化合物 Z は銀鏡反応を示した。化合物 X として考えられる構造は何種類か。

\Point!/

N 数 ×1＋O 数 ×1 につき，$\underset{\text{O}}{\overset{}{-\underset{\|}{\text{C}}}}-\underset{\text{H}}{\underset{|}{\text{N}}}-$ ×1 と予想！

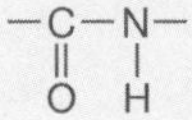

14 講 アニリン

▶ 解説

分子式 C_8H_9NO（不飽和度 $\mathrm{Du} = \dfrac{2\times(8+1)+2-(9+1)}{2} = 5$）の化合物 X がもつパーツを予想してみましょう。

N 数 1＋O 数 1 → $-\underset{\text{O}}{\underset{\|}{\text{C}}}-\underset{\text{H}}{\underset{|}{\text{N}}}-$ ×1（不飽和度 Du＝1）◀ \Point!/

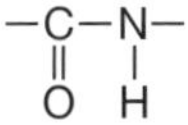

C 数 6 以上 → ⌬ ×1（不飽和度 Du＝4）

残りのパーツ → C ×1

以上より「化合物 X は ⌬ とアミド結合を 1 つずつもち，どこかに C 原子が 1 つ結合している」と予想できます。

予想と「加水分解」の記述から，化合物 X はアミドなので，加水分解生成物はカルボン酸とアミンとなります。

化合物 Y さらし粉で赤紫色に呈色 → 芳香族アミン（最低 C 数 6）

化合物 Z 化合物 Y がアミン → 化合物 Z はカルボン酸

銀鏡反応陽性 → ギ酸 HCOOH（C 数 1）

以上より，化合物 Y は C 数 7 の芳香族アミン。ベンゼン環にアミノ基とメチル基 $-CH_3$ が結合（オルト，メタ，パラの 3 種類）しているため，化合物 X は 3 種類 考えられます。

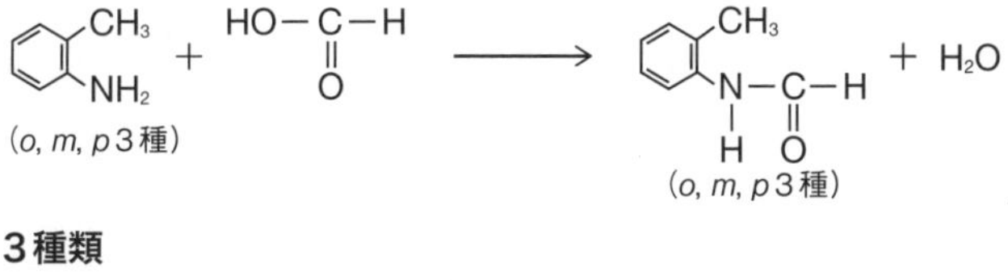

$$\text{C}_6\text{H}_4(\text{CH}_3)\text{NH}_2 + \text{HO}-\underset{\text{O}}{\underset{\|}{\text{C}}}-\text{H} \longrightarrow \text{C}_6\text{H}_4(\text{CH}_3)-\underset{\text{H}}{\underset{|}{\text{N}}}-\underset{\text{O}}{\underset{\|}{\text{C}}}-\text{H} + \text{H}_2\text{O}$$

（*o*, *m*, *p* 3 種）　　（*o*, *m*, *p* 3 種）

▶ 解答 **3 種類**

15講 芳香族化合物の分離

講義テーマ！

芳香族化合物を分離する操作を理解しましょう。

1 芳香族化合物の溶解性

芳香族化合物のほとんどは極性が小さく，水(極性溶媒)に溶解せず，エーテルなどの有機溶媒(無極性溶媒)に溶解します。

しかし，中和反応などにより塩に変化すると，イオン結合性物質になるため，水に溶解し，有機溶媒に溶解しなくなります。

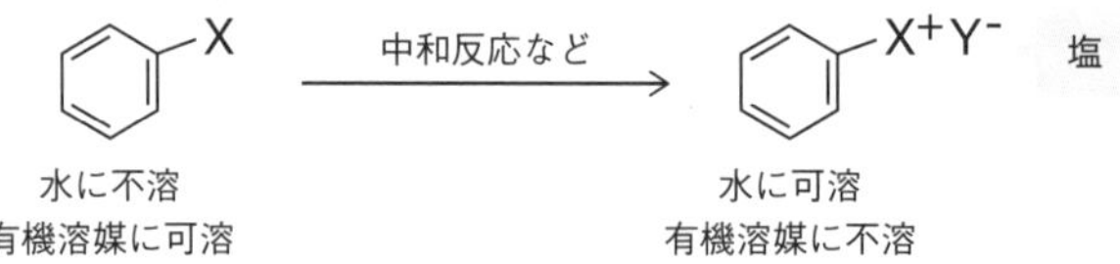

このような溶解性の違いを利用して芳香族化合物を分離していきます。

2 芳香族化合物の分離

① 抽出

重要TOPIC 01

抽出と分液ろうと 説明①

・抽出 → 溶解性の違いを利用して物質を分離する操作

・分液ろうと → 抽出に使用する器具
通常，水層が下，有機溶媒層が上になる。

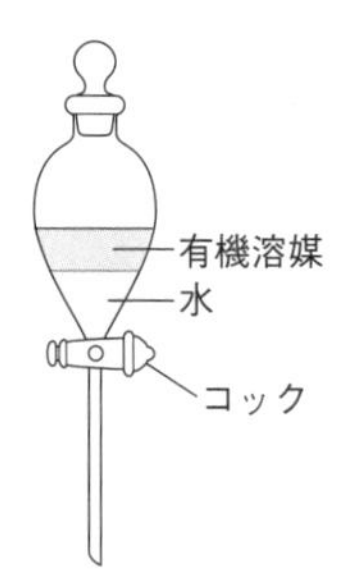

説明①

溶解性の違いを利用して分離することを**抽出**といい，使用する器具を**分液ろうと**といいます。多くの有機溶媒は水より軽いため，水層が下，有機溶媒層が上になります。

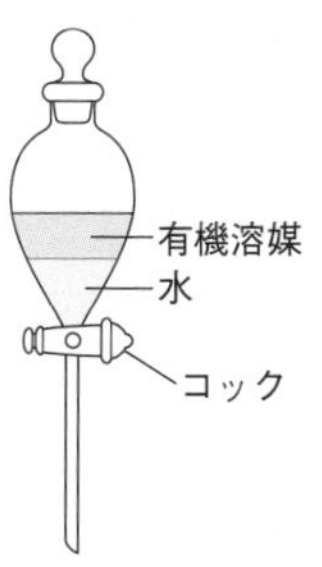

代表的な有機溶媒は**エーテル**（**ジエチルエーテル**）です。

Q & A

Q 12. 水より重い有機溶媒はないの？

A 12. ありますよ。四塩化炭素 CCl_4 が代表例です。CCl_4 を使って抽出するときには水層が上，四塩化炭素層が下になります。

2 芳香族化合物の分離

重要TOPIC 02

芳香族化合物の分離 説明①

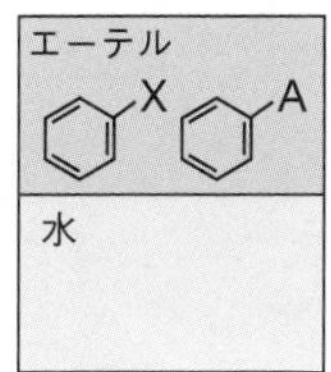

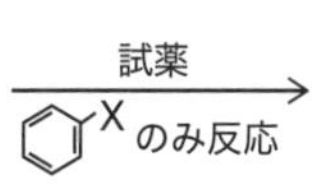

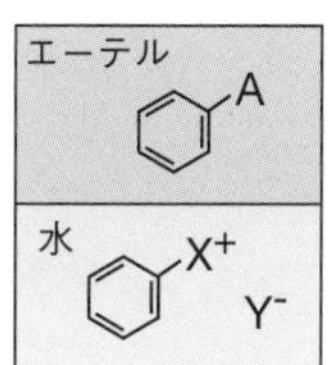

・芳香族化合物 → エーテル層（上層）

・芳香族化合物の塩 → 水層（下層）

「反応して塩になったものを水層に移す」

説明①

安息香酸とニトロベンゼンがエーテル層に混在しているとします。ここに，水酸化ナトリウム水溶液を加えて振り混ぜ，しばらく静置すると，安息香酸が中和反応によって安息香酸ナトリウム(塩)に変化し，水層へ移動します。

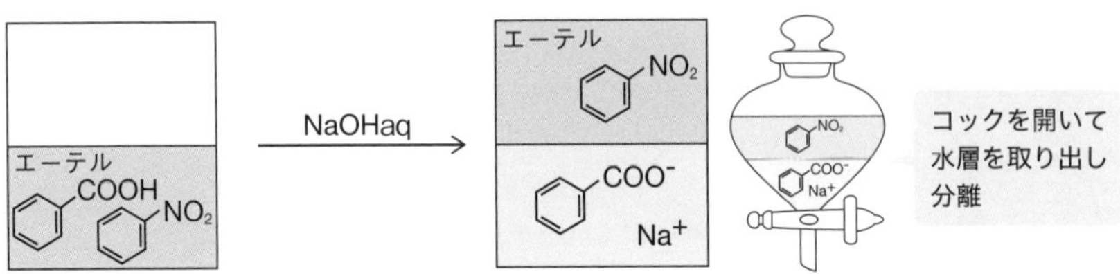

このように，特定の物質を塩に変えて水層に移し，分離していきます。「反応して塩になったものを水層に移す」と頭に入れておきましょう。

また，芳香族化合物の塩をもとの化合物に戻すときは，弱酸遊離反応や弱塩基遊離反応を利用します。

例　安息香酸ナトリウムを安息香酸に戻す → 塩酸を加える

$$C_6H_5COONa \xrightarrow[\text{弱酸遊離}]{HClaq} C_6H_5COOH$$

このように，中和反応や弱酸遊離反応，弱塩基遊離反応を利用して，芳香族化合物をエーテル層から水層に移動させたり，水層からエーテル層に移動させたりして，芳香族化合物を分離していきます。

実践！ **演習問題 1** ▶標準レベル

フェノール，アニリン，安息香酸，トルエンのエーテル溶液に次のような操作を行った。化合物 A ～ D として適切なものを化合物名で答えなさい。

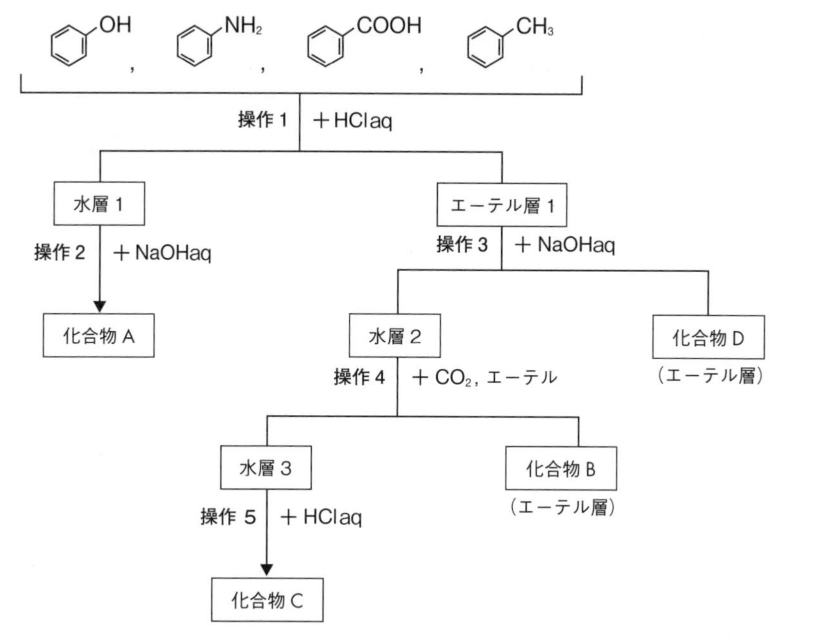

\Point!/

加えた試薬と反応する物質を判断し，反応した物質を水層に移す‼

▶ 解説

操作 1 塩酸を加える

塩酸は酸性なので，塩基性のアニリンが中和反応によりアニリン塩酸塩として水層へ移動。

操作 2 水酸化ナトリウム水溶液を加える

弱塩基遊離反応でアニリンが遊離。

よって，化合物 A はアニリン。

操作 3　水酸化ナトリウム水溶液を加える

水酸化ナトリウムは塩基性なので，酸性のフェノールと安息香酸が中和反応でナトリウム塩となり水層へ移動。

この時点でエーテル層に残っている化合物 D はトルエン。

操作 4　二酸化炭素とエーテルを加える

弱塩基遊離反応でフェノールが遊離し，エーテル層に移動。

よって，化合物 B はフェノール。

操作 5　塩酸を加える

弱酸遊離反応でカルボン酸が遊離。

よって，化合物 C は安息香酸。

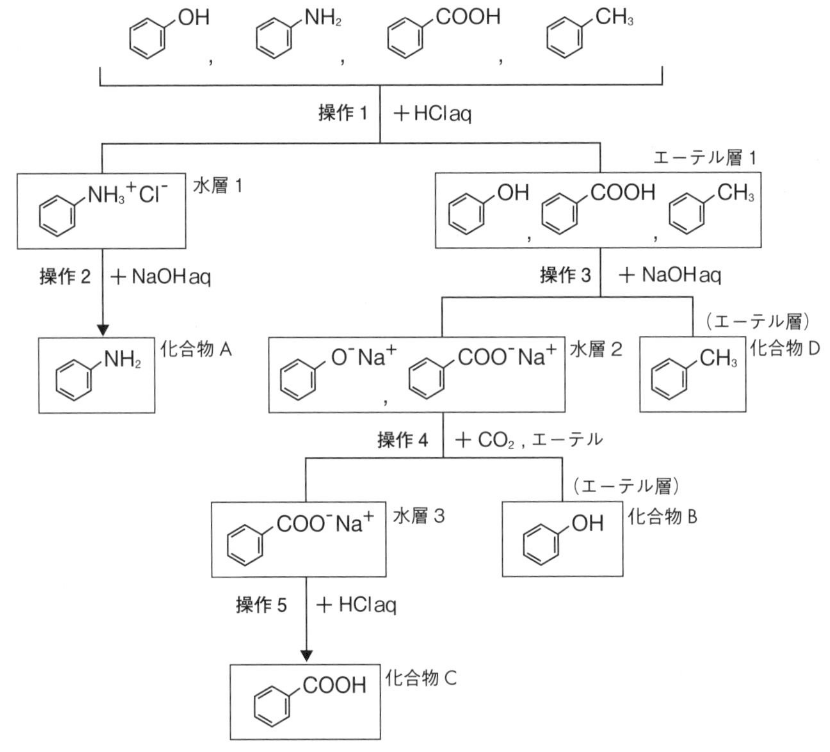

▶ 解答　化合物 A…**アニリン**　　化合物 B…**フェノール**

化合物 C…**安息香酸**　　化合物 D…**トルエン**

入試問題にチャレンジ

01 次の文章を読み，問１～問７に答えよ。ただし，原子量は H = 1.0, C = 12, O = 16とする。

分子式が $C_8H_{10}O$ で表される芳香族化合物にはいろいろな構造異性体が存在する。この化合物の酸素原子に着目すると，中性のヒドロキシ基をもつ［あ］類，弱酸性のヒドロキシ基をもつ［い］類および中性のC−O−C結合をもつ［う］類がある。一方，ベンゼン環の置換基に着目すると，［あ］類の中で一置換体は［え］種類あり，化合物Ａはそのうちのひとつである。また，［あ］類の中で二置換体は［お］種類あり，化合物Ｂはそのうちのひとつである。化合物Ｃは［い］類のうちのオルト二置換体である。これら化合物Ａ，Ｂ，Ｃの構造を決定するために，次のような実験を行った。

実験１：(a)<u>Ａに水酸化ナトリウム水溶液とヨウ素を加えて温めると黄色の沈殿が生じた</u>。Ａには不斉炭素原子が存在した。

実験２：Ａに少量の濃硫酸を加えて高温で加熱すると芳香族炭化水素Ｄが生成した。Ｄに臭素を加えると，臭素の赤褐色が消えた。Ｄは(b)<u>合成樹脂Ｅ</u>の原料として用いられる。

実験３：Ｂを硫酸酸性の過マンガン酸カリウム水溶液を加えて加熱すると，化合物Ｆが生成した。Ｆはポリエチレンテレフタラート(PET)の合成原料として用いられる。

実験４：Ｃの側鎖の炭化水素基を選択的に酸化することでサリチル酸を得た。サリチル酸に無水酢酸 $(CH_3CO)_2O$ を作用させると，医薬品の(c)<u>解熱鎮痛剤</u>Ｇが得られた。

問１　文章中の［あ］～［う］にあてはまる最も適当な語句を次の選択肢の中から選べ。

①　アルコール　②　アルデヒド　③　カルボン酸　④　エーテル
⑤　エステル　⑥　アミン　⑦　フェノール　⑧　アミド

問２　文章中の［え］および［お］にあてはまる最も適当な数値を次の選択肢の中から選べ。

①　1　②　2　③　3　④　4　⑤　5
⑥　6　⑦　7　⑧　8　⑨　9　⑩　10

問3　文章中の[あ]と[い]について述べた次の記述のうち，どちらにもあてはまるものを次の選択肢の中から2つ選び，その番号を答えよ。

① 塩化鉄(Ⅲ)水溶液を加えると呈色する。
② 炭酸水素ナトリウム水溶液を加えると発泡しながら溶ける。
③ 水酸化ナトリウム水溶液を加えると塩をつくって溶ける。
④ ナトリウムを加えると水素を発生する。
⑤ 臭素水を加えると白色の沈殿を生じる。
⑥ 濃硝酸と濃硫酸の混合物を作用させると硝酸エステルになる。
⑦ 濃硫酸を触媒として加えると，室温で速やかに分子間の脱水反応が起こる。
⑧ 濃硫酸を触媒として無水酢酸を作用させるとエステルを生じる。

問4　文章中の下線部(a)にあてはまる最も適当な反応名を下の選択肢の中から選べ。

① 付加反応　② けん化反応　③ 中和反応
④ 置換反応　⑤ 銀鏡反応　⑥ ヨードホルム反応
⑦ フェーリング液の還元反応

問5　文章中の下線部(b)合成樹脂と(c)解熱鎮痛剤について，化合物EおよびGの名称を，それぞれ記せ。

問6　実験4で，サリチル酸5.52gに十分な量の無水酢酸を作用させるとき，得られるGの質量(g)を求め，その値を有効数字2桁で記せ。ただし，反応は完全に進行したものとする。

問7　化合物A，B，Cの構造を，解答例にならって記せ。解答例に示してあるように不斉炭素原子に＊印を付けること。

解答例

$CH_3-O-C_6H_4-C(=O)-C^{*}H(CH_3)-CH_2-OH$

［立命館大］

4-01

まずは分子式と不飽和度Duから考えられるパーツを確認しておきましょう。

分子式 $C_8H_{10}O$（Du＝4）より，この化合物は以下のパーツをもつと予想できます。

ベンゼン環（Du＝4）＋ C＋C＋O（Du＝0）

問１　O原子に注目すると，－OHがベンゼン環に直結していないときは$_{あ}$アルコール類，－OHがベンゼン環に直結しているときは$_{い}$フェノール類，－O－となっているときは$_{う}$エーテル類となります。

問２・問７（一部）　与えられた情報から，化合物A，B，Cは次のような化合物になります。

化合物A

アルコール類一置換体
→ $_{え}$2種

（ベンゼン環－C－C，↑は－OHの位置）

化合物B

アルコール類二置換体
→ $_{お}$3種

（ベンゼン環に C－OH と C，(*o*, *m*, *p*)）

化合物C

フェノール類オルト二置換体→ 1種（決定）

問7C（ベンゼン環に OH と C－C，オルト位）

問３　アルコール類とフェノール類に共通するのは，－OHをもっていることです。

これにより，アルコール類もフェノール類も次のような反応が進行します。

・Naと反応して H_2 が発生 →④

・カルボン酸や酸無水物とエステルを合成する（フェノールは酸無水物のみ）→⑧

問４・問５・問７

それぞれの実験を確認し，化合物を決定していきましょう。

実験１

・下線部(a)の反応は$_{問4}$ヨードホルム反応である。

・Aはヨードホルム反応陽性。不斉炭素原子あり。

この情報から，アルコール類Aは右の構造に決定します。

問7A（ベンゼン環－C*(OH)－C）

実験２

A →（熱，H_2SO_4）→ D（Br_2 の色消える）→（重合）→ 合成樹脂E

これより，芳香族炭化水素Dはスチレンと決まります。

ベンゼン環－C(OH)－C →（熱，H_2SO_4）→ ベンゼン環－C＝C（スチレン）

→（重合）→ ［C－C(ベンゼン環)］$_n$（ポリスチレン）

また，スチレンからできる合成樹脂Eは$_{問5E}$ポリスチレンです。

実験３

B →（$KMnO_4$）→ F（PET原料）

Bの酸化生成物がPETの原料，すなわち，テレフタル酸であったことから，Bはアルコール類のパラ位の二置換体とわかります。

問7B（C－OH と C のパラ二置換ベンゼン）→（$KMnO_4$）→ COOH と COOH のパラ二置換ベンゼン F（テレフタル酸）

実験4

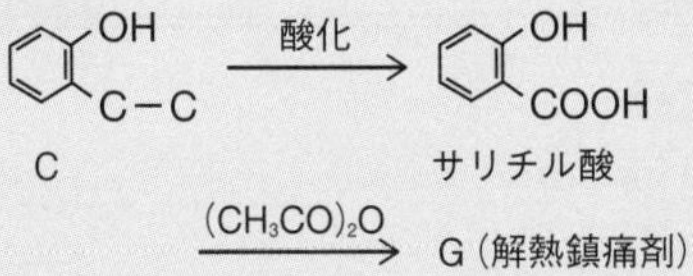

C（o-エチルフェノール）$\xrightarrow{\text{酸化}}$ サリチル酸 $\xrightarrow{(CH_3CO)_2O}$ G（解熱鎮痛剤）

Cのアルキル基を酸化すると，サリチル酸が得られ，サリチル酸をアセチル化すると解熱鎮痛剤Gになったことから，Gは問5Gアセチルサリチル酸と決定できます。

問6　サリチル酸（分子量138）とG，すなわちアセチルサリチル酸（分子量180）の物質量は等しいため，Gがx〔g〕生じるとすると，次のように表すことができます。

$$\frac{5.52}{138}=\frac{x}{180}\qquad x=7.2\text{ g}$$

▶ **解答**　問1　あ…①　い…⑦　う…④

問2　え…②　お…③

問3　④，⑧

問4　⑥

問5　E…**ポリスチレン**　G…**アセチルサリチル酸**

問6　**7.2 g**

問7　化合物A　$C_6H_5-C^*H(OH)-CH_3$　化合物B　$CH_3-C_6H_4-CH_2-OH$（p-位）　化合物C　$C_6H_4(OH)-CH_2-CH_3$（o-位）

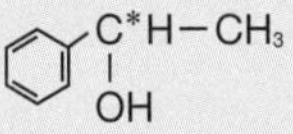

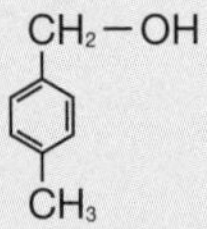

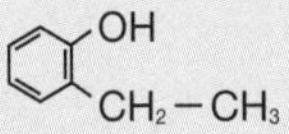

この問題の「だいじ」

・不飽和度Duから有機化合物のもつパーツが予想できる。

・フェノールとアルコールの違いを説明できる。

02 安息香酸，*p*-クレゾール，トルエン，アニリン，サリチル酸の5種類の芳香族化合物の混合物を溶かしたジエチルエーテル溶液がある。これらの化合物を分離するために，下図に示す実験操作を行った。

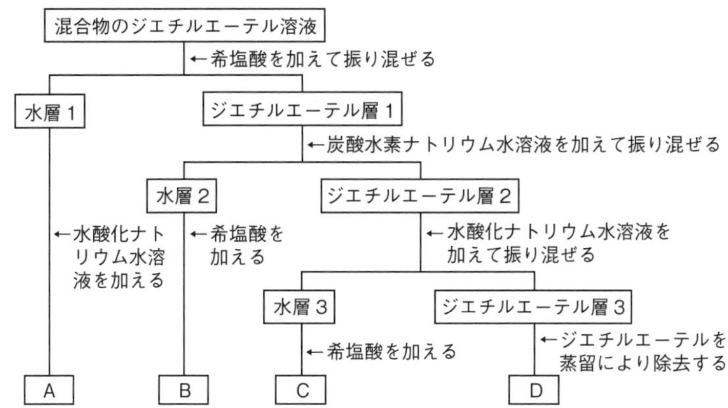

次の問1～問6に答えよ。

問1　図の空欄A，B，C，Dで，それぞれ得られる芳香族化合物の構造式を書け。なお，複数の化合物がそこに含まれる場合には，それらをすべて書け。

問2　水層1に含まれる芳香族化合物に，水酸化ナトリウム水溶液を反応させたときの化学反応式を書け。

問3　ジエチルエーテル層1に含まれる芳香族化合物の中には，炭酸水素ナトリウム水溶液と反応して水層2に溶解するものがある。その化合物と炭酸水素ナトリウムとの化学反応式を書け。

問4　ジエチルエーテル層2に含まれる芳香族化合物の中には，水酸化ナトリウム水溶液と反応して水層3に溶解するものがある。その化合物が，水層3に溶解しているときの構造式を書け。また，この化合物が炭酸水素ナトリウム水溶液と反応せずに，ジエチルエーテル層2に残る理由を書け。

問5　5種類の芳香族化合物中で，以下の化学反応が進行する化合物名をすべて書け。また，該当する化合物がない場合は「×」印を書け。

(a)　塩化鉄(Ⅲ)水溶液を加えると，青紫～赤紫色を呈する。

(b)　アンモニア性硝酸銀溶液を加えて加熱すると，銀を析出する。

(c)　さらし粉の水溶液を加えると，赤紫色を呈する。

問６　サリチル酸は医薬品合成の原料となる。サリチル酸から以下の化合物を得るための化学反応式を書け。

①　サリチル酸メチル（消炎鎮痛剤）

②　アセチルサリチル酸（解熱鎮痛剤）　［岩手大］

▶ 解説　▶▶▶ 動画もCHECK

4-02

問１～問３

操作 希塩酸を加えて振りまぜる

→ 塩基性のアニリンが中和反応でアニリン塩酸塩となって水層１へ移動。

$C_6H_5NH_2 + HCl \longrightarrow C_6H_5NH_3^+Cl^-$

操作 水層１に水酸化ナトリウム水溶液を加える

→ 弱塩基遊離反応により，

アニリン $C_6H_5NH_2$ が生成。

$C_6H_5NH_3Cl + NaOH \longrightarrow C_6H_5NH_2 + H_2O + NaCl$

操作 ジエチルエーテル層１に炭酸水素ナトリウム水溶液を加えて振りまぜる

→ 炭酸より強いカルボン酸が反応するため，安息香酸とサリチル酸が安息香酸ナトリウムとサリチル酸ナトリウムになって水層２へ移動。

$C_6H_5COOH + NaHCO_3 \longrightarrow C_6H_5COONa + H_2O + CO_2$

$C_6H_4(OH)COOH + NaHCO_3 \longrightarrow C_6H_4(OH)COONa + H_2O + CO_2$

操作 水層２に希塩酸を加える

→ 弱酸遊離反応により，

安息香酸 C_6H_5COOH と

サリチル酸 $C_6H_4(OH)COOH$ が生成。

$C_6H_5COONa + HCl \longrightarrow C_6H_5COOH + NaCl$

$C_6H_4(OH)COONa + HCl \longrightarrow C_6H_4(OH)COOH + NaCl$

操作 ジエチルエーテル層２に水酸化ナトリウム水溶液を加えて振りまぜる

→ 酸性の *p*-クレゾールが，中和反応によりナトリウム塩となって水層３へ移動。

$H_3C{-}C_6H_4{-}OH + NaOH \longrightarrow H_3C{-}C_6H_4{-}ONa + H_2O$

操作 水層３へ希塩酸を加える

→ 弱酸遊離反応により，

p-クレゾール （構造式：OH，H_3C） が生成。

（構造式：ONa，H_3C） ＋ HCl

⟶ （構造式：OH，H_3C） ＋ NaCl

操作 ジエチルエーテル層３のジエチルエーテルを蒸留により除去

→ ジエチルエーテルに溶解していたトルエン （構造式：CH_3） が得られる。

実験操作と反応をまとめると，次の図のようになります。

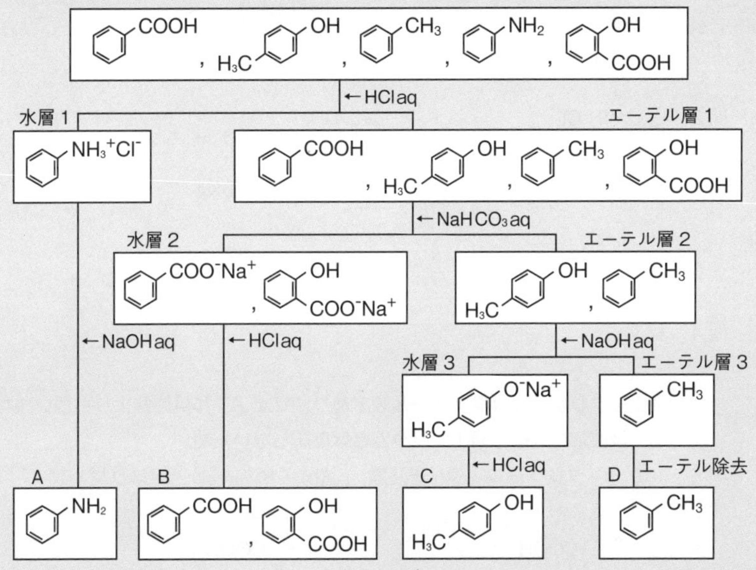

問４　水層３に含まれているのは*p*-クレゾールのナトリウム塩であり，水中では電離しているので，構造式は次のようになります。

（構造式：O^-，H_3C）

また，*p*-クレゾールが炭酸水素ナトリウムと反応しない理由は，*p*-クレゾールはフェノール類であり，フェノールは炭酸より弱い酸であるためです。

問５(a)　塩化鉄(Ⅲ)水溶液で呈色するのは，フェノール性ヒドロキシ基をもつ化合物です。

→ *p*-クレゾール，サリチル酸

(b)　アンモニア性硝酸銀水溶液を加えて加熱すると銀が析出するのは，ホルミル基をもつ化合物です。→ ×

(c)　さらし粉水溶液で呈色するのは，芳香族アミンです。→ アニリン

問６①　サリチル酸とメタノールでエス

テル化を行うと，消炎鎮痛剤のサリチル酸メチルが生成します。

$$C_6H_4(OH)COOH + CH_3OH \longrightarrow C_6H_4(OH)COOCH_3 + H_2O$$

② サリチル酸と無水酢酸でアセチル化を行うと，解熱鎮痛剤のアセチルサリチル酸が生成します。

$$C_6H_4(OH)COOH + (CH_3CO)_2O \longrightarrow C_6H_4(OCOCH_3)COOH + CH_3COOH$$

▶ **解答** 問1 A $C_6H_5NH_2$ B C_6H_5COOH, $C_6H_4(OH)COOH$ C $H_3C\text{-}C_6H_4\text{-}OH$ (p-クレゾール)

D $C_6H_5CH_3$

問2 $C_6H_5NH_3Cl + NaOH \longrightarrow C_6H_5NH_2 + H_2O + NaCl$

問3 $C_6H_5COOH + NaHCO_3 \longrightarrow C_6H_5COONa + H_2O + CO_2$

$C_6H_4(OH)COOH + NaHCO_3 \longrightarrow C_6H_4(OH)COONa + H_2O + CO_2$

問4 構造式 $H_3C\text{-}C_6H_4\text{-}O^-$

理由…**クレゾールはフェノール類であり，フェノールは炭酸よりも弱い酸なので，炭酸塩の炭酸水素ナトリウムとは反応しないため。**

問5 (a) ***p*-クレゾール，サリチル酸** (b) **×** (c) **アニリン**

問6 ① $C_6H_4(OH)COOH + CH_3OH \longrightarrow C_6H_4(OH)COOCH_3 + H_2O$

② $C_6H_4(OH)COOH + (CH_3CO)_2O \longrightarrow C_6H_4(OCOCH_3)COOH + CH_3COOH$

この問題の「だいじ」

・芳香族の分離は，基本的に酸と塩基の知識で解き，「塩」のみ水層に移す。

・酸の強弱を頭に入れておく。

第5章

天然有機化合物

16講 単糖類

講義テーマ！

単糖類は，手を動かして構造を書くことが大切です。グルコースとフルクトースをしっかりと学ぶことで，どんな単糖類も対応できるようになります。

1 高分子化合物

一般的に，分子量が10000を超える大きな分子を**高分子化合物**といいます。その中で，自然界に存在するものを**天然高分子化合物**，人間がつくり出したものを**合成高分子化合物**といいます。

高分子化合物は，小さな塊が繰り返し結合してできています。

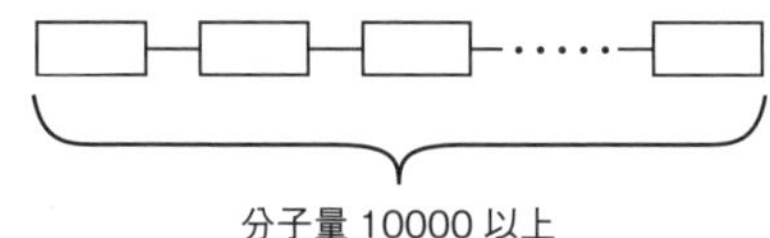
分子量 10000 以上

高分子化合物を学ぶときのポイントは，高分子化合物を構成している小さな塊の理解に時間を割くことです。特に，天然高分子化合物は，小さな塊を理解すると同時に，手を動かして書く練習をしましょう。次に，どんな結合で結びついているのかを確認してみましょう。

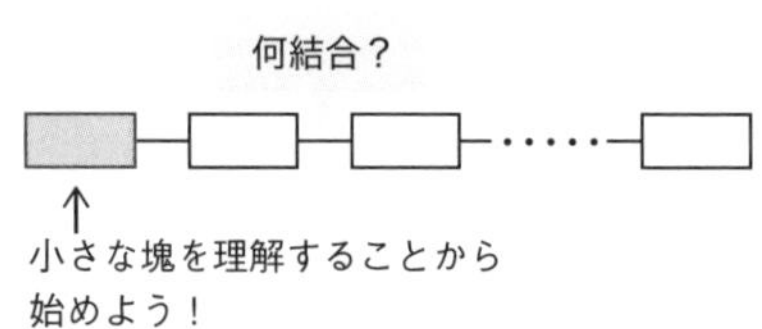
何結合？
小さな塊を理解することから
始めよう！

2 糖類

一般式が $C_mH_{2n}O_n$ の天然高分子化合物を**糖類**といいます。一般式を変形すると $C_m(H_2O)_n$ となり，炭素 C と水 H_2O からなる化合物のように表すことができるため，炭水化物ともよばれます。

糖類は最小の単位である単糖類から，それらが**グリコシド結合**(−O−)で多数結合した多糖類まであります。

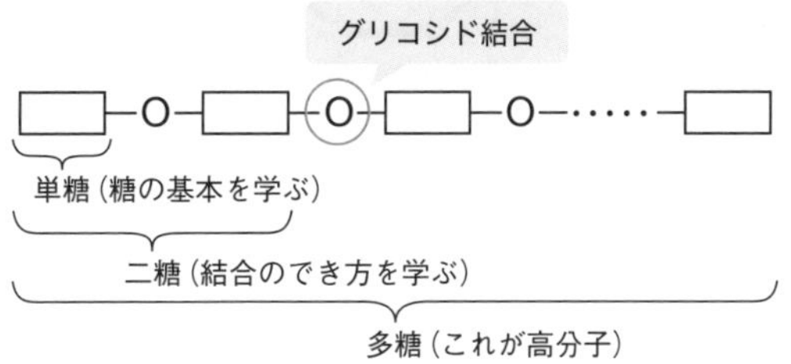

高分子化合物(分子量が10000以上)は多糖類ですが，まずは単糖類で糖の基本を，二糖類で単糖同士の結合をしっかりと学びましょう。この2つは，とにかく「手を動かして構造を書く」ことがポイントです。

3 単糖類

糖類の最小単位である**単糖**は一般式が $C_nH_{2n}O_n$ で表されます。

核酸(→第22講)というテーマでは炭素数5の単糖が登場しますが，それ以外は炭素数6の単糖類を扱うことになります。分子式が $C_6H_{12}O_6$ で，分子量が180です。分子式と分子量は頭に入れておきましょう。

糖の基本は，グルコースとフルクトースという2つの単糖を学ぶことでクリアできます。2つの単糖と徹底的に向き合いましょう。

4 グルコース（ブドウ糖）

① グルコースの構造

重要TOPIC 01

グルコースの構造 説明①

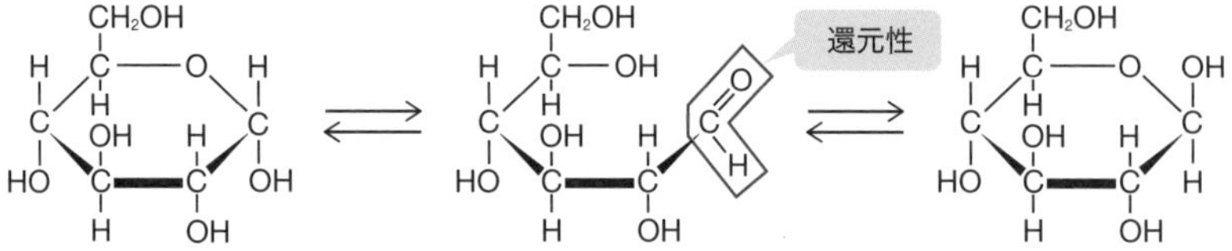

α型　鎖状　β型

還元性

ヘミアセタール構造の開環 説明②

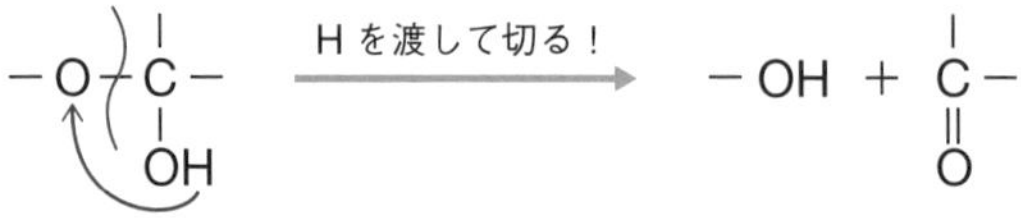

H を渡して切る！

ヘミアセタール構造

説明①

グルコースは**ブドウ糖**ともよばれ，生体内でエネルギー源になる糖です。グルコースは右のような環状構造からできています。

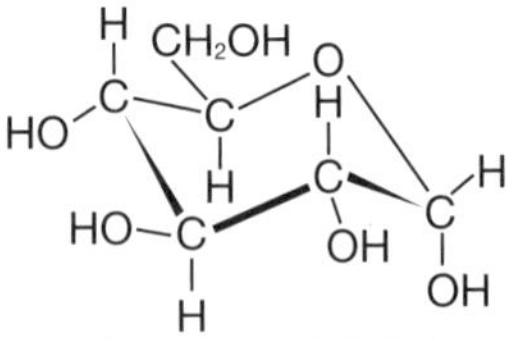

グルコースの立体構造

この構造で考えると扱いにくいため，通常は次のように表記していきます。

問題文中に与えられるとき　　自分で書いて考えるとき

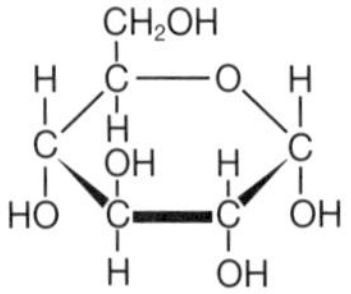

環はすべて同じ太さで，
環のCとC−HのHは省略

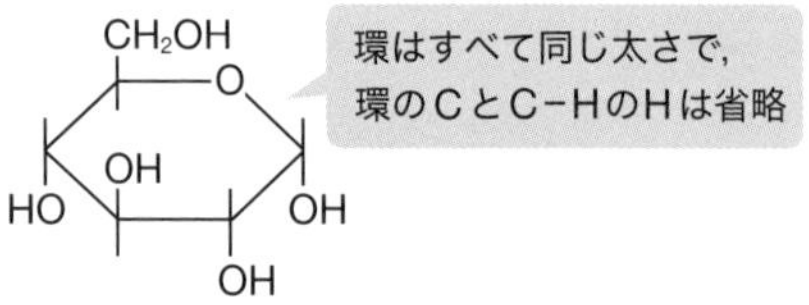

通常，問題文中に与えられるときは，すべての原子を表記し，環の手前を太く奥を細く書いています。しかし，もっとシンプルにするため，自分で書いて考えるときは，環を構成している炭素C原子と，環に直結している水素H原子を省略した表記を書けるようにしておくと便利です。

[1] α型とβ型

糖の一番右のC原子に結合している−OHが下にあるときをα(アルファ)型，上にあるときをβ(ベータ)型といいます。これはすべての糖に共通しています。

下　上

α-グルコース　β-グルコース

α-グルコースの構造は何も見ないで書くことができるように，手を動かして書いておきましょう。

説明②

[2] ヘミアセタール構造

次の図の□で囲んだ部分を**ヘミアセタール構造**といいます。

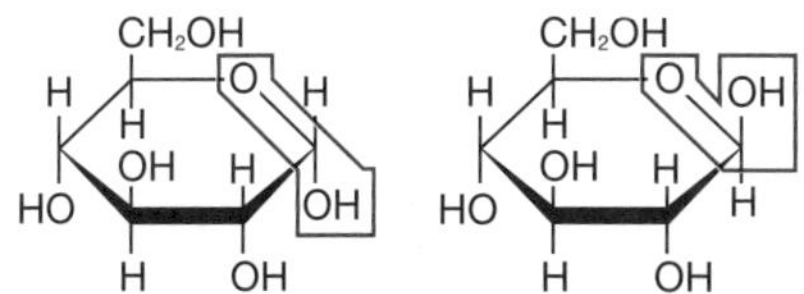

これにより，グルコースはα型，β型ともに，水中で開環して同じ鎖状構造になります。

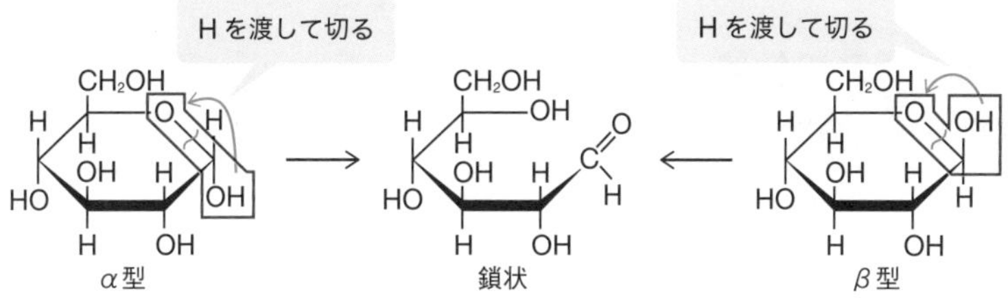

α型　鎖状　β型

また，ヘミアセタール構造が壊れる反応の逆向きは「C=O付加(→ p.131)」です。このとき，鎖状構造はα型，β型に変化します。

C=O付加

C=O付加　C=O付加

以上より，グルコースは水中で，α型，鎖状構造，β型の3つが平衡状態で存在します。

α型　　鎖状　　β型

ヘミアセタール構造に注目して「環状↔鎖状」が自由自在に書けるようになれば，グルコースの構造はα型だけ知っておくと，鎖状とβ型はその場でつくることができます。また，ヘミアセタール構造の変化はすべての糖に共通なので，知らない糖でも環状構造を与えられれば鎖状構造につくり変えることができます。

[3] 炭素原子の番号

単糖を構成しているC原子に1位～6位の番号をつけます。鎖状構造になったときにC=Oがある方の末端のC原子から1位，2位，…と番号をつけます。

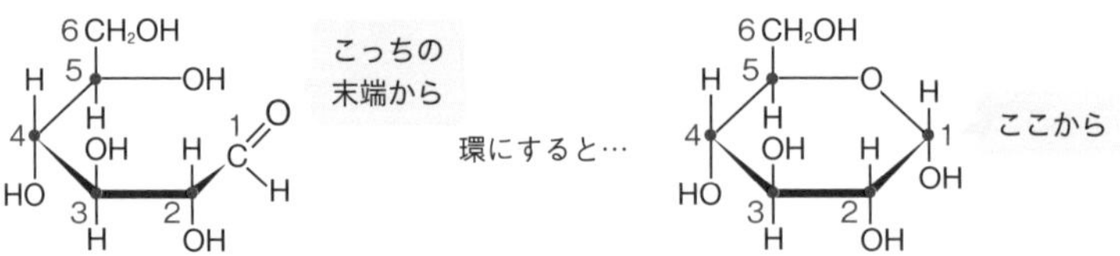

C原子の番号のつけかたも，すべての糖に共通です。

② グルコースの性質と反応

[1] グルコースの還元性

鎖状グルコースにはホルミル基が存在するため，グルコースは還元性を示します。

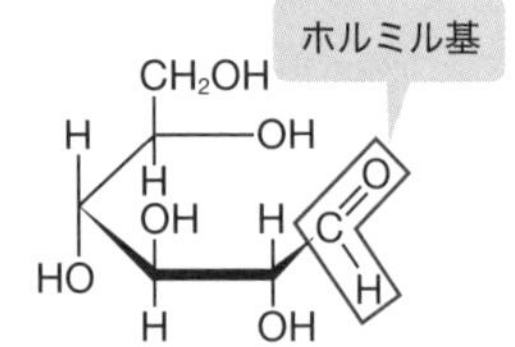

[2] アルコール発酵

グルコースの水溶液に酵素群チマーゼを加えると，エタノールと二酸化炭素に変化します。

$$C_6H_{12}O_6 \longrightarrow 2C_2H_5OH + 2CO_2$$

これを**アルコール発酵**といいます。計算問題での出題が多いため，化学反応式は書けるようになっておきましょう。

実践！ **演習問題 1** ▶標準レベル

問 1　グルコースの水中での平衡（α型，β型，鎖状構造）を，右の例にならって書きなさい。

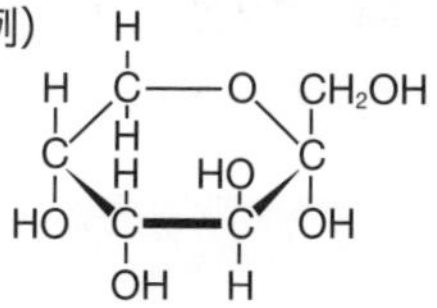

問 2　グルコース 360 g に酵素を加えてアルコール発酵を行ったとき，生じるエタノールは何 g か。ただしグルコースはすべて反応したものとする。

（例）

\Point!!/

α型だけ書けるように練習して，鎖状構造とβ型はその場でつくる!!

▶ 解説

問 1　α-グルコースの構造式は右図。その他，ヘミアセタール構造が開環した鎖状グルコースと，1 位の −OH が上にある β-グルコースがあります。

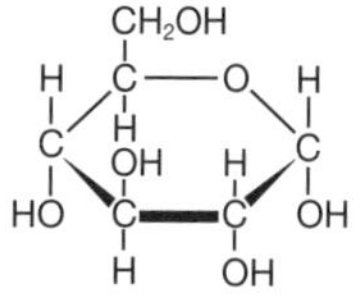

問 2　アルコール発酵の反応式は次のようになります。

$$C_6H_{12}O_6 \longrightarrow 2C_2H_5OH + 2CO_2$$

これより，グルコース（分子量180）の物質量の 2 倍のエタノール（分子量46）が生成することがわかります。

よって，生成するエタノールを x〔g〕とすると，

$$\frac{360}{180} \times 2 = \frac{x}{46} \qquad x = \underline{184\ \mathrm{g}}$$

▶ 解答　問 1　下図。

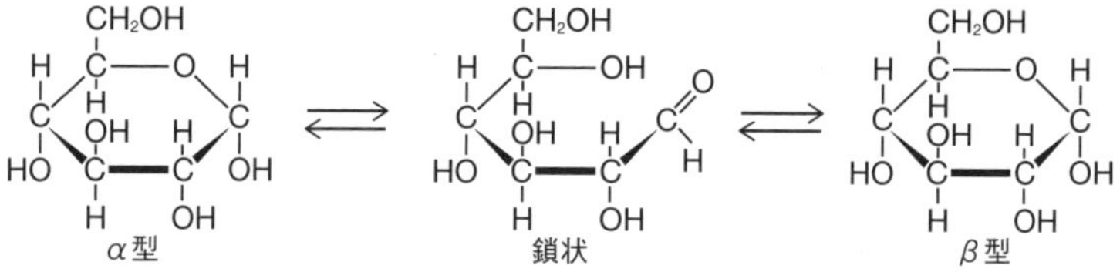

α型　　鎖状　　β型

問 2　**184 g**

5 フルクトース(果糖)

1 フルクトースの構造

重要TOPIC 02

フルクトースの構造 説明①

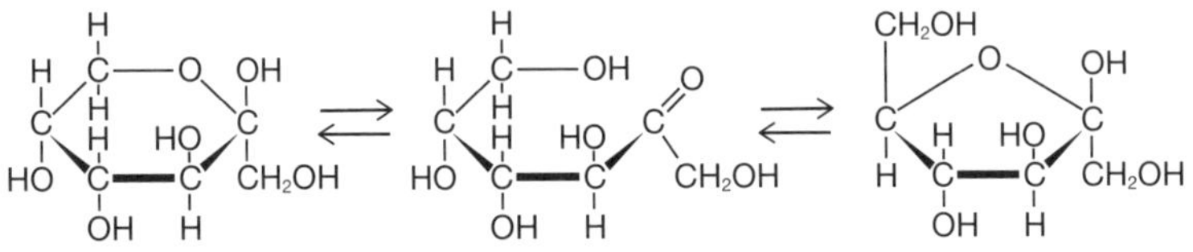

説明①

フルクトースは**果糖**ともよばれる甘みの強い糖です。

[1] 六員環(ピラノース)

六員環の糖を**ピラノース**といいます。グルコースでα型を覚えたように，フルクトースも右の1つを何も見ないで書けるようになりましょう。

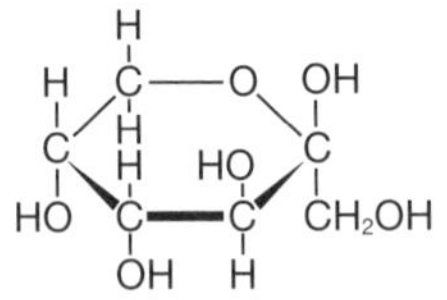

β-フルクトピラノース

このフルクトースはβ型のピラノースなので，β-フルクトピラノースといいます。α-フルクトピラノースも存在しますが，β型の方が存在率が高いため，β型を表記してある場合が多いです。

[2] 鎖状構造

ヘミアセタール構造の壊し方は，グルコースと同じです。手を動かして，鎖状構造のフルクトースをつくってみましょう。

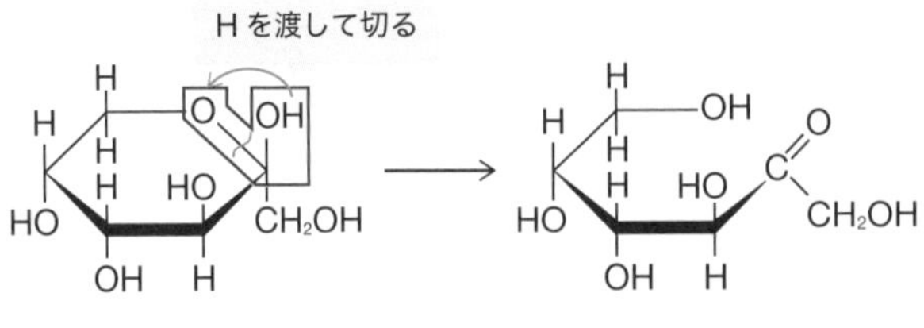

Hを渡して切る

鎖状構造にしたとき，C=O をもつ方の末端から C 原子に番号をつけるため，次のようになります。

[3] 五員環（フラノース）

五員環の糖を**フラノース**といいます。鎖状構造からフラノースをつくってみましょう。鎖状フルクトースの 5 位の C 原子に注目すると，4 本の手の先に「−H」「−OH」「$-{}^{6}CH_2OH$」「$-{}^{4}CHOH-{}^{3}CHOH-{}^{2}CO-{}^{1}CH_2OH$」が結合しています。

単結合は自由に回転できるため，5 位の C 原子を中心に回転し，$-{}^{2}C=O$ に対して −OH を近づけます。

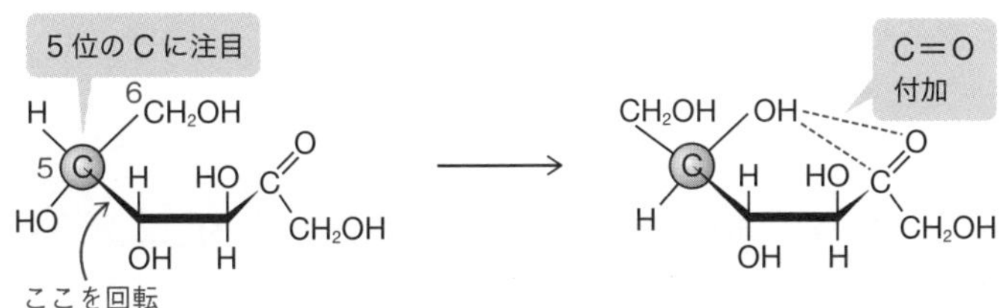

この状態で C=O 付加（→ p.131）を行うと，フラノースのでき上がりです。

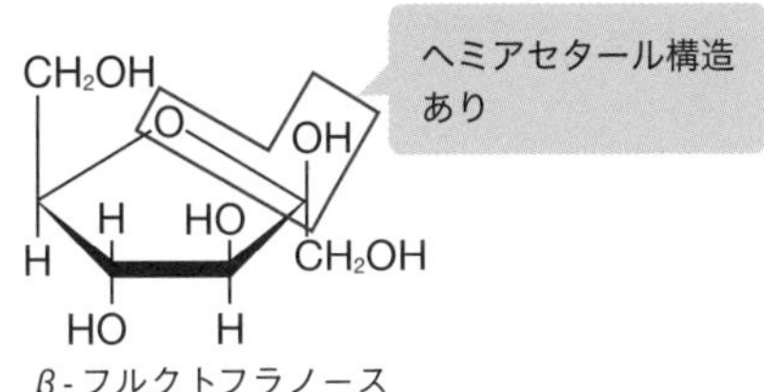

β-フルクトフラノース

ピラノース同様，α型，β型が存在します。

［4］フルクトースの構造のまとめ

フルクトースは水中で，（α，β）ピラノース，（α，β）フラノース，鎖状構造の5つが平衡状態で存在しています。

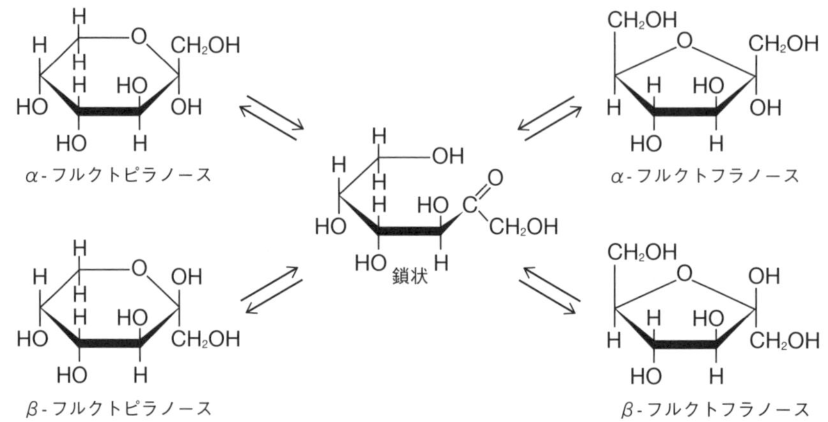

❷ フルクトースの性質

［1］フルクトースの還元性

フルクトースは還元性をもちます。右のフルクトースの構造の□で囲んだ部分が水中で還元性を示すためです。

この部分は，次のように，水中でホルミル基をもつ構造と平衡状態になっています。

ホルミル基

よって，ヘミアセタール構造をもつ糖は水中で開環し，還元性を示す官能基を生じるため，還元性を示します。

「還元性をもつかどうか」は「ヘミアセタール構造があるかどうか」で判断しましょう。

実践！ 演習問題 2

▶標準レベル

フルクトースは水中で5つの構造の平衡状態となっている。この5つの構造を例にならってすべて書きなさい。また，フルクトースが還元性を示す理由を簡潔に答えなさい。

（例）

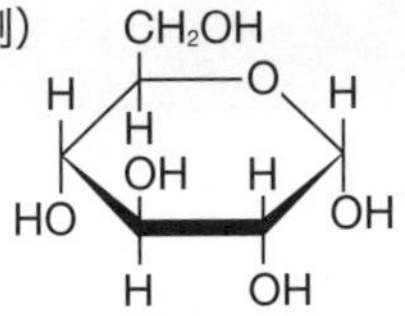

\Point!/

β-フルクトピラノースを書けるように練習し，それ以外はその場でつくる！

▶ 解説

β-フルクトピラノースは右図。その他，ヘミアセタール構造を開環した鎖状フルクトース，そして5位の －OH と C=O の付加でできるβ-フルクトフラノース，そしてそれぞれのα型で，合計5つの構造の平衡となります（→p.226）。

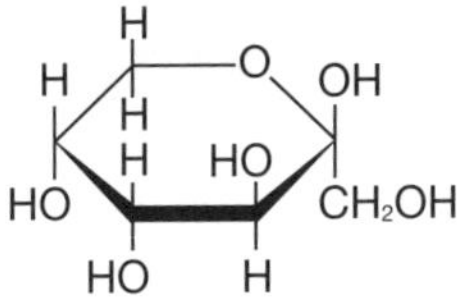

また，フルクトースは，次のように鎖状構造の一部が，水中でホルミル基をもつ構造と平衡状態になっているため，還元性を示します。

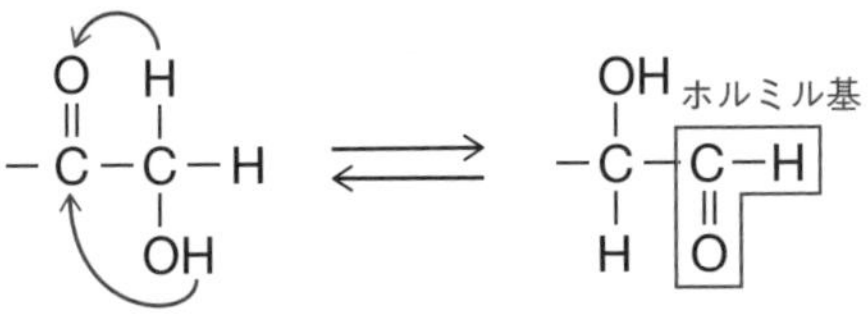

ホルミル基

▶ 解答 構造は下図。

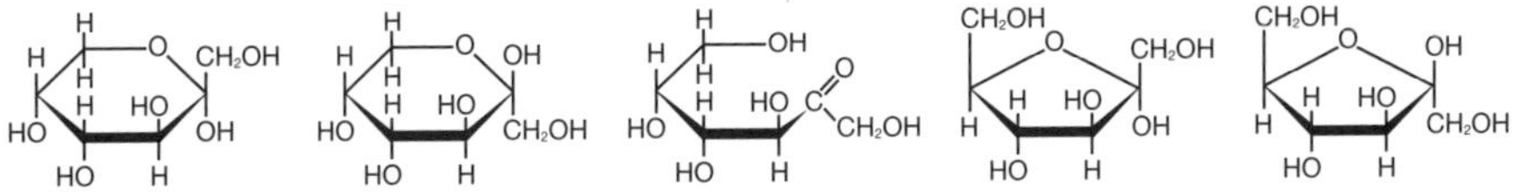

理由…鎖状構造のフルクトースが，水中でホルミル基をもつ構造と平衡状態になっているため。

17講 二糖類

講義テーマ！

二糖類ではグリコシド結合のでき方を学びます。代表的な二糖類は手を動かしてつくってみましょう。

1 二糖類

① 二糖類

重要TOPIC 01

二糖類 説明①

分子式　$C_6H_{12}O_6 \times 2 - H_2O = C_{12}H_{22}O_{11}$

分子量　$180 \times 2 - 18 = 342$

説明①

2つの単糖が脱水縮合してできる糖が**二糖**です。分子式は単糖類 $C_6H_{12}O_6$（分子量180）の2倍から H_2O（分子量18）を除いたものなので，$C_{12}H_{22}O_{11}$（分子量342）となります。

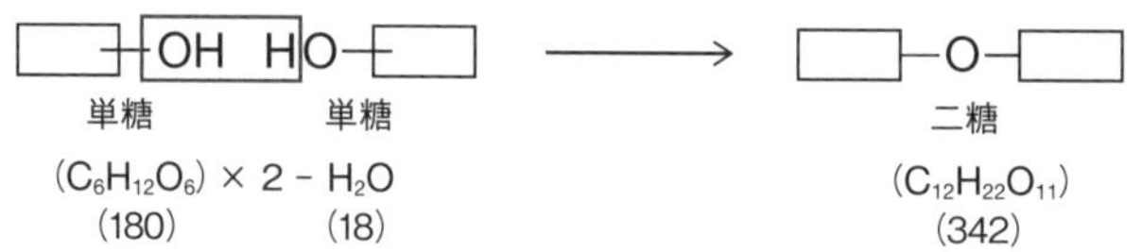

「どんな単糖がどこで結合した状態か」を頭に入れておくと，構造はその場でつくることができます。構成単糖と結合部位を頭に入れ，実際に手を動かして書いてみましょう。

❷ 代表的な二糖類

重要TOPIC 02

代表的な二糖類

マルトース※(麦芽糖) 説明①

→ α-グルコース同士(1,4 結合)

スクロース(ショ糖) 説明②

→ α-グルコース + β-フルクトフラノース(1,2 結合)

ヘミアセタール構造なし(還元性なし)

セロビオース※ 説明③

→ β-グルコース同士(1,4 結合)

ラクトース※(乳糖) 説明④

→ β-ガラクトース + β-グルコース(1,4 結合)

※マルトース，セロビオース，ラクトースは右側の環にヘミアセタール構造をもつため，α型 ⇄ 鎖状構造 ⇄ β型の平衡状態となる。

説明①

[1] マルトース(麦芽糖)

α-グルコース同士が 1,4 結合(1 位と 4 位の −OH で脱水縮合)した状態が**マルトース(麦芽糖)**で，加水分解酵素(加水分解する酵素)は**マルターゼ**です。

α-グルコースを並べて 2 つ書き，1 位と 4 位の −OH から H_2O を取り除いてみましょう。

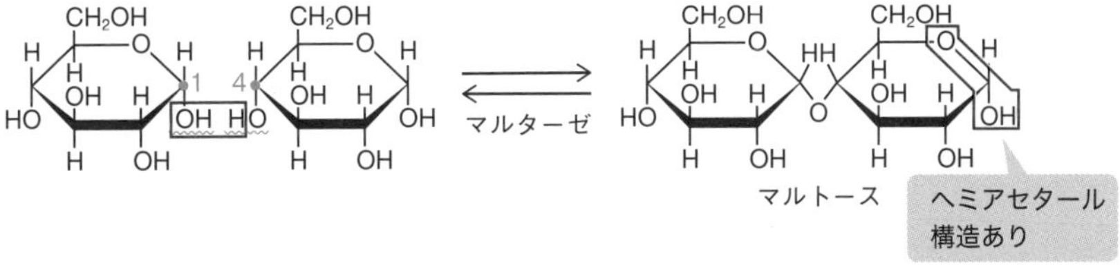

マルトースにはヘミアセタール構造があるため，水中で開環して還元性を示します。

説明②

[2] スクロース(ショ糖)

α-グルコースとβ-フルクトフラノースが1,2結合した状態が**スクロース**(**ショ糖**)で，加水分解酵素は**インベルターゼ**(**スクラーゼ**)です。

α-グルコースとβ-フルクトフラノース(書き方は→p.225)を並べて書き，1位と2位の $-$OH から H_2O を取り除いてみましょう。α-グルコースとβ-フルクトフラノースを並べてみると，1位の $-$OH と2位の $-$OH は離れているため，そのままでは脱水できないことがわかります。

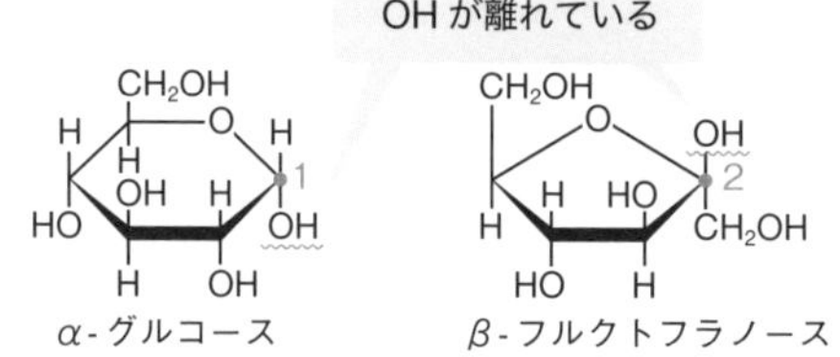

そこで，β-フルクトフラノースを左右にひっくり返してみましょう。

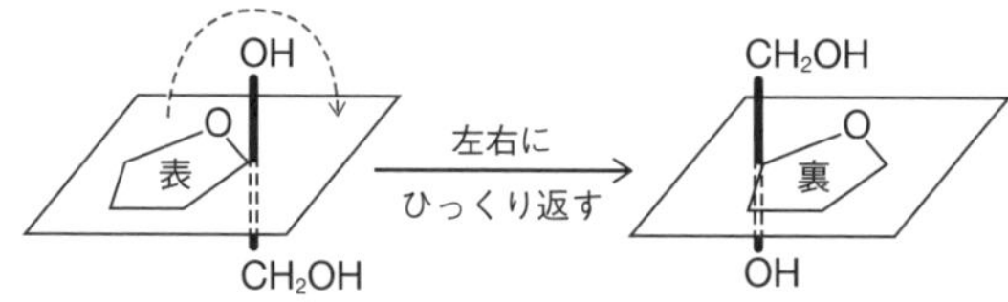

左右にひっくり返すと，α-グルコースの1位の $-$OH とβ-フルクトフラノースの2位の $-$OH が隣同士になり，脱水できます。

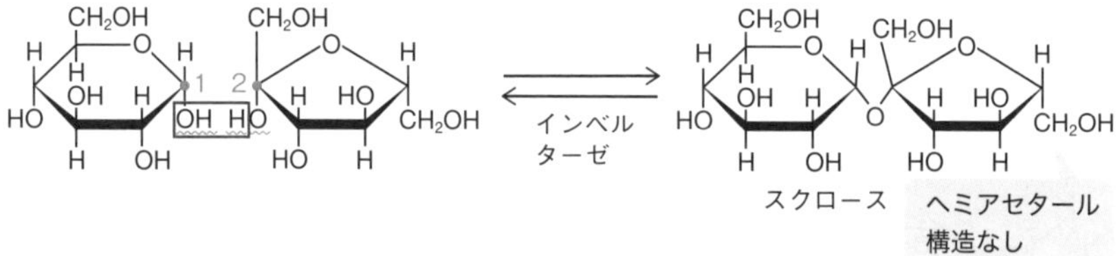

スクロースにはヘミアセタール構造がないため，水中で開環することがなく還元性をもちません。

また，スクロースを加水分解して生じるグルコースとフルクトースの等量混合物を**転化糖**といいます。

説明③

[3] セロビオース

β-グルコース同士が1,4 結合した状態が**セロビオース**で，加水分解酵素は**セロビアーゼ**です。

β-グルコースを２つ並べて書き，１位と４位の $-$OH から H_2O を取り除いてみましょう。β-グルコースを２つ並べてみると，１位の $-$OH と４位の $-$OH は離れているため，そのままでは脱水できないことがわかります。

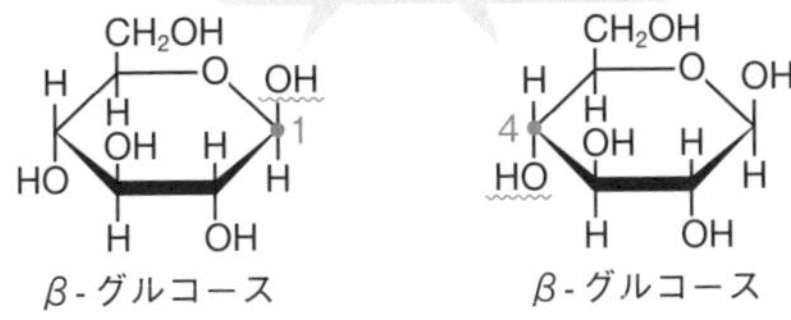

β-グルコース　　β-グルコース

２つの $-$OH を近づける方法が２つあります。考えてみましょう。

方法①　上下にずらす

２つのグルコースを上下に少しずらすと，$-$OH が隣に並びます。

セロビアーゼ

セロビオース

ヘミアセタール構造あり

方法②　上下にひっくり返す

４位の $-$OH が結合する β-グルコースを上下にひっくり返すと，２つの $-$OH が隣に並びます。

セロビアーゼ

セロビオース

ヘミアセタール構造あり

セロビオースにはヘミアセタール構造があるため，水中で開環して還元性を示します。

セロビオースの構造を選択肢から選ぶ問題では**方法①**(上下にずらす), **方法②**(上下にひっくり返す)のどちらでも出題されます。構造を書く問題では, 特に指定がない限り, **方法②**(上下にひっくり返す)のセロビオースを書くようにしておきましょう。

説明④

[4] ラクトース(乳糖)

β-ガラクトース※とβ-グルコースが1,4結合した状態が**ラクトース(乳糖)**で, 加水分解酵素は**ラクターゼ**です。

※ガラクトースは, グルコースの4位の —OH と —H が逆転した単糖です。

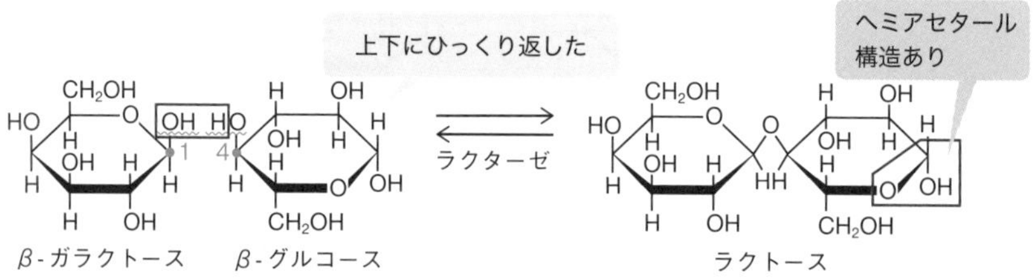

ラクトースにはヘミアセタール構造があるため, 水中で開環して還元性を示します。

[5] トレハロース

α-グルコース同士が1,1結合した状態が**トレハロース**で, 加水分解酵素は**トレハラーゼ**です。

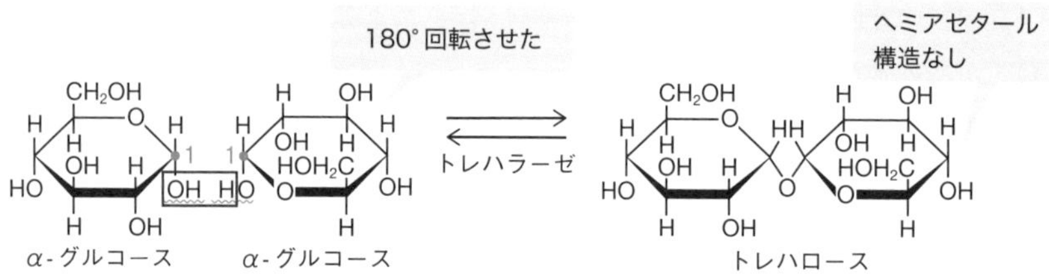

トレハロースにはヘミアセタール構造がないため, 水中で開環することがなく還元性をもちません。

実践！ **演習問題 1** ▶標準レベル

次の①～⑤から，セロビオースの構造を選びなさい。また，①～⑤から還元性を示さないものをすべて選びなさい。

①

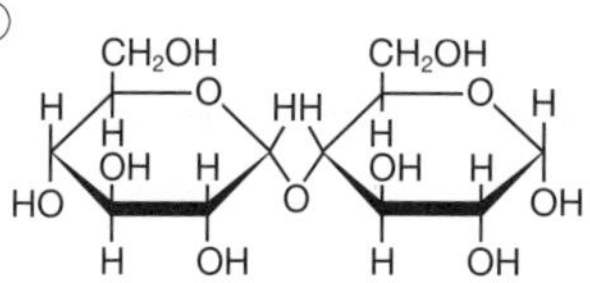

②

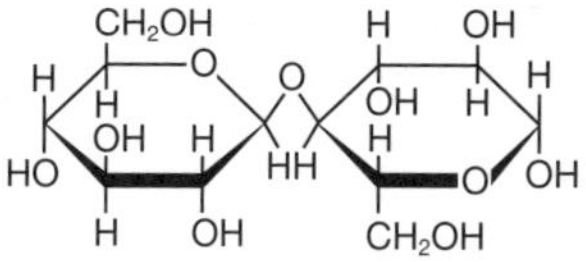

③

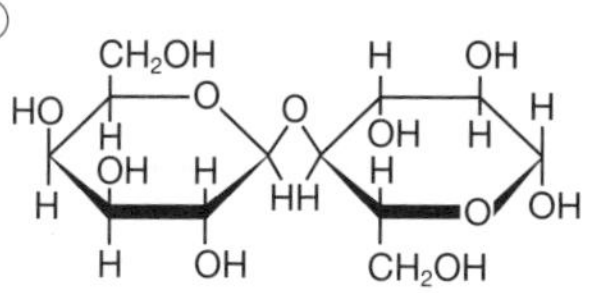

④

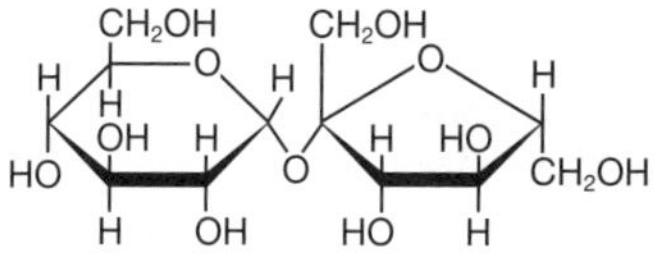

⑤

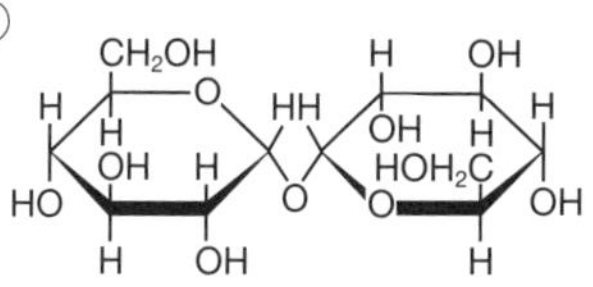

\Point!/

セロビオースはβ-グルコースの 1,4 結合!!

▶ 解説

β-グルコースの 1,4 結合になっている②がセロビオースです。◀ \Point!/

その他の糖を確認すると，①がマルトース，③がラクトース，④がスクロース，⑤がトレハロースです。

また，還元性を示さないのは，ヘミアセタール構造をもたない④のスクロースと⑤のトレハロースです。ヘミアセタール構造をもたないものは水中で開環しないため，還元性を示す官能基を生じません。

▶ 解答 **セロビオースの構造…②**

還元性を示さないもの…④，⑤

18講　多糖類

講義テーマ！

多糖類では，デンプンとセルロースの違いに注目しながら，それぞれの性質を学んでいきましょう。

1　多糖類

①　多糖類

重要TOPIC 01

多糖類の分子式と分子量 説明①

分子式：$(C_6H_{12}O_6 - H_2O) \times n = (C_6H_{10}O_5)_n$

分子量：$(180 - 18) \times n = 162n$

※末端を無視できるのは多糖類（デンプンとセルロース）のみ

多糖類の性質 説明②

還元性なし（フェーリング液を加えても赤色沈殿は生成しない）

説明①

［1］多糖類の分子式と分子量

たくさんの単糖（分子式 $C_6H_{12}O_6$，分子量 180）が脱水縮合によりグリコシド結合でつながった構造をもつ糖が**多糖**で，**デンプン**や**セルロース**などがあります。分子式と分子量は単糖のそれを利用して，その場でつくりましょう。

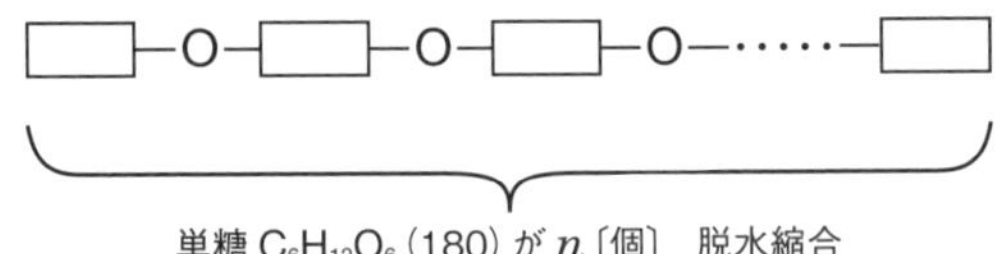

分子式：$(C_6H_{12}O_6 - H_2O)_n = \underline{(C_6H_{10}O_5)_n}$

分子量：$(180 - 18)n = \underline{162n}$

末端を考慮すると，分子式は $H\text{-}(C_6H_{10}O_5)_n\text{-}OH$，分子量は $162n+18$ となりますが，多糖であるデンプンとセルロースは分子量が大きいため，末端は考慮する必要がありません。

「部分的に加水分解」した場合など，デンプンやセルロースを構成するグルコース単位が少ないときは，きちんと末端を考慮した分子式 $H\text{-}(C_6H_{10}O_5)_n\text{-}OH$ と分子量 $162n+18$ で考えていきましょう。

18
講
多糖類

説明②

[2] 多糖類の性質

多糖の右末端には，ヘミアセタール構造が存在します。

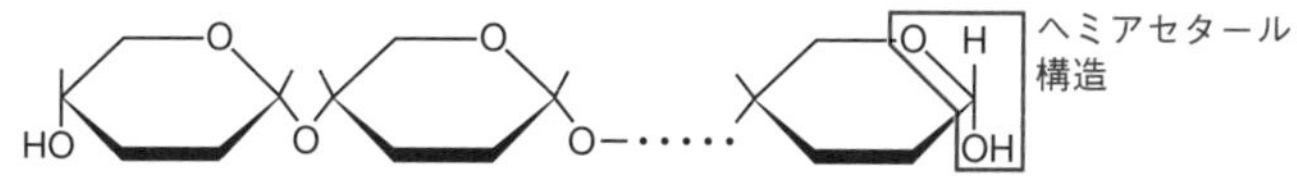

しかし，大きな分子の末端のみであるため，水中で生じるホルミル基の濃度が小さく，フェーリング液を加えて加熱しても酸化銅(Ⅰ) Cu_2O の赤色沈殿は生成しません。よって，多糖は還元性を示さないことになります。

2 デンプン

❶ デンプン

重要TOPIC 02

デンプン 説明①

α-グルコースの重合体

アミロースとアミロペクチンの混合物

加水分解酵素はアミラーゼ

デンプン —アミラーゼ→ デキストリン —アミラーゼ→ マルトース —マルターゼ→ グルコース

デンプン —希酸と加熱→ グルコース

説明①

デンプンは，たくさんのα-グルコースがグリコシド結合でつながった構造の多糖です。

加水分解酵素は，唾液に含まれる**アミラーゼ**で，部分的に加水分解して生じる混合物を**デキストリン**といいます。さらにアミラーゼで十分に加水分解すると，二糖類の**マルトース**になります。希酸を用いても加水分解できますが，マルトースで止めることはできず，単糖類の**グルコース**まで分解されます。

また，デンプンは混合物です。デンプンを温水に入れると，溶解する部分(**アミロース**)と溶解しない部分(**アミロペクチン**)に分かれることから，混合物であることを確認できます。

② デンプンの構造と反応

重要TOPIC 03

デンプンの構造

アミロース(1,4 結合のみ) **説明①**

→ 温水に可溶。直鎖らせん構造(らせんが長い)

アミロペクチン(1,4 結合＋1,6 結合) **説明②**

→ 温水に不溶。分枝らせん構造(らせんが短い)

デンプンの反応

ヨウ素デンプン反応(らせんの長さで色が変化) **説明③**

・アミロース(長) → 青色

・アミロペクチン(短) → 赤紫色

・デンプン(混合物) → 青紫色

説明①

[1] アミロース

α-グルコースが1,4結合のみでつながった構造をもつ分子が**アミロース**です。二糖のマルトース(→ p.229)が直鎖状につながった構造とも考えられます。

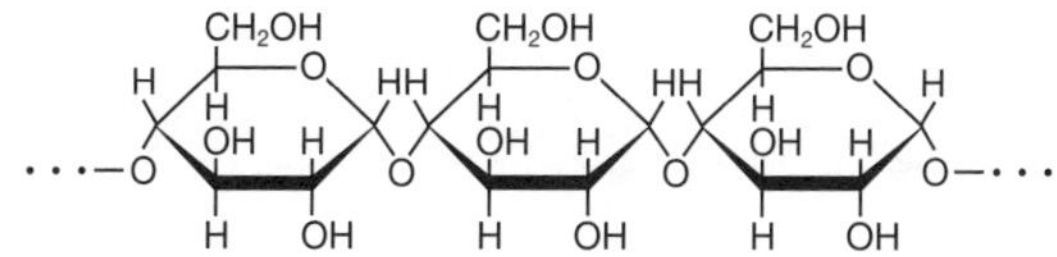

α-グルコースが1,4結合でつながるときは，直線ではなく，次のようならせん構造になります。

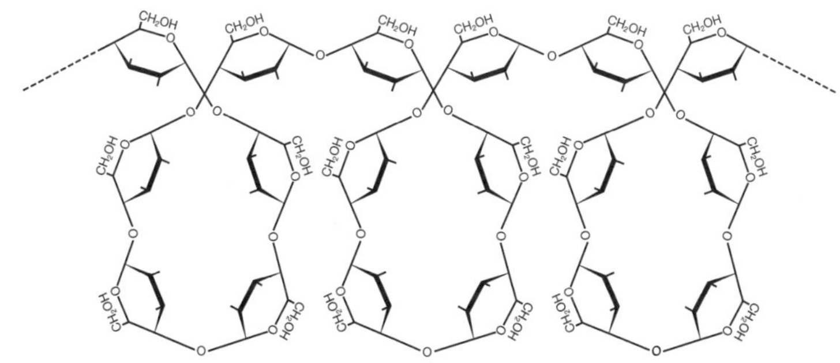

説明②

［2］アミロペクチン

α-グルコースが 1,4 結合と 1,6 結合（部分的）でつながった構造をもつ分子が**アミロペクチン**です。

1,4 結合はらせん構造，1,6 結合は枝分かれの構造になるため，アミロペクチンの構造は次のようになっています。

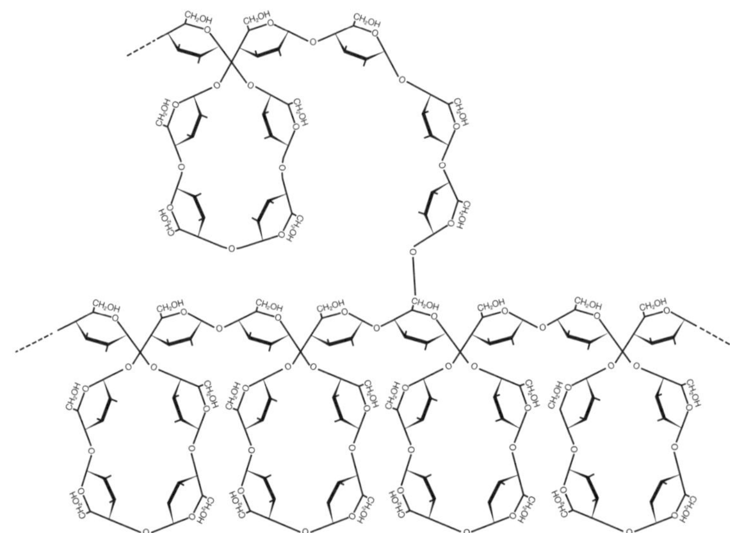

枝分かれがあると，らせんがそこで途切れるため，らせん構造が短くなります。そして，枝分かれが多いほど，らせん構造が短くなります。

以上より，直鎖状のアミロースはらせん構造が長く，枝分かれのあるアミロペクチンはらせん構造が短くなります。

枝分かれなし
→らせん ㊔長

枝分かれあり
→らせん ㊔短

枝分かれ多い
→らせん　もっと ㊔短

らせん構造になる理由

α-グルコースの立体構造は，右図のようになっています。ここで，α-グルコースの 1,4 結合を考えてみましょう。

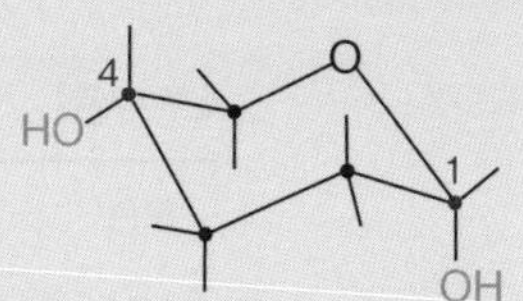

下の図のように，α-グルコース同士がまっすぐつながると結合角度が小さく不安定ですが，少し折れ曲がってつながると，結合角度が大きく安定します。

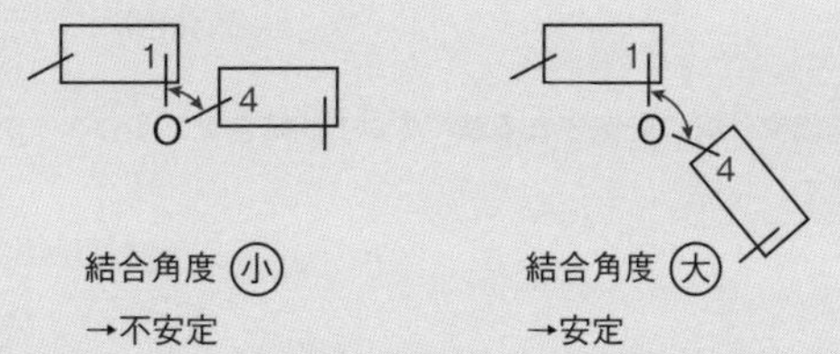

結合角度 (小)
→不安定

結合角度 (大)
→安定

結合角度の大きい結合が連なるため，デンプンはらせん構造になっていると考えることができます。

説明③

[3] ヨウ素デンプン反応

デンプンにヨウ素の溶液を作用させると青紫に呈色します。これを**ヨウ素デンプン反応**といいます。ヨウ素デンプン反応は，デンプンのらせん構造にヨウ素分子が取り込まれることで呈色します。

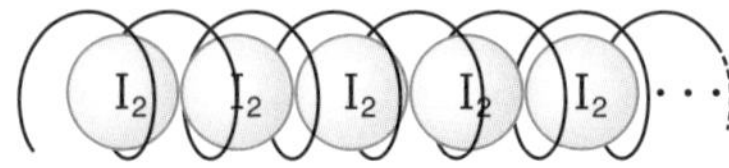

デンプンのらせんが長いほどたくさんのヨウ素分子が取り込まれ，色が変化します。

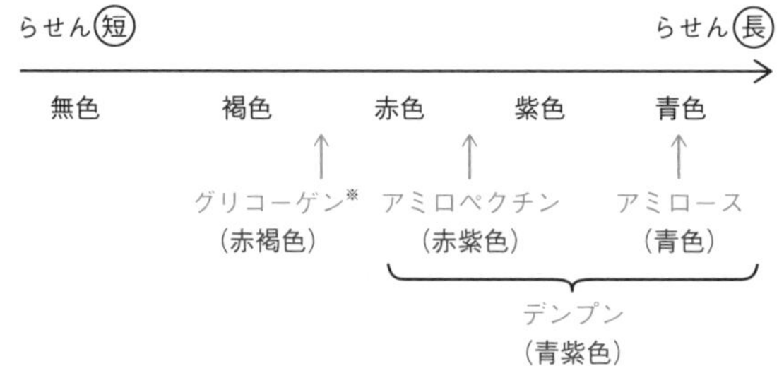

※グリコーゲンは，筋肉や肝臓に貯蔵される糖です。1,6 結合がアミロペクチンより多い，すなわち，らせんが短くなります。

加熱すると，ヨウ素分子がらせん構造から飛び出して呈色は無くなりますが，冷却すると再び呈色します。

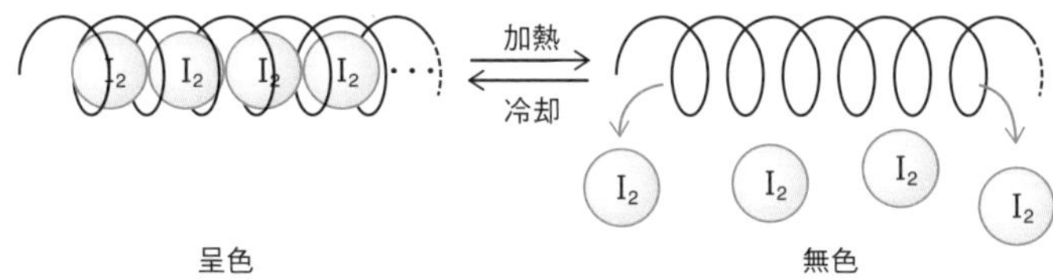

入試への＋α《アミロペクチンに含まれる枝分かれの数》

アミロペクチンに含まれる枝分かれの数を求めてみましょう。

まず，アミロペクチンを構成しているα-グルコースは下の4種に分類できます。

左末端 A
連鎖部 B
分枝部 C
右末端 D

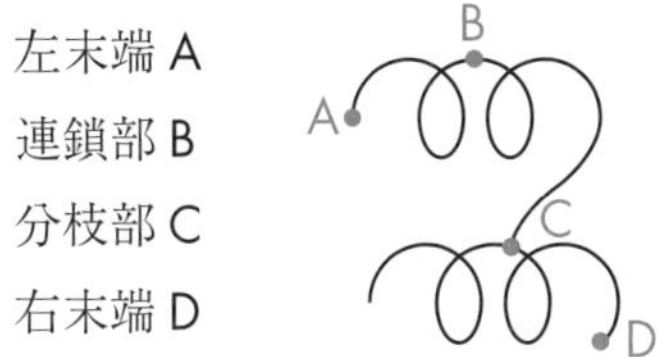

では，A～Dの各グルコースに注目して次の操作を確認してみましょう。

(1) ヒドロキシ基をメチル化($-OH \rightarrow -OCH_3$)

(2) グリコシド結合を加水分解($-O- \rightarrow -OH$)

このとき，Dの $-OCH_3$ は加水分解を受けて $-OH$ になります。(1)，(2)の操作後の生成物をX～Zとします。

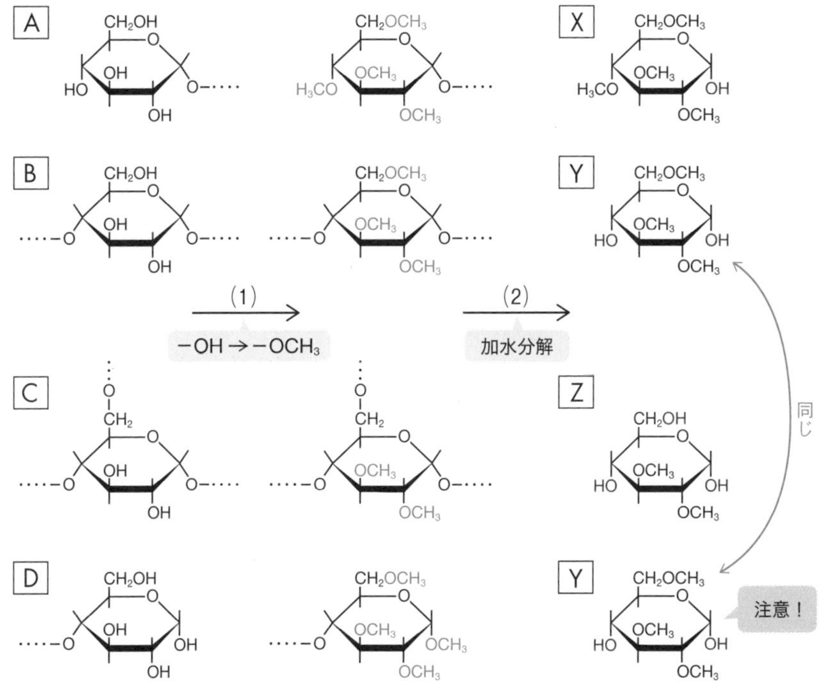

以上より，生成物はX(分子量 236)，Y(分子量 222)，Z(分子量 208)の 3 種になります。

生成物X，Y，Zを分離後，それぞれの質量を測定し，物質量の比を求めます。例えば，生成物Xが 0.284 g，Yが 6.128 g，Zが 0.250 g とすると，物質量の比は次のようになります。

$$
\begin{aligned}
\mathrm{X:Y:Z} &= \frac{0.284}{236} : \frac{6.128}{222} : \frac{0.250}{208} \\
&= 0.00120 : 0.0276 : 0.00120 \\
&= \underline{1 : 23 : 1}
\end{aligned}
$$

この結果より，アミロペクチンを構成しているグルコース 25 個に 1 個の割合でZ(枝分かれ)があることがわかります。

右末端の $-OCH_3$ が加水分解される理由

D 部分のメチル化では，二糖類を構成している右側の単糖(青色)がメチル基 $-CH_3$ に変化しているだけです。よって，二糖類と同じようにグリコシド結合が加水分解されることになります。

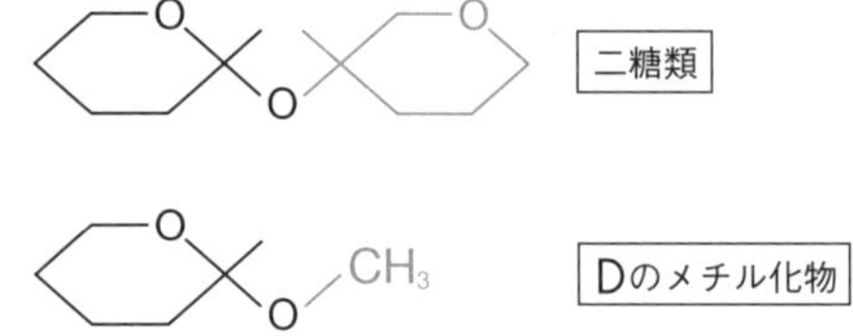

実践！ **演習問題 1** ▶標準レベル

問1　デンプン 100 g を酸で加水分解し，完全にグルコースに変化させたとき，得られるグルコースは何 g か。整数で答えなさい。

問2　デンプンを部分的に加水分解し，得られたデキストリンの中から特定の化合物 A を 100 g 取り出して完全に加水分解したところ，グルコースが 108.1 g 得られた。化合物 A はグルコース何個が縮合した糖か答えなさい。

18講 多糖類

\Point!/

デンプンとセルロースは末端を無視！それ以外は末端を考慮!!

▶解説

問1　デンプン(分子量 162 *n*)から *n*〔個〕のグルコース(分子量 180)が得られます。

$$(C_6H_{10}O_5)_n \rightarrow nC_6H_{12}O_6$$

$$\frac{100}{162n} \times n = \frac{x}{180} \qquad x = 111.1 \fallingdotseq \underline{111\ \text{g}}$$

問2　化合物 A は，デンプンを加水分解し，構成するグルコース単位が少ない多糖なので，分子量は末端を考慮して，162 *n* + 18 となります。◀ \Point!/

化合物 A から *n*〔個〕のグルコース(分子量 180)が得られるので，

$$H\text{-}(C_6H_{10}O_5)_n\text{-}OH \rightarrow nC_6H_{12}O_6$$

$$\frac{100}{162n + 18} \times n = \frac{108.1}{180} \qquad n = 3.99 \fallingdotseq \underline{4\ \text{個}}$$

▶解答　問1　**111g**　　問2　**4個**

3 セルロース

① セルロース

重要TOPIC 04

セルロース 説明①

β-グルコースの重合体(1,4 結合)で直線状の構造
・ヨウ素デンプン反応陰性
・多数の水素結合を分子間に形成 → 熱水や有機溶媒に不溶
加水分解酵素はセルラーゼ

セルロース —(セルラーゼ)→ セロビオース —(セロビアーゼ)→ グルコース
セルロース —(希酸と加熱)→ グルコース

説明①

セルロースは，たくさんのβ-グルコースが1,4グリコシド結合でつながった構造の多糖です。二糖のセロビオース(→ p.231)がたくさんつながっている，と考えることもできます。

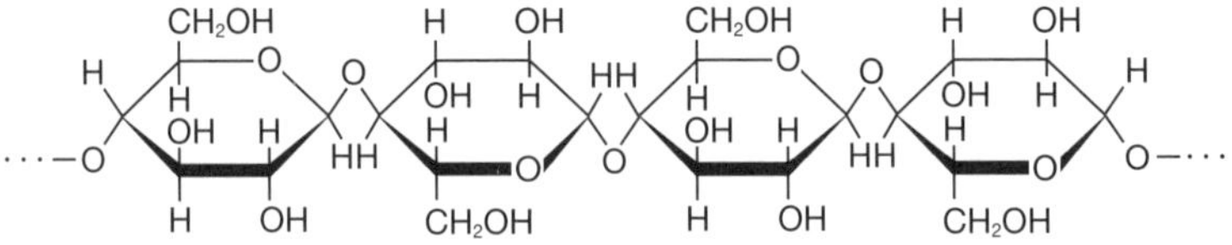

$$\cdots-O-[\beta\text{-グルコース}]-O-[\beta\text{-グルコース}]-O-[\beta\text{-グルコース}]-O-[\beta\text{-グルコース}]-O-\cdots$$

加水分解酵素は**セルラーゼ**で，分解が十分に進行すると二糖の**セロビオース**になります。希酸を用いて加水分解すると，セロビオースで止めることができず，単糖の**グルコース**まで分解が進行します。

デンプン(アミロース)のように，グルコース同士が少し折れ曲がって結合しますが，ひっくり返ってつながるため，らせん構造ではなく直線状の構造になります。直線なので分子同士が接近し，−OH 間で多数の水素結合を形成するため，非常に強い繊維です。

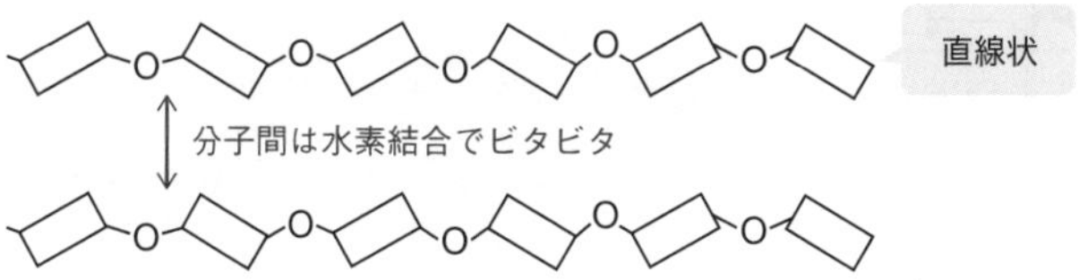

直線状

分子間は水素結合でビタビタ

また，冷水はもちろん，熱水や有機溶媒にも溶解しません。そのため，溶媒に溶解させるためには，水素結合すなわち −OH を壊す必要があります。

18講 多糖類

② セルロースの利用

重要TOPIC 05

セルロースの利用①

再生繊維(レーヨン)…セルロースの長さを変えただけ 説明①

・銅アンモニアレーヨン(キュプラ)…シュバイツァー試薬を使用

・ビスコースレーヨン

説明①

[1] 再生繊維

木綿や麻など，そのまま使用できるセルロースもありますが，木材のような繊維の短いセルロースは，溶媒に溶かし，長い繊維に再生させます。このように，短いセルロースを長い繊維に再生したものを**再生繊維(レーヨン)**といいます。長さが変化しただけで，セルロースの構造は変化していません。

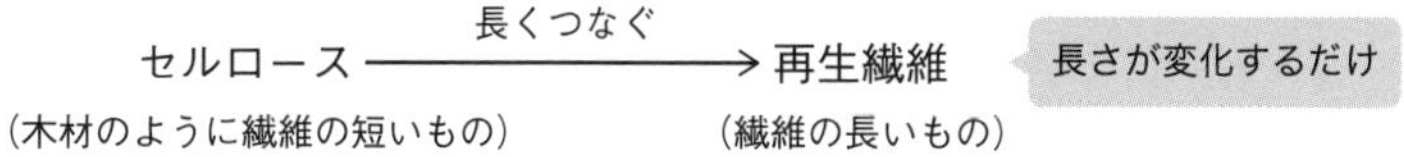

セルロース（木材のように繊維の短いもの） —長くつなぐ→ 再生繊維（繊維の長いもの） 長さが変化するだけ

セルロースを溶媒に溶解させるためには，強塩基を利用します。強塩基由来の OH^- によりセルロースの −OH が電離して壊れ(すなわち水素結合が壊れ)，溶媒に溶解します。

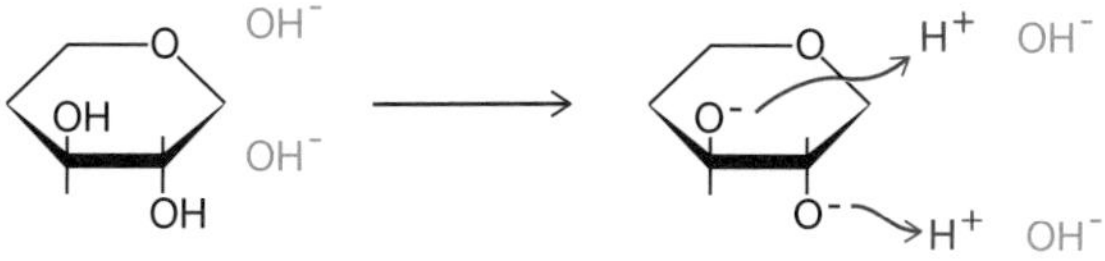

OH OH OH⁻ OH⁻ → O⁻ O⁻ H⁺ OH⁻ H⁺ OH⁻

銅アンモニアレーヨン(キュプラ)

セルロースを**シュバイツァー試薬**に溶解させた溶液を，注射器などの細孔から希硫酸中に押し出してつくります。これを**銅アンモニアレーヨン**(**キュプラ**)といいます。

$$\text{セルロース} \xrightarrow{\text{シュバイツァー試薬}} \text{溶液} \xrightarrow{H_2SO_4aq} \text{銅アンモニアレーヨン（キュプラ）}$$

シュバイツァー試薬

水酸化銅(Ⅱ)$Cu(OH)_2$を濃アンモニア水に溶解させた溶液で強塩基性です。

$$Cu(OH)_2 + 4NH_3 \longrightarrow [Cu(NH_3)_4](OH)_2$$

セルロースは，安定な錯体を形成してシュバイツァー試薬に溶解します。

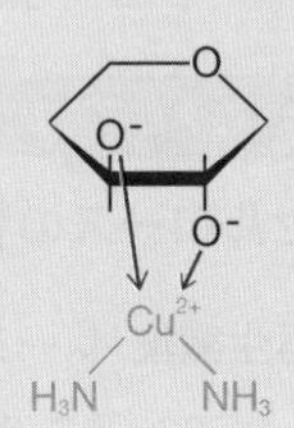

ビスコースレーヨン

セルロースを濃水酸化ナトリウム水溶液で処理したあと(アルカリセルロースが生成)，二硫化炭素CS_2を加え(セルロースキサントゲン酸ナトリウムが生成)，希水酸化ナトリウム水溶液に溶解させた溶液を**ビスコース**といいます。ビスコースを注射器などの細孔から希硫酸中に押し出してつくる再生繊維を**ビスコースレーヨン**といいます。

$$\text{セルロース} \xrightarrow{NaOHaq} \underset{(R-O^-Na^+)}{\text{アルカリセルロース}} \xrightarrow{CS_2} \text{セルロースキサントゲン酸ナトリウム}\left(R-O-C{\overset{=S}{\underset{\backslash S^-Na^+}{}}}\right)$$

$$\xrightarrow{NaOHaq} \text{ビスコース} \xrightarrow{H_2SO_4aq} \text{ビスコースレーヨン}$$

細孔ではなくスリットから押し出すと，膜状の**セロハン**が得られます。

重要TOPIC 06

セルロースの利用②

半合成繊維…反応により $-OH$ を変化させる 説明①

・アセチルセルロース…アセチル化により，$-OH \rightarrow -OCOCH_3$

・ニトロセルロース…硝酸エステル化により，$-OH \rightarrow -ONO_2$

18 講 多糖類

説明①

[2] 半合成繊維

化学反応を利用し，セルロースの $-OH$ を極性の小さい官能基に変化させて有機溶媒に溶解させ，合成した繊維を**半合成繊維**といいます。

セルロースを構成するグルコース単位には3個の $-OH$ があります。3個のうち1個でもアセチル化されると**アセチルセルロース**，硝酸エステル化されると**ニトロセルロース**になります。

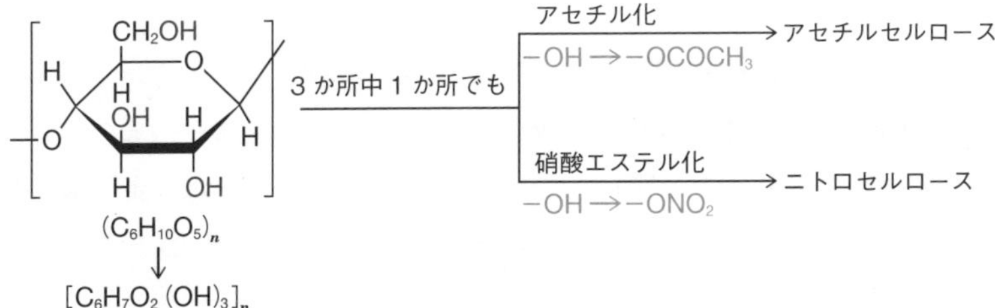

グルコース単位の中に $-OH$ が3個あるのをわかりやすくするため，分子式 $(C_6H_{10}O_5)_n$ を示性式 $[C_6H_7O_2(OH)_3]_n$ に変えて考えていきましょう。

アセチルセルロース

セルロースを完全にアセチル化($-OH \rightarrow -OCOCH_3$)すると，**トリアセチルセルロース**が生成します。

$$[C_6H_7O_2(OH)_3]_n + 3n(CH_3CO)_2O \longrightarrow [C_6H_7O_2(OCOCH_3)_3]_n + 3nCH_3COOH$$

トリアセチルセルロースはほぼ無極性なので，四塩化炭素のような有機溶媒に溶解します。

また，トリアセチルセルロースのアセチル基 $-OCOCH_3$を一部(だいたい3個中1個)加水分解して $-OH$ に戻すと，極性をもつようになるため，アセトンに溶解します。この溶液を細孔から押し出し，温風でアセトンを蒸発させると，**アセテート繊維**が得られます。

ニトロセルロース

セルロースを完全に硝酸エステル化($-OH \rightarrow -ONO_2$)すると，**トリニトロセルロース**が生成します。

$$[C_6H_7O_2(OH)_3]_n \quad + \quad 3nHNO_3 \longrightarrow [C_6H_7O_2(ONO_2)_3]_n \quad + \quad 3nH_2O$$

トリニトロセルロースは燃焼速度が非常に大きく，爆発性をもつため，無煙火薬の原料に使用されています。

また，トリニトロセルロースの3個の $-ONO_2$のうち1個を加水分解したジニトロセルロースは，エーテルとエタノールの混合溶液に溶解します。これを**コロジオン**といい，コロジオンの溶媒を蒸発させて膜状にすると半透膜になります。

Q & A

Q 13. ニトロセルロースの合成はニトロ化じゃないの？

A 13. $-OH$ とオキソ酸の反応はエステル化です。ニトロ化で生じるニトロ化合物は炭化水素基に $-NO_2$が直結しますが，硝酸エステルは炭化水素基と $-NO_2$の間に O 原子が入り，$-ONO_2$となります。生成物から判断しても良いでしょう。

$R-NO_2$	$R-ONO_2$
ニトロ化合物	硝酸エステル

[3] 半合成繊維の計算

セルロースの $-OH$ を $-OCOCH_3$ や $-ONO_2$ に変えても，全体の物質量は変化しないため，

セルロースの物質量(mol)＝アセチルセルロースの物質量(mol)

セルロースの物質量(mol)＝ニトロセルロースの物質量(mol)

が成立します。

アセチルセルロースやニトロセルロースの分子量

「グルコース単位にある 3 個の $-OH$ のうち x〔個〕がアセチル化，もしくは硝酸エステル化された」と考えます。

・アセチルセルロースの分子量

1 個の $-OH$(式量 17)がアセチル化されて $-OCOCH_3$(式量 59)に変化すると，分子量が 42 増加します。

$$-OH \xrightarrow[+42]{} -OCOCH_3$$

よって，x〔個〕がアセチル化されると，分子量が $42x$ 増加することになるため，アセチルセルロースの分子量は $(162+42x)n$ となります。

$$\underset{(162n)}{\text{セルロース}} \xrightarrow[\text{アセチル化}]{3\text{か所中}x\text{か所が}} \underset{(162+42x)n}{\text{アセチルセルロース}}$$

アセチル化されても全体の物質量は変化しないため，

セルロースの物質量(mol)＝アセチルセルロースの物質量(mol)

(分子量 $162n$)　　(分子量 $(162+42x)n$)

を立式して，知りたいものを求めます。

18 講　多糖類

・ニトロセルロースの分子量

1個の $-OH$（式量 17）が硝酸エステル化されて $-ONO_2$（式量 62）に変化すると，分子量が 45 増加します。

$$-OH \xrightarrow[+45]{} -ONO_2$$

よって，x〔個〕が硝酸エステル化されると，分子量が $45x$ 増加することになるため，ニトロセルロースの分子量は $(162+45x)n$ となります。

$$\underset{(162n)}{\text{セルロース}} \xrightarrow[\text{硝酸エステル化}]{\text{3か所中}x\text{か所が}} \underset{(162+45x)n}{\text{ニトロセルロース}}$$

硝酸エステル化されても全体の物質量は変化しないため，

セルロースの物質量(mol) ＝ ニトロセルロースの物質量(mol)
（分子量 $162n$）　　（分子量 $(162+45x)n$）

を立式して，知りたいものを求めます。

例　セルロース 100 g からジニトロセルロースを合成すると，得られるジニトロセルロースは何 g か。四捨五入して整数で答えなさい。

ジニトロセルロースは 3 個の $-OH$ のうち 2 個が硝酸エステル化されているので，分子量は $(162+45\times2)n$ すなわち $252n$ となります。生じるジニトロセルロースを w〔g〕として「セルロースの物質量(mol)＝ジニトロセルロースの物質量(mol)」の式をたてると次のようになります。

$$\frac{100}{162n}=\frac{w}{252n} \qquad w=155.5\fallingdotseq156\text{ g}$$

実践！ **演習問題 2** ▶標準レベル

セルロース 9.0 g に無水酢酸を作用させたところ，アセチルセルロースが 13.7 g 生成した。このとき，セルロース分子中のヒドロキシ基のうち，何%がアセチル化されたか。四捨五入して整数で答えなさい。

\Point!/

3 個の −OH のうち x〔個〕がアセチル化されたと考える !!

▶ 解説

グルコース単位にある 3 個の −OH のうち x〔個〕がアセチル化されると，アセチルセルロースの分子量は$(162+42x)n$と表すことができます。

反応物のセルロース（分子量 $162n$）と生成物のアセチルセルロースの物質量（mol）は変化しないため，次のような式が成立します。

$$\frac{9.0}{162n}=\frac{13.7}{(162+42x)n} \qquad x=2.01 \fallingdotseq 2$$

よって，3 個中 2 個がアセチル化されていると考えられるので，◀ \Point!/

$$\frac{2}{3}\times 100=66.6 \fallingdotseq \underline{67\%}$$

▶ 解答 **67%**

18講 多糖類

19講 油脂・セッケン

講義テーマ！

油脂の構造と計算，セッケンの性質を学びましょう。

1 油脂

① 油脂の構造と反応

重要TOPIC 01

油脂の構造 説明①

油脂…動植物がもつ疎水性物質の１つで，３つのエステル結合をもつエステル。

示性式：$C_3H_5(OCOR_1)(OCOR_2)(OCOR_3)$

不斉炭素原子をもつ条件：$R_1 \neq R_3$

```
CH2−O−C−R1
|      ‖
|      O
CH−O−C−R2
|     ‖
|     O
CH2−O−C−R3
       ‖
       O
```

説明①

油脂は動植物がもつ疎水性物質の１つです。３つのエステル結合をもつエステルで，次のような構造式や示性式で表します。

```
CH2−O−C−R1
|      ‖
|      O
CH−O−C−R2
|     ‖
|     O
CH2−O−C−R3
       ‖
       O
```

構造式

$C_3H_5(OCOR_1)(OCOR_2)(OCOR_3)$

示性式

化学反応式を書くときには示性式で表現するので，示性式の書き方もしっかり確認しておきましょう。

油脂の示性式は，炭化水素基 R に入るものがすべて同じときには $C_3H_5(OCOR)_3$，2 つ同じときには $C_3H_5(OCOR_1)_2(OCOR_2)$ と表します。

例　すべて同じ → $C_3H_5(OCOC_{17}H_{35})_3$

　　2 つ同じ　→ $C_3H_5(OCOC_{17}H_{35})_2(OCOC_{17}H_{33})$

そして，油脂の構造で大切な情報が「不斉炭素原子の有無」です。不斉炭素原子になる可能性があるのは真ん中の C 原子で，不斉炭素原子になる条件は「$R_1 \neq R_3$」です。

また，不斉炭素原子の有無から，油脂の構造が決まることがあります。

例えば，示性式 $C_3H_5(OCOR_1)_2(OCOR_2)$ の油脂には次の 2 つの構造が考えられますが，左の構造には不斉炭素原子があり，右の構造には不斉炭素原子がありません。

よって，不斉炭素原子の有無は，油脂の構造を決める大切な情報になります。

19 講　油脂・セッケン

重要TOPIC 02

油脂の反応

加水分解 説明①

油脂 $\xrightarrow{\text{リパーゼ}}$ モノグリセリド＋高級脂肪酸

けん化 説明②

油脂 $\xrightarrow{\text{NaOH}}$ グリセリン＋セッケン(高級脂肪酸のアルカリ金属塩)

油脂は「エステル」なので，11 講で学んだエステルと同様の反応(加水分解，けん化→ p.148)が起こります。

説明①

[1] 加水分解

油脂は，分解酵素**リパーゼ**によりエステルの加水分解が進行し，**モノグリセリド**(2 価のアルコール)と 2 分子の**高級脂肪酸**(高級 → C 数が大きい，脂肪酸 → 1 価のカルボン酸)になります。

$$\begin{array}{l} CH_2-O-CO-R_1 \\ | \\ CH-O-CO-R_2 \\ | \\ CH_2-O-CO-R_3 \end{array} + 2H_2O \longrightarrow \begin{array}{l} CH_2-O-CO-R_1 \\ | \\ CH-OH \\ | \\ CH_2-OH \end{array} + 2R_{2,3}COOH$$

モノグリセリド　　高級脂肪酸

説明②

[2] けん化

水酸化ナトリウムや水酸化カリウムのような塩基で加水分解すると，けん化が進行し，グリセリンと**セッケン**(高級脂肪酸のアルカリ金属塩)が生成します。

$$\begin{array}{l} CH_2-O-CO-R_1 \\ | \\ CH-O-CO-R_2 \\ | \\ CH_2-O-CO-R_3 \end{array} + 3NaOH \longrightarrow \begin{array}{l} CH_2-OH \\ | \\ CH-OH \\ | \\ CH_2-OH \end{array} + 3R_{1\sim3}COONa$$

グリセリン　　セッケン

② 油脂の計算

重要TOPIC 03

代表的な高級脂肪酸 説明①

C数	名称	C＝C数	示性式
16	パルミチン酸	0	$C_{15}H_{31}COOH$
18	ステアリン酸	0	$C_{17}H_{35}COOH$
	オレイン酸	1	$C_{17}H_{33}COOH$
	リノール酸	2	$C_{17}H_{31}COOH$
	リノレン酸	3	$C_{17}H_{29}COOH$

語呂合わせ 「バス降りれん！ 00123 !!」

知っておくべき分子量 説明②

・ステアリン酸 $C_{17}H_{35}COOH$ → 284

・ステアリン酸のみからなる油脂 $C_3H_5(OCOC_{17}H_{35})_3$ → 890

説明①

自然界に存在する油脂を構成する高級脂肪酸の多くは，C数が16または18です。とくに，C数18の高級脂肪酸で構成されている油脂は，入試で最も出題されるかたちです。油脂の計算問題をスムーズに解き進めるために，**重要TOPIC 03**の代表的な高級脂肪酸の名称とC＝C数を頭に入れましょう。

[1] 示性式のつくり方

高級脂肪酸の名称とC＝C数を知っていれば，示性式はその場でつくることができます。

飽和脂肪酸(C＝C×0個)の示性式

C＝Cをもたない鎖式炭化水素（アルカン）の一般式は，C_nH_{2n+2}ですね（→p.70）。Hを1つとって－COOHで置き換えると，C＝Cをもたない脂肪酸の示性式になります。よって，飽和脂肪酸の示性式は$C_nH_{2n+1}COOH$です。

$$C_nH_{2n+2} \xrightarrow{-H \to -COOH} C_nH_{2n+1}COOH$$

例　C 数 18 の飽和脂肪酸（ステアリン酸）

$-COOH$ でC数 1 を使っているので，アルキル基のC数（すなわち n）は 17。

$C_{17}H_{2\times17+1}COOH \rightarrow C_{17}H_{35}COOH$

不飽和脂肪酸（C＝C × x〔個〕）の示性式

アルケン（C＝C × 1 個）の一般式は，アルカンの一般式 C_nH_{2n+2} から H を 2 個減らして C_nH_{2n} となります。同様に，C＝C を x〔個〕もつ不飽和脂肪酸の一般式は，飽和脂肪酸の一般式 $C_nH_{2n+1}COOH$ から H を 2 x〔個〕減らして $C_nH_{2n+1-2x}COOH$ です。

$$C_nH_{2n+1}COOH \xrightarrow[\text{C=C}\times x\text{〔個〕}\rightarrow \text{H}\times 2x\text{〔個〕減}]{-\text{H}\times 2x} C_nH_{2n+1-2x}COOH$$

飽和脂肪酸（C＝C × 0 個）　　不飽和脂肪酸（C＝C × x〔個〕）

例　リノール酸（C 数 18，C＝C × 2 個）

$C_{17}H_{35-2\times2}COOH \rightarrow C_{17}H_{31}COOH$

説明②

［2］知っておくべき分子量

ステアリン酸（C 数 18，C＝C × 0 個）と，ステアリン酸のみからなる油脂の分子量は頭に入れておきましょう。油脂の計算問題を解くときに，煩わしい計算から解放されます。

・ステアリン酸 $C_{17}H_{35}COOH \rightarrow 284$

・ステアリン酸のみからなる油脂 $C_3H_5(OCOC_{17}H_{35})_3 \rightarrow 890$

例　オレイン酸 2 分子とリノレン酸 1 分子からなる油脂の分子量

→ オレイン酸は C＝C × 1 個，リノレン酸は C＝C × 3 個なので，この油脂の C＝C 数は全部で $1\times2+3=5$ 個とわかります。

よって，この油脂の分子量は $890-\underbrace{2\times5}_{\text{減ったH}}=\underline{880}$ となります。

もしも，ステアリン酸のみからなる油脂（C＝C × 0 個）の分子量が 890 ということを知らなかったら，オレイン酸 2 分子とリノレン酸 1 分子からなる油脂 $C_3H_5(OCOC_{17}H_{33})_2(OCOC_{17}H_{29})$ の分子量を，原子量の和から求めることになり，計算が大変になってしまいます。

重要TOPIC 04

油脂の計算 説明①

けん化

油脂の物質量：NaOH（または KOH）の物質量＝1：3

付加（C=C を x〔個〕もつ油脂のとき）

油脂の物質量：H_2（または I_2）の物質量 ＝ 1：x

説明①

油脂の計算で代表的なものは，けん化と付加です。

［3］けん化

油脂は3つのエステル結合をもつエステルなので，けん化に必要な水酸化ナトリウム NaOH や水酸化カリウム KOH は，油脂の物質量(mol)の3倍です。

油脂の物質量(mol)：NaOH の物質量(mol) ＝ 1：3
(KOH の物質量(mol))

通常，けん化の計算から油脂の分子量を求めることになります。とくに，油脂1gをけん化するために必要な KOH の質量(ミリグラム数)を**けん化価**といいます。「ある油脂1gをけん化するために KOH 100 mg が必要」と「ある油脂のけん化価は100」は同じことを表しています。

［4］付加

不飽和脂肪酸から構成されている油脂は C=C をもちます。

例えば，ステアリン酸1分子(C=C×0個)とオレイン酸(C=C×1個) 2分子からなる油脂は C=C を2個もつことになります。

ステアリン酸×1 (C=C×0)
オレイン酸 ×2 (C=C×1)
→ 油脂 (C=C×2)

C=C 1個あたり水素 H_2 やヨウ素 I_2 が1分子付加するため，C=C を x〔個〕もつ油脂に付加する H_2 や I_2 は油脂の物質量(mol)の x〔倍〕です。

油脂の物質量(mol)：H_2 の物質量(mol) ＝ 1：x
C=C×x〔個〕 (**I_2 の物質量(mol)**)

通常，付加の計算から油脂の C=C 数を求めることになります。とくに，油脂 100 g に付加する I_2 の質量(グラム数)を**ヨウ素価**といいます。「ある油脂 100 g に付加する I_2 は 300 g」と「ある油脂のヨウ素価は 300」は同じことを表しています。

実践！ 演習問題 1

▶標準レベル

ある油脂 1.0 g をけん化するために，水酸化カリウム(式量 56) 191 mg が必要である。また，この油脂 100 g にはヨウ素(分子量 254) 144 g が付加する。

問 1　この油脂の分子量はいくらか。整数で答えなさい。

問 2　この油脂がもつ炭素間二重結合の数はいくつか。

\Point!/

油脂：KOH＝1：3　油脂(C=C × x〔個〕)：I_2＝1：x

▶ 解説

問 1　油脂の分子量を M とすると，油脂と KOH の物質量の比が 1：3 であることから，次のようになります。◀ \Point!/

$$\frac{1.0}{M} : \frac{191\times10^{-3}}{56} = 1 : 3 \qquad M = 879.5 \fallingdotseq \underline{880}$$

問 2　油脂に含まれる C=C を x〔個〕とすると，油脂と I_2 の物質量の比が 1：x であることから，次のようになります。◀ \Point!/

$$\frac{100}{880} : \frac{144}{254} = 1 : x \qquad x = 4.98 \fallingdotseq \underline{5}$$

［別解］　問 1 より，この油脂は分子量が 880 なので，ステアリン酸のみからなる油脂(C=C × 0 個)の分子量 890 と比較すると，10 小さいことがわかります。すなわち，飽和の状態から H 原子が 10 個減っているということです。C=C 1 個につき H 原子が 2 個減るので，H 原子が 10 個減っているということは，C=C が 5 個存在することがわかります。この考え方を使えば，問 2 は暗算で答えが出ます。

$$\frac{890-880}{2} = \underline{5}$$

▶ 解答　問1　**880**　　問2　**5**

③ 油脂の分類

重要TOPIC 05

油脂の分類 説明①

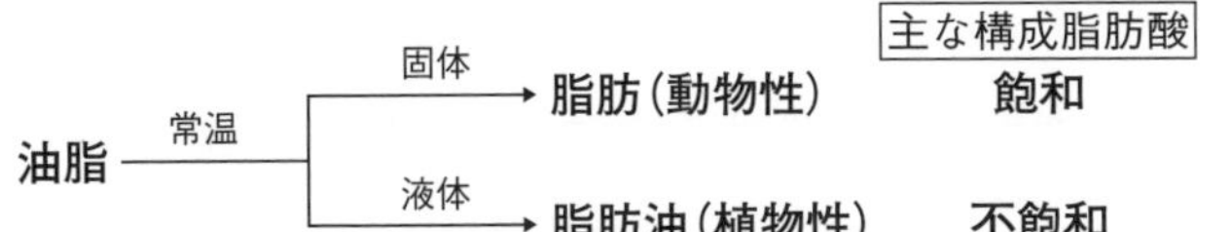

・**硬化油**…液体の油脂に H_2 を付加させて固体にしたもの

脂肪油の分類 説明②

・**乾性油**…C＝C が多く空気中で固化するもの
・**不乾性油**…C＝C が少なく空気中で変化しないもの
・**半乾性油**…乾性油と不乾性油の中間のもの

説明①

［1］油脂の分類

常温で固体の油脂を**脂肪**，液体の油脂を**脂肪油**といいます。脂肪は動物性由来，脂肪油は植物性由来のものが多く，それらの違いは油脂を構成している高級脂肪酸の種類によります。基本的に，常温で固体で存在する（融点が高い）油脂は飽和脂肪酸，液体で存在する（融点が低い）油脂は不飽和脂肪酸から構成されています。

また，アルケンに H_2 を付加させるとアルカンになるように，不飽和脂肪酸に H_2 を付加させると飽和脂肪酸になります。

思い出そう

＞C＝C＜ アルケン	不飽和脂肪酸（C=C あり）	例 リノール酸（C=C×2） $C_{17}H_{31}COOH$
↓ H_2 付加	↓ H_2 付加	↓ H_2 付加
－C(H)－C(H)－ アルカン	飽和脂肪酸（C=C なし）	ステアリン酸（C=C×0） $C_{17}H_{35}COOH$

すなわち，液体の油脂に H_2 を付加させると固体に変化します。こうしてできる固体の油脂を**硬化油**といいます。マーガリン（植物性由来だけど固体）がその例です。

どうして飽和脂肪酸から構成される油脂の融点は高いのか

構成脂肪酸の種類(飽和か不飽和か)で油脂の融点が変化するのは，構成脂肪酸の構造の違いが原因です。

飽和脂肪酸の構造

飽和脂肪酸はC=Cをもたず，アルキル基の部分がまっすぐ美しく並んでいます。よって，分子同士が接近できるため，分子間の引力がはたらきやすくなり，融点が高くなります。

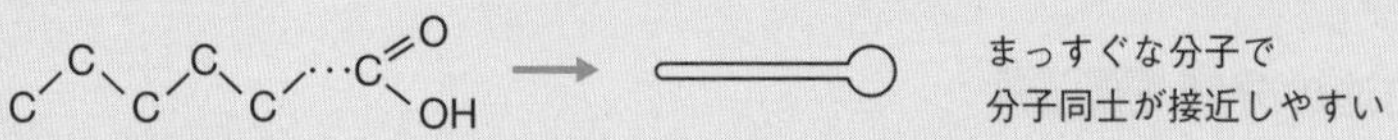

まっすぐな分子で
分子同士が接近しやすい

不飽和脂肪酸の構造

油脂を構成している不飽和脂肪酸はC=Cをもち，基本的にシス形になっています。そして，C=Cの場所や数は脂肪酸によって異なるため，分子同士は接近しにくくなります。

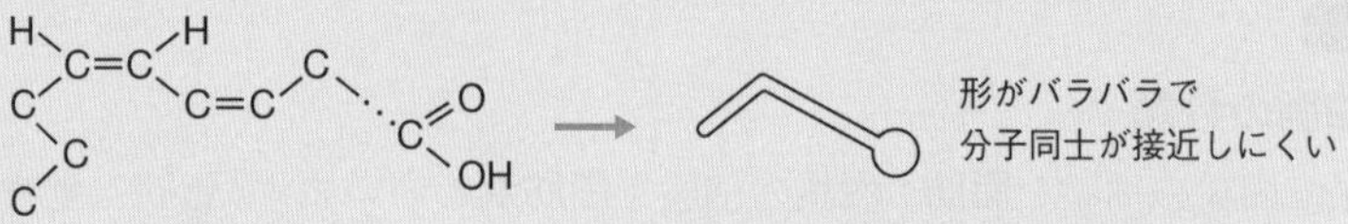

形がバラバラで
分子同士が接近しにくい

よって，分子間の引力がはたらきにくくなり，融点が低くなるのです。

説明②

[2] 脂肪油の分類

C=Cは空気中の酸素に酸化されて架橋構造を形成するため，液体の油脂でC=Cを多くもつものは，空気中に放置すると固化します。

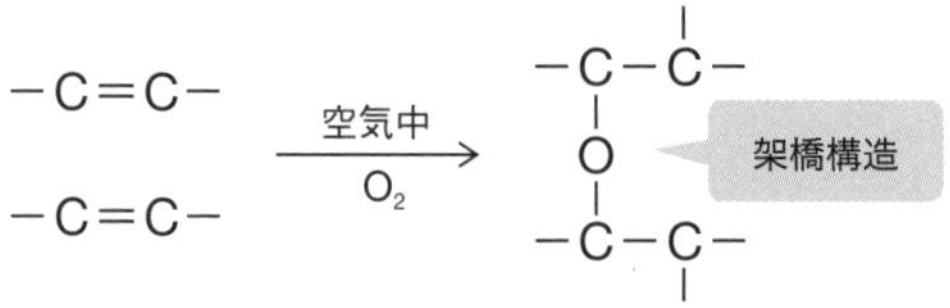

−C=C− −C=C− →(空気中 O_2) 架橋構造

このような油脂を**乾性油**といいます。塗料や印刷インクがその例です。逆に，C=Cが少なく空気中に放置しても固化しない油脂を**不乾性油**，中間の性質を示すものを**半乾性油**といいます。

2 セッケンと合成洗剤

① セッケン

重要TOPIC 06

セッケンの構造 説明①

高級脂肪酸のナトリウム塩 RCOONa やカリウム塩 RCOOK

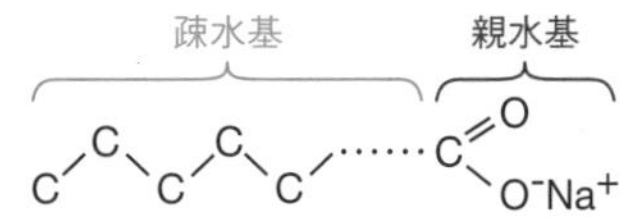

・セッケン分子が水中でつくるコロイド粒子 → ミセル

・油分を取り囲んでミセルを形成(油分をセッケン水中で分散できる)
 → 乳化作用

セッケンの性質 説明②

・水溶液は弱塩基性 → 動物性繊維に使用不可

・Ca^{2+} などのイオンと沈殿をつくる → 硬水中で洗浄力が低下する

説明①

[1] セッケンの構造

油脂をけん化して得られる高級脂肪酸のナトリウム塩 RCOONa やカリウム塩 RCOOK を**セッケン**といいます。セッケン分子は，下の図のように，長い疎水基と親水基からなります。

疎水基　親水基　→　疎水基　親水基　セッケン分子

セッケンを水に入れると，液面では，疎水基を空気中，親水基を水中に向けて並び，水の表面張力を低下させます。このような性質をもつ物質を**界面活性剤**といいます。そして水中では，疎水基を内側，親水基を外側に向けて集まり，**ミセル**とよばれるコロイド粒子をつくります。

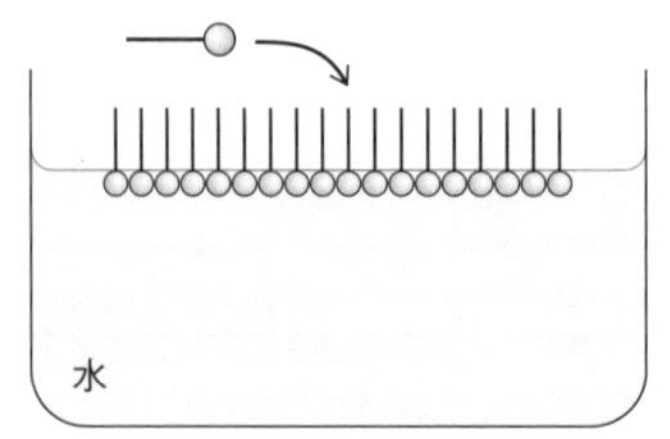

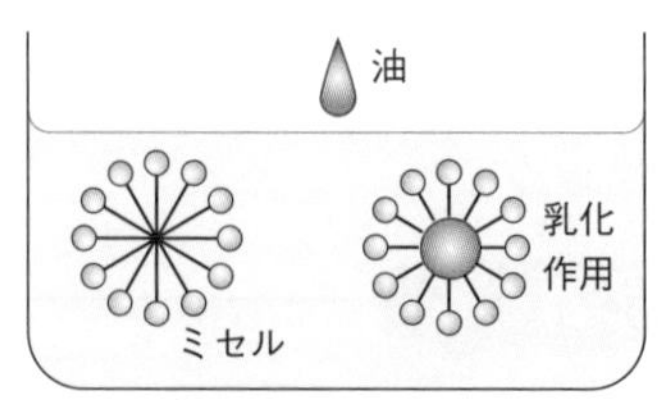

通常，油分は水分と混じり合いませんが，セッケン水中では，ミセルが油分を取り囲むため，セッケン水中に分散します。これをセッケンの**乳化作用**といい，得られる溶液を**乳濁液**といいます。

油汚れのついた繊維をセッケンで洗浄できるのは，下図のように機械的な力を加えることにより，油汚れがミセル内部に取り込まれ繊維から脱離するためです。

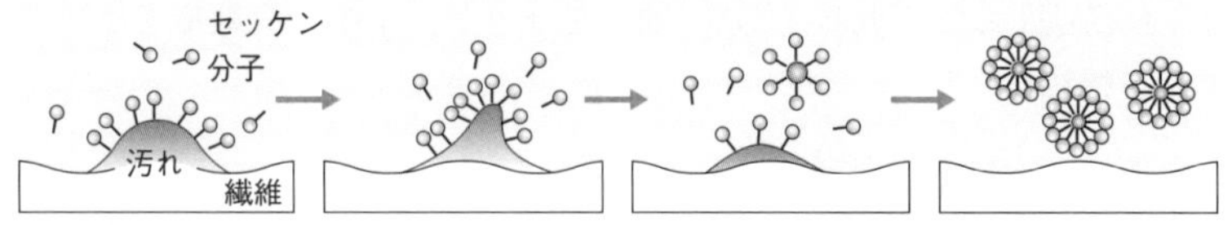

説明②

[2] セッケンの性質

性質 1　水溶液は弱塩基性

セッケンは高級脂肪酸（弱酸）と NaOH や KOH（強塩基）からなる塩です。よって加水分解により弱塩基性を示します。

$RCOO^-Na^+$
弱酸由来 強塩基由来

絹や羊毛のような動物性繊維はタンパク質で，セッケンの塩基性により変性（→ p.290）が起こるため，セッケンを使用することはできません。

性質 2　Ca^{2+} などのイオンと沈殿をつくる

セッケンは Ca^{2+} や Mg^{2+} などのイオンと沈殿をつくるため，Ca^{2+} や Mg^{2+} を多く含む硬水中では洗浄力が低下します。

性質 3　生分解されやすい

セッケンは天然化合物の油脂からつくられるため，自然界の微生物によって生分解されやすいのです。

実践！ 演習問題 2

▶標準レベル

ステアリン酸のみからなる油脂 89 g を水酸化ナトリウムでけん化し，セッケンをつくった。このとき得られるセッケンの質量を，四捨五入して整数で答えなさい。ただし，けん化は完全に進行したものとする。

\Point!/

ステアリン酸の分子量 284 !!

ステアリン酸のみからなる油脂の分子量 890 !!

▶ 解説

油脂をけん化すると，油脂 1 分子から高級脂肪酸が 3 分子得られます。

本問はステアリン酸のみからなる油脂なので，得られるセッケンは，ステアリン酸ナトリウム $C_{17}H_{35}COONa$ で，それは油脂の 3 倍の物質量に相当します。

ステアリン酸の分子量は 284 であるため，ステアリン酸ナトリウムの式量は，ステアリン酸の H 原子（原子量 1）を Na 原子（原子量 23）に変えると考えて，

$$284-1+23=306$$

となります。

また，ステアリン酸のみからなる油脂の分子量は 890 であるため，得られるステアリン酸ナトリウムの質量を x〔g〕とすると，次のような量的関係が成立します。

$$\frac{89}{890}\times 3=\frac{x}{306} \qquad x=91.8 \fallingdotseq \underline{92\ \mathrm{g}}$$

▶ 解答 **92 g**

② 合成洗剤

重要TOPIC 07

合成洗剤 説明①

化学合成された洗剤。別名，中性洗剤。

・高級アルコール系　$R-O-SO_3Na$

・ABS（アルキルベンゼンスルホン酸）系　$R-C_6H_4-SO_3Na$

説明①

化学合成された洗剤が**合成洗剤**です。セッケンの欠点である「動物性繊維に使用できない（塩基性）」「硬水中で洗浄力が低下する（沈殿をつくる）」ことを克服した中性の洗剤で，中性洗剤ともよばれます。

高級アルコール系

高級アルコール（C 数の多いアルコール）を硫酸エステル化（→ p.145）し，塩基で中和して合成します。

$$R-OH \xrightarrow[\text{硫酸エステル化}]{HO-SO_3H} R-O-SO_3H \text{（硫酸エステル）} \xrightarrow[\text{中和}]{NaOH} R-O-SO_3^-Na^+$$

R：疎水基　$O-SO_3^-Na^+$：親水基

ABS（アルキルベンゼンスルホン酸）系

アルキルベンゼンをスルホン化（→ p.165）し，塩基で中和して合成します。

$$R-C_6H_4-H \xrightarrow[\text{スルホン化}]{HO-SO_3H} R-C_6H_4-SO_3H \xrightarrow[\text{中和}]{NaOH} R-C_6H_4-SO_3^-Na^+$$

$R-C_6H_4-SO_3H$：アルキルベンゼンスルホン酸（ABS）

$R-C_6H_4$：疎水基　$SO_3^-Na^+$：親水基

界面活性剤の種類

・陰イオン界面活性剤
（親水基が陰イオン）
$R-SO_3^-Na^+$
R：疎水基　$SO_3^-Na^+$：親水基

・陽イオン界面活性剤
（親水基が陽イオン）
$R-N^+(CH_3)_3Cl^-$
R：疎水基　$N^+(CH_3)_3Cl^-$：親水基

・両性界面活性剤
（陽イオンと陰イオンの両方をもつ）
$R-N^+(CH_3)_2CH_2COO^-$
R：疎水基　$N^+(CH_3)_2CH_2COO^-$：親水基

・非イオン界面活性剤
（親水基が水中で電離しない）
$R-O(CH_2CH_2O)_nH$
R：疎水基　$O(CH_2CH_2O)_nH$：親水基

20講 アミノ酸

講義テーマ！

α-アミノ酸の性質を理解し，水中での平衡を書けるようにしましょう。

1 α-アミノ酸

① α-アミノ酸

動物体の主要成分であるタンパク質は，高分子化合物です。そのタンパク質を構成している小さな分子が**α-アミノ酸**です。

まずはα-アミノ酸を理解しましょう。

重要TOPIC 01

α-アミノ酸 説明①

アミノ酸…$-COOH$ と $-NH_2$ の両方をもつ分子

α-アミノ酸…α位のC原子に $-NH_2$ が結合しているアミノ酸

$$R-\overset{\displaystyle H}{\underset{\displaystyle NH_2}{C^*}}-COOH$$

α-アミノ酸の分類 説明②

側鎖Rに，

・$-COOH$ あり → **酸性アミノ酸**(グルタミン酸，アスパラギン酸など)

・$-NH_2$ あり → **塩基性アミノ酸**(リシンなど)

・どちらもなし → **中性アミノ酸**(グリシン，アラニンなど)

α-アミノ酸の結晶 説明③

双性イオンからなるイオン結晶

・水に溶ける

・一般的な有機化合物(分子結晶)に比べ融点が高い

$$R-\overset{\displaystyle H}{\underset{\displaystyle NH_3^+}{C}}-COO^-$$

説明①

[1] α-アミノ酸

分子内にアミノ基 $-NH_2$ とカルボキシ基 $-COOH$ の両方をもつ化合物を**アミノ酸**といいます。アミノ酸の $-COOH$ が直結しているC原子をα位のC原子といい，そこに $-NH_2$ が結合しているアミノ酸が**α-アミノ酸**です。

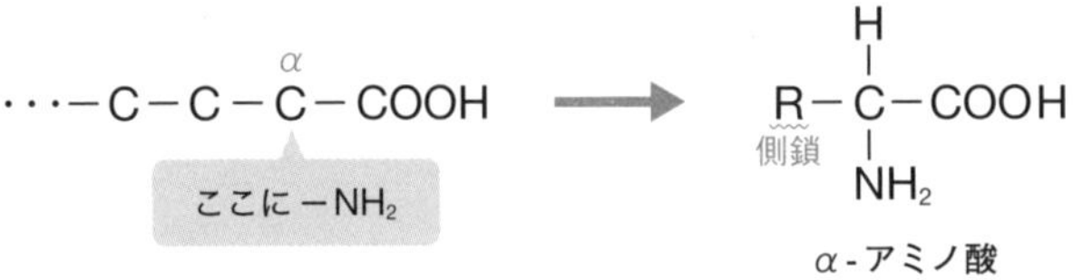

α
…−C−C−C−COOH → R−C(H)(NH₂)−COOH
ここに $-NH_2$
側鎖
α-アミノ酸

Rの部分をアミノ酸の**側鎖**といいます。右図のアミノ酸は，側鎖がH原子のα-アミノ酸で**グリシン**といいます。

グリシン以外のα-アミノ酸はα位のC原子が不斉炭素原子になり，鏡像異性体が存在します。

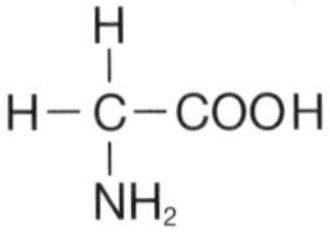

H−C(H)(NH₂)−COOH
グリシン
（不斉炭素原子なし）

α位以外のC原子

カルボキシ基 $-COOH$ が直結しているC原子を**α位**のC原子といい，α位の隣から順番に**β位**，**γ(ガンマ)位**，…と表していきます。

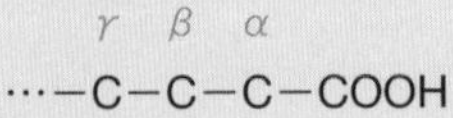

γ β α
…−C−C−C−COOH

23講で学ぶナイロン6の原料である「ε(イプシロン)-カプロラクタム」の「ε」は $-NH_2$ がε位に結合している**ラクタム**(環状アミド)であることを表しています。

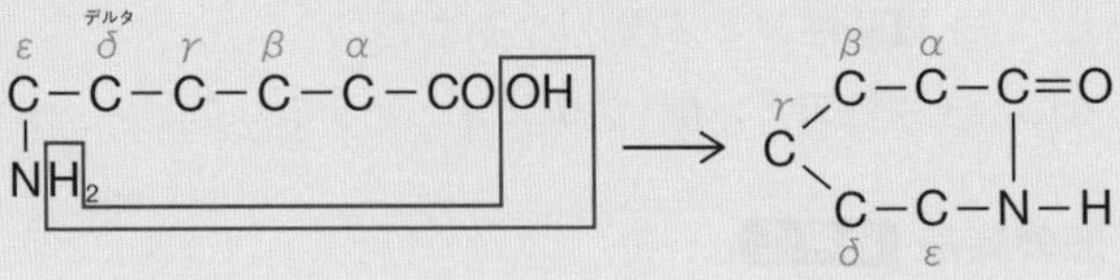

ε δ(デルタ) γ β α
C−C−C−C−C−COOH
|
NH_2
→
ε-カプロラクタム

説明②

[2] α-アミノ酸の分類

タンパク質を構成しているアミノ酸は**約 20 種類**です。それらは，側鎖 R の特徴によって 3 種類に分類されます。側鎖 R に $-COOH$ があるものを**酸性アミノ酸**，$-NH_2$ があるものを**塩基性アミノ酸**，どちらでもないものを**中性アミノ酸**といいます。

代表的なアミノ酸については，側鎖 R の特徴を知っておきましょう。出題されるアミノ酸はある程度決まっているので，問題を解いていくと，自然に特徴がいえるようになるはずです。

代表的な酸性アミノ酸　※側鎖 R に $-COOH$ あり			
アスパラギン酸 (Asp)	CH_2-COOH $H-C-COOH$ NH_2	グルタミン酸 (Glu)	CH_2-CH_2-COOH $H-C-COOH$ NH_2
代表的な塩基性アミノ酸　※側鎖 R に $-NH_2$ あり			
リシン (Lys)	$CH_2-CH_2-CH_2-CH_2-NH_2$ $H-C-COOH$ NH_2		
代表的な中性アミノ酸			
グリシン (Gly) 不斉炭素原子をもたない	H $H-C-COOH$ NH_2	アラニン (Ala)	CH_3 $H-C-COOH$ NH_2
システイン (Cys) S 原子あり	CH_2-SH $H-C-COOH$ NH_2	メチオニン (Met) S 原子あり	$CH_2-CH_2-S-CH_3$ $H-C-COOH$ NH_2
フェニルアラニン (Phe) ベンゼン環あり	$CH_2-C_6H_5$ $H-C-COOH$ NH_2	チロシン (Tyr) ベンゼン環あり	$CH_2-C_6H_4-OH$ $H-C-COOH$ NH_2

説明③

[3] α-アミノ酸の結晶

α-アミノ酸は，酸性の $-COOH$ と塩基性の $-NH_2$ が同じ C 原子に結合しているため，分子内で中和が起こります。

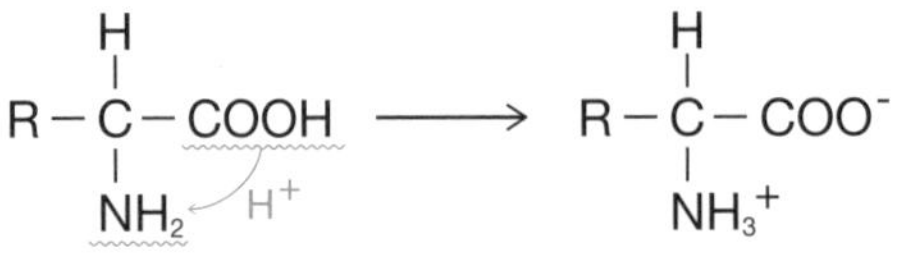

$$R-\underset{\underset{NH_2}{|}}{\overset{\overset{H}{|}}{C}}-COOH \xrightarrow{} R-\underset{\underset{NH_3^+}{|}}{\overset{\overset{H}{|}}{C}}-COO^-$$

H^+

双性イオン

このように，分子内に正電荷と負電荷が共存しているイオンを**双性イオン**といいます。α-アミノ酸の結晶はこの双性イオンからできているため，イオン結晶の性質を示します。

性質 1　水に溶ける

基本的にイオン結晶は水に溶けます。

とくにアミノ酸は，弱酸($-COOH$)と弱塩基($-NH_2$)をもち合わせているので，水に溶けて電離平衡になります(→ p.269)。

性質 2　一般的な有機化合物に比べて融点が高い

一般的な有機化合物は C，H，O，N などの非金属元素からできているため，分子結晶です。

分子間力に比べてイオン結合は強いため，アミノ酸は一般的な有機化合物より融点が高くなります。

② α-アミノ酸の平衡

重要TOPIC 02

α-アミノ酸の水中での平衡 説明①

中性アミノ酸

例 グリシン

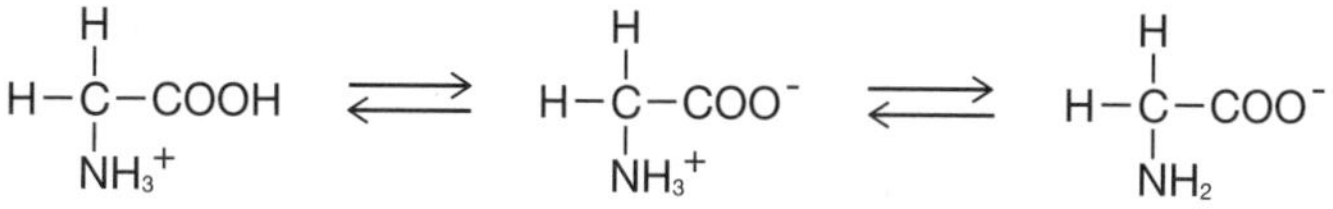

$$\mathrm{H{-}\underset{NH_3^+}{\overset{H}{C}}{-}COOH} \rightleftarrows \mathrm{H{-}\underset{NH_3^+}{\overset{H}{C}}{-}COO^-} \rightleftarrows \mathrm{H{-}\underset{NH_2}{\overset{H}{C}}{-}COO^-}$$

電荷 +1　±0　−1

酸性アミノ酸

例 アスパラギン酸

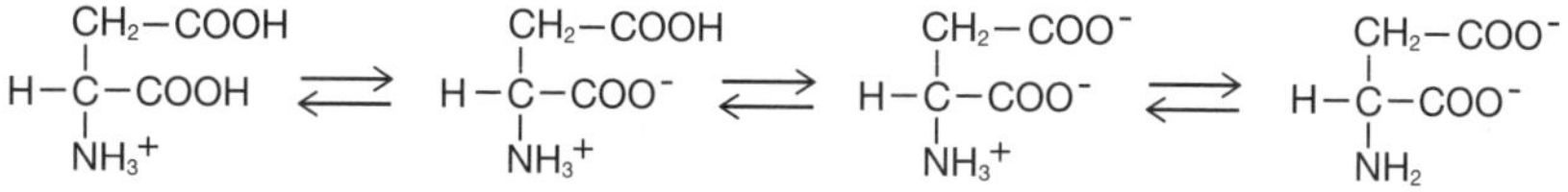

$$\mathrm{H{-}\underset{NH_3^+}{\overset{CH_2-COOH}{C}}{-}COOH} \rightleftarrows \mathrm{H{-}\underset{NH_3^+}{\overset{CH_2-COOH}{C}}{-}COO^-} \rightleftarrows \mathrm{H{-}\underset{NH_3^+}{\overset{CH_2-COO^-}{C}}{-}COO^-} \rightleftarrows \mathrm{H{-}\underset{NH_2}{\overset{CH_2-COO^-}{C}}{-}COO^-}$$

電荷 +1　±0　−1　−2

塩基性アミノ酸

例 リシン

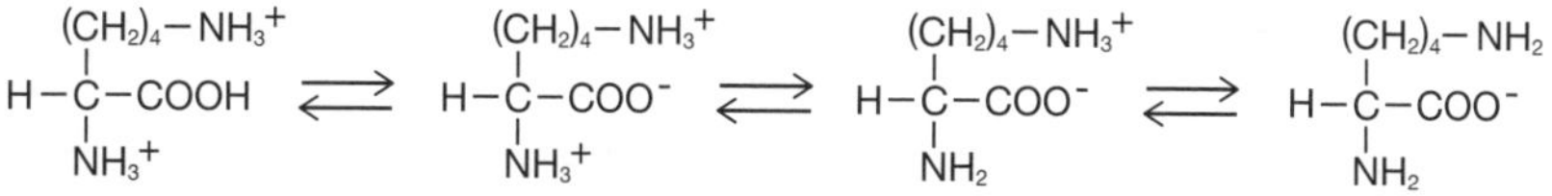

$$\mathrm{H{-}\underset{NH_3^+}{\overset{(CH_2)_4-NH_3^+}{C}}{-}COOH} \rightleftarrows \mathrm{H{-}\underset{NH_3^+}{\overset{(CH_2)_4-NH_3^+}{C}}{-}COO^-} \rightleftarrows \mathrm{H{-}\underset{NH_2}{\overset{(CH_2)_4-NH_3^+}{C}}{-}COO^-} \rightleftarrows \mathrm{H{-}\underset{NH_2}{\overset{(CH_2)_4-NH_2}{C}}{-}COO^-}$$

電荷 +2　+1　±0　−1

説明①

アミノ酸は弱酸（$-COOH$）であり弱塩基（$-NH_2$）でもあります。弱酸や弱塩基は水中で電離平衡になるため，アミノ酸も水中で電離平衡になっています。

水中での平衡を考えるときのポイントは「双性イオンから左右に構造を考えていくこと」です。基本的に，問題中に側鎖Rは与えられるので，$-COOH$ から $-NH_2$ に H^+ を移動させて双性イオンをつくり，酸と塩基の反応を考えて，その場で平衡を書いていきましょう。

[1] 中性アミノ酸

例　グリシン(Gly)　側鎖 R → −H

手順 1：双性イオンを書く

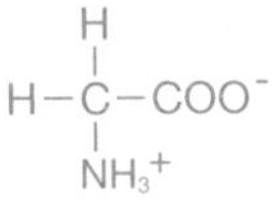

$$\begin{array}{c} H \\ | \\ H-C-COO^- \\ | \\ NH_3^+ \end{array}$$

手順 2：酸(H^+)を加えて pH を小さくすると，どの官能基が何反応を起こすか考える(中和 or 弱酸遊離)

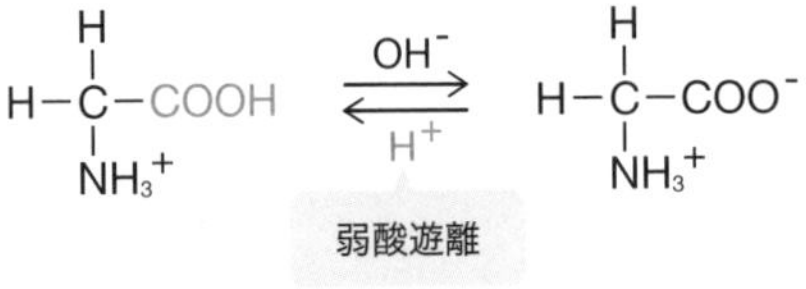

$$\begin{array}{c} H \\ | \\ H-C-COOH \\ | \\ NH_3^+ \end{array} \underset{H^+}{\overset{OH^-}{\rightleftarrows}} \begin{array}{c} H \\ | \\ H-C-COO^- \\ | \\ NH_3^+ \end{array}$$

弱酸遊離

双性イオンの中で，H^+ と反応できるのは $-COO^-$ しかありません。弱酸遊離反応で $-COOH$ が遊離します($-COO^- + H^+ \longrightarrow -COOH$)。

手順 3：塩基(OH^-)を加えて pH を大きくすると，どの官能基が何反応を起こすか考える(中和 or 弱塩基遊離)

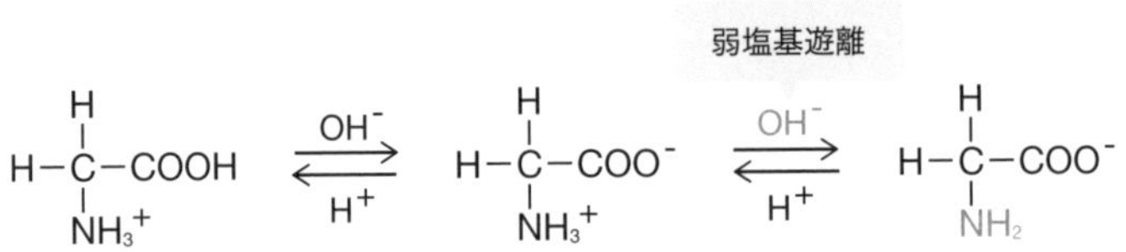

弱塩基遊離

$$\begin{array}{c} H \\ | \\ H-C-COOH \\ | \\ NH_3^+ \end{array} \underset{H^+}{\overset{OH^-}{\rightleftarrows}} \begin{array}{c} H \\ | \\ H-C-COO^- \\ | \\ NH_3^+ \end{array} \underset{H^+}{\overset{OH^-}{\rightleftarrows}} \begin{array}{c} H \\ | \\ H-C-COO^- \\ | \\ NH_2 \end{array}$$

双性イオンの中で，OH^- と反応できるのは $-NH_3^+$ しかありません。弱塩基遊離反応で $-NH_2$ が遊離します($-NH_3^+ + OH^- \longrightarrow -NH_2 + H_2O$)。

また，逆向きの反応はともに中和反応です。

$$-COOH + OH^- \longrightarrow -COO^- + H_2O \qquad -NH_2 + H^+ \longrightarrow -NH_3^+$$

以上より，中性アミノ酸のグリシンの平衡は次のようになります。

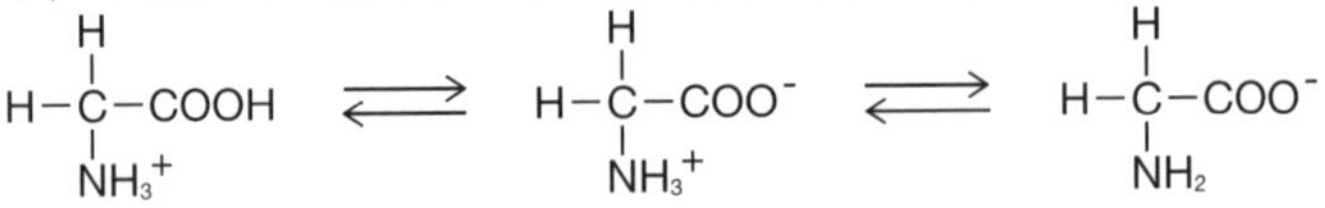

$$\begin{array}{c} H \\ | \\ H-C-COOH \\ | \\ NH_3^+ \end{array} \rightleftarrows \begin{array}{c} H \\ | \\ H-C-COO^- \\ | \\ NH_3^+ \end{array} \rightleftarrows \begin{array}{c} H \\ | \\ H-C-COO^- \\ | \\ NH_2 \end{array}$$

電荷　+1　　±0　　−1

アミノ酸は pH が小さくなると正に帯電，pH が大きくなると負に帯電します。酸性アミノ酸や塩基性アミノ酸でも，同様であることを確認していきましょう。

[2] 酸性アミノ酸

例　アスパラギン酸(Asp)　側鎖R → $-CH_2COOH$

手順1：双性イオンを書く

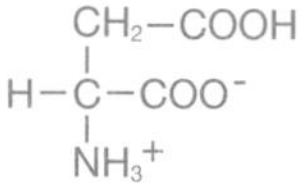

$$\begin{array}{c} CH_2-COOH \\ | \\ H-C-COO^- \\ | \\ NH_3^+ \end{array}$$

手順2：酸(H^+)を加えてpHを小さくすると，どの官能基が何反応を起こすか考える(中和 or 弱酸遊離) → 中性アミノ酸同様，弱酸遊離反応

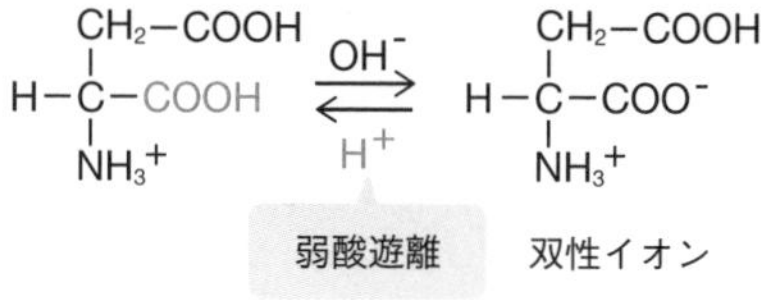

$$\begin{array}{c} CH_2-COOH \\ | \\ H-C-COOH \\ | \\ NH_3^+ \end{array} \underset{H^+}{\overset{OH^-}{\rightleftarrows}} \begin{array}{c} CH_2-COOH \\ | \\ H-C-COO^- \\ | \\ NH_3^+ \end{array}$$

弱酸遊離　双性イオン

手順3：塩基(OH^-)を加えてpHを大きくすると，どの官能基が何反応を起こすか考える(中和 or 弱塩基遊離)

双性イオンの中で，OH^- と反応できる候補が2つあります。側鎖Rの$-COOH$の中和反応か，$-NH_3^+$の弱塩基遊離反応です。

中和：$-COOH + OH^- \longrightarrow -COO^- + H_2O$

弱塩基遊離：$-NH_3^+ + OH^- \longrightarrow -NH_2 + H_2O$

中和反応はどんなpHでも進行しますが，弱塩基遊離反応は遊離する弱塩基より強い塩基性でしか進行しません。よって，OH^- を加えたとき，最初に進行するのは中和反応，次に弱塩基遊離反応です。

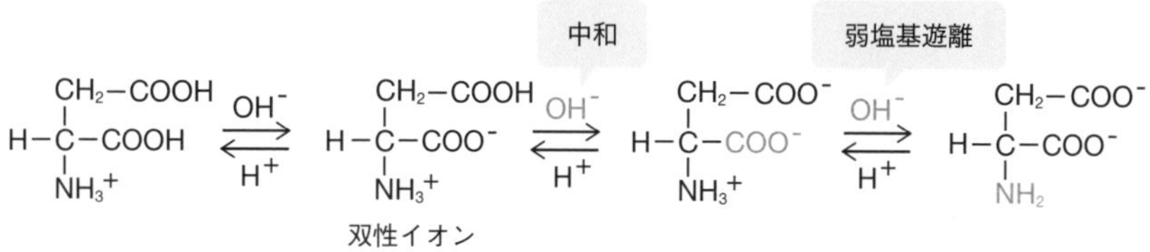

中和　弱塩基遊離

$$\begin{array}{c} CH_2-COOH \\ | \\ H-C-COOH \\ | \\ NH_3^+ \end{array} \underset{H^+}{\overset{OH^-}{\rightleftarrows}} \begin{array}{c} CH_2-COOH \\ | \\ H-C-COO^- \\ | \\ NH_3^+ \end{array} \underset{H^+}{\overset{OH^-}{\rightleftarrows}} \begin{array}{c} CH_2-COO^- \\ | \\ H-C-COO^- \\ | \\ NH_3^+ \end{array} \underset{H^+}{\overset{OH^-}{\rightleftarrows}} \begin{array}{c} CH_2-COO^- \\ | \\ H-C-COO^- \\ | \\ NH_2 \end{array}$$

双性イオン

以上より，酸性アミノ酸のアスパラギン酸の平衡は次のようになります。

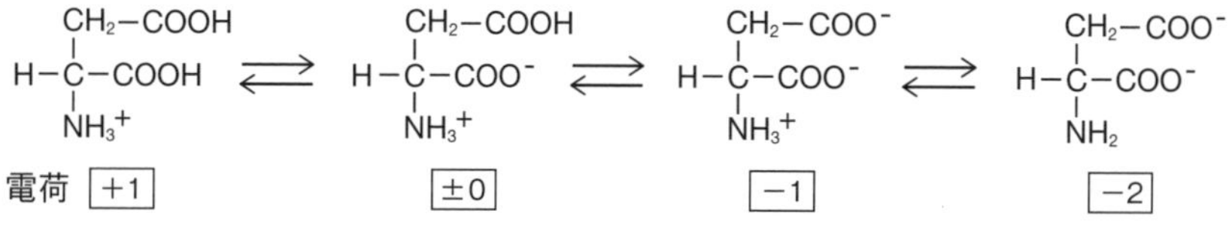

$$\begin{array}{c} CH_2-COOH \\ | \\ H-C-COOH \\ | \\ NH_3^+ \end{array} \rightleftarrows \begin{array}{c} CH_2-COOH \\ | \\ H-C-COO^- \\ | \\ NH_3^+ \end{array} \rightleftarrows \begin{array}{c} CH_2-COO^- \\ | \\ H-C-COO^- \\ | \\ NH_3^+ \end{array} \rightleftarrows \begin{array}{c} CH_2-COO^- \\ | \\ H-C-COO^- \\ | \\ NH_2 \end{array}$$

電荷　+1　±0　−1　−2

[3] 塩基性アミノ酸

例　リシン(Lys)　側鎖 R → $-(CH_2)_4NH_2$

手順1：双性イオンを書く

$$\begin{array}{c} (CH_2)_4-NH_3^+ \\ | \\ H-C-COO^- \\ | \\ NH_2 \end{array}$$

※リシンの双性イオンは少し特殊で，$-COOH$ の H^+ を側鎖 R の $-NH_2$ が受け取った状態になります。

手順2：酸(H^+)を加えて pH を小さくすると，どの官能基が何反応を起こすか考える(中和 or 弱酸遊離)

反応できる候補が2つありますが，酸性アミノ酸同様，中和が先に進行します。

中和：$-NH_2 + H^+ \longrightarrow -NH_3^+$

弱酸遊離：$-COO^- + H^+ \longrightarrow -COOH$

$$\begin{array}{c} (CH_2)_4-NH_3^+ \\ | \\ H-C-COOH \\ | \\ NH_3^+ \end{array} \underset{H^+}{\overset{OH^-}{\rightleftarrows}} \begin{array}{c} (CH_2)_4-NH_3^+ \\ | \\ H-C-COO^- \\ | \\ NH_3^+ \end{array} \underset{H^+}{\overset{OH^-}{\rightleftarrows}} \begin{array}{c} (CH_2)_4-NH_3^+ \\ | \\ H-C-COO^- \\ | \\ NH_2 \end{array}$$

弱酸遊離　　中和　　双性イオン

手順3：塩基(OH^-)を加えて pH を大きくすると，どの官能基が何反応を起こすか考える(中和 or 弱塩基遊離) → 中性アミノ酸同様，弱塩基遊離反応

弱塩基遊離

$$\begin{array}{c} (CH_2)_4-NH_3^+ \\ | \\ H-C-COOH \\ | \\ NH_3^+ \end{array} \underset{H^+}{\overset{OH^-}{\rightleftarrows}} \begin{array}{c} (CH_2)_4-NH_3^+ \\ | \\ H-C-COO^- \\ | \\ NH_3^+ \end{array} \underset{H^+}{\overset{OH^-}{\rightleftarrows}} \begin{array}{c} (CH_2)_4-NH_3^+ \\ | \\ H-C-COO^- \\ | \\ NH_2 \end{array} \underset{H^+}{\overset{OH^-}{\rightleftarrows}} \begin{array}{c} (CH_2)_4-NH_2 \\ | \\ H-C-COO^- \\ | \\ NH_2 \end{array}$$

双性イオン

以上より，塩基性アミノ酸のリシンの平衡は次のようになります。

$$\begin{array}{c} (CH_2)_4-NH_3^+ \\ | \\ H-C-COOH \\ | \\ NH_3^+ \end{array} \rightleftarrows \begin{array}{c} (CH_2)_4-NH_3^+ \\ | \\ H-C-COO^- \\ | \\ NH_3^+ \end{array} \rightleftarrows \begin{array}{c} (CH_2)_4-NH_3^+ \\ | \\ H-C-COO^- \\ | \\ NH_2 \end{array} \rightleftarrows \begin{array}{c} (CH_2)_4-NH_2 \\ | \\ H-C-COO^- \\ | \\ NH_2 \end{array}$$

電荷　+2　　+1　　±0　　−1

③ 等電点

重要TOPIC 03

等電点 説明①

アミノ酸の電荷の総和が0(電気的中性)になるpH

・中性アミノ酸 → 中性域

・酸性アミノ酸 → 酸性域

・塩基性アミノ酸 → 塩基性域

等電点ではアミノ酸のほとんどが双性イオンで存在

等電点を求める公式

$[H^+] = \sqrt{K_1 \cdot K_2}$　　(K_1：第1電離定数，K_2：第2電離定数)

説明①

アミノ酸の電離平衡からわかるように，アミノ酸はpHが小さいと正に帯電，pHが大きいと負に帯電します。そして，あるpHで電荷＝0(電気的中性)になります。このときのpHを**等電点**といいます。それでは，等電点の特徴を確認していきましょう。

[1] アミノ酸のほとんどが双性イオン

等電点では，アミノ酸のほとんどが双性イオンで存在しています。アミノ酸の電離平衡における，双性イオンの位置を確認してみましょう。

・中性アミノ酸 → 中性域

よって，**等電点は中性域(pH≒7)**になります。

・酸性アミノ酸 → 酸性域

よって，**等電点は酸性域(pH≪7)**になります。

・塩基性アミノ酸 → 塩基性域

よって，**等電点は塩基性域(pH≫7)**になります。

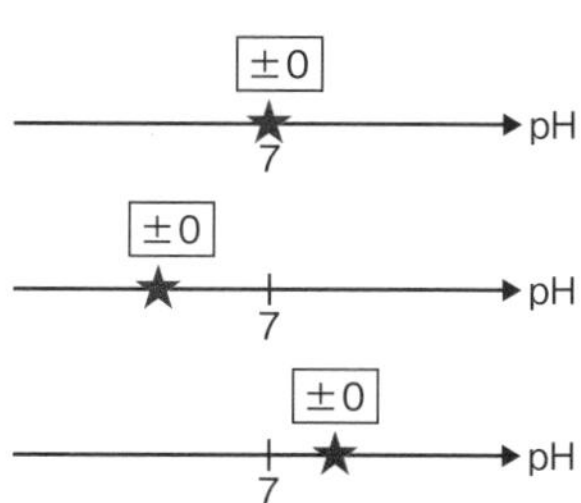

20講 アミノ酸

[2] [陽イオンの正電荷]＝[陰イオンの負電荷]

等電点では電荷の総和 ＝0，すなわち電気的中性が成立しているので，「陽イオンの正電荷の合計」と「陰イオンの負電荷の合計」が一致しています。

例　グリシン

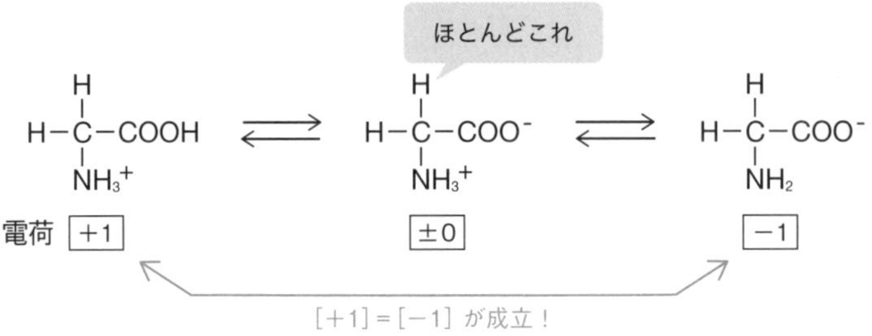

$$\mathrm{H{-}\underset{NH_3^+}{\overset{H}{C}}{-}COOH} \rightleftarrows \mathrm{H{-}\underset{NH_3^+}{\overset{H}{C}}{-}COO^-} \rightleftarrows \mathrm{H{-}\underset{NH_2}{\overset{H}{C}}{-}COO^-}$$

ほとんどこれ

電荷　+1　　±0　　−1

[＋1]＝[−1] が成立！

[3] 等電点において $[\mathrm{H^+}]=\sqrt{K_1 \cdot K_2}$

等電点の pH，すなわち $[\mathrm{H^+}]$ を求めるための公式を導いてみましょう。中性アミノ酸のグリシンで確認していきます(以下，グリシンの陽イオンを⊕，陰イオンを⊖，双性イオンを(±0)とします)。

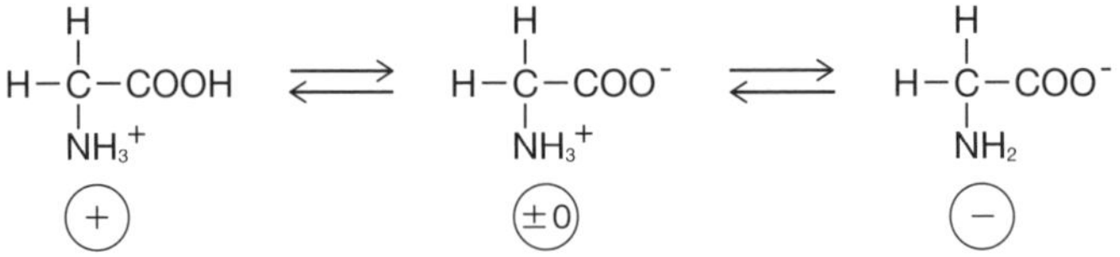

$$\mathrm{H{-}\underset{NH_3^+}{\overset{H}{C}}{-}COOH} \rightleftarrows \mathrm{H{-}\underset{NH_3^+}{\overset{H}{C}}{-}COO^-} \rightleftarrows \mathrm{H{-}\underset{NH_2}{\overset{H}{C}}{-}COO^-}$$

⊕　　(±0)　　⊖

第 1 電離定数を K_1，第 2 電離定数を K_2 とすると，次のようになります。

第 1 電離：⊕ ⇄ (±0) ＋ $\mathrm{H^+}$　　$K_1=\dfrac{[(\pm0)][\mathrm{H^+}]}{[\oplus]}$

第 2 電離：(±0) ⇄ ⊖ ＋ $\mathrm{H^+}$　　$K_2=\dfrac{[\ominus][\mathrm{H^+}]}{[(\pm0)]}$

等電点では，[陽イオンの正電荷]＝[陰イオンの負電荷] が成立するため，[⊕]＝[⊖] となり，$K_1 \cdot K_2$を次のように表すことができます。

$$K_1 \cdot K_2=\frac{[\cancel{(\pm0)}][\mathrm{H^+}]}{[\cancel{\oplus}]}\cdot\frac{[\cancel{\ominus}][\mathrm{H^+}]}{[\cancel{(\pm0)}]}=[\mathrm{H^+}]^2$$

[⊕]＝[⊖]

以上より，等電点の $[\mathrm{H^+}]$ は，$[\mathrm{H^+}]=\sqrt{K_1 \cdot K_2}$ となります。

実践！ **演習問題 1** ▶標準レベル

ある中性アミノ酸は，水中で次のような平衡状態になっている。

$$\mathrm{H{-}\underset{NH_3^+}{\overset{R}{C}}{-}COOH} \underset{}{\overset{K_1}{\rightleftarrows}} \mathrm{H{-}\underset{NH_3^+}{\overset{R}{C}}{-}COO^-} + \mathrm{H^+} \qquad K_1 = 4.0\times10^{-3}\,\mathrm{mol/L}$$

$$\mathrm{H{-}\underset{NH_3^+}{\overset{R}{C}}{-}COO^-} \underset{}{\overset{K_2}{\rightleftarrows}} \mathrm{H{-}\underset{NH_2}{\overset{R}{C}}{-}COO^-} + \mathrm{H^+} \qquad K_2 = 2.5\times10^{-10}\,\mathrm{mol/L}$$

このアミノ酸の等電点の pH を小数第 1 位まで求めなさい。

\Point!/

等電点では $[\mathrm{H^+}]=\sqrt{K_1\cdot K_2}$!!

▶ 解説

等電点において $[\mathrm{H^+}]=\sqrt{K_1\cdot K_2}$ が成立します。◂ \Point!/

この式に，与えられた電離定数を代入すると次のようになります。

$$\begin{aligned}[\mathrm{H^+}] &= \sqrt{4.0\times10^{-3}\times2.5\times10^{-10}}\\ &= \sqrt{1.0\times10^{-12}}\\ &= 1.0\times10^{-6}\ \mathrm{mol/L}\end{aligned}$$

よって，pH は

$$\begin{aligned}\mathrm{pH} &= -\log(1.0\times10^{-6})\\ &= \underline{6.0}\end{aligned}$$

▶ 解答 **6.0**

20 講 アミノ酸

4 α-アミノ酸の検出と分離

重要TOPIC 04

α-アミノ酸の検出 説明①

ニンヒドリン反応

ニンヒドリン水溶液を加えて温めると赤紫色～青紫色に呈色

α-アミノ酸の分離 説明②

等電点の違いを利用して，電気泳動や陽イオン交換樹脂で分離
→ 電荷を認識できるように図を書く

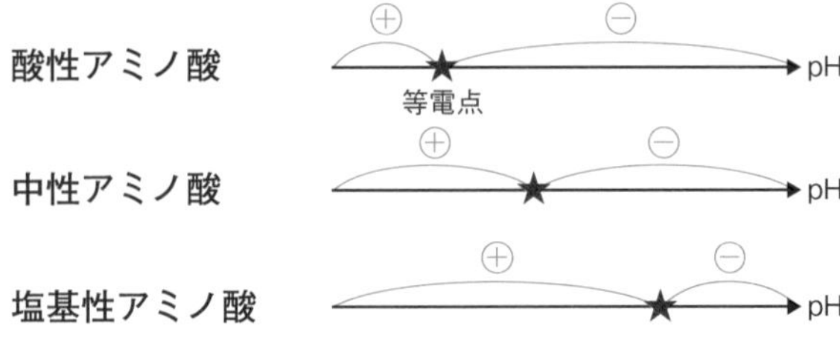

説明①

［1］α-アミノ酸の検出　検 α-アミノ酸

ニンヒドリンという物質の水溶液をアミノ酸に加えて温めると，赤紫色～青紫色に呈色します。これを**ニンヒドリン反応**といいます。

ニンヒドリン

これは，アミノ基 $-NH_2$ が原因で起こる反応なので，アミノ酸だけでなくペプチド(→ p.280)やタンパク質(→ p.282)でも呈色します。

説明②

［2］α-アミノ酸の分離

複数のアミノ酸が混在しているとき，それぞれのアミノ酸の等電点の違いを利用してそれらを分離します。分離の問題を考えるときのポイントは，混在している各アミノ酸の等電点と電荷を次のような図で表すことです。

例　グリシン(等電点 pH＝6.0)，グルタミン酸(等電点 pH＝3.2)，リシン(等電点 pH＝9.7)混合溶液

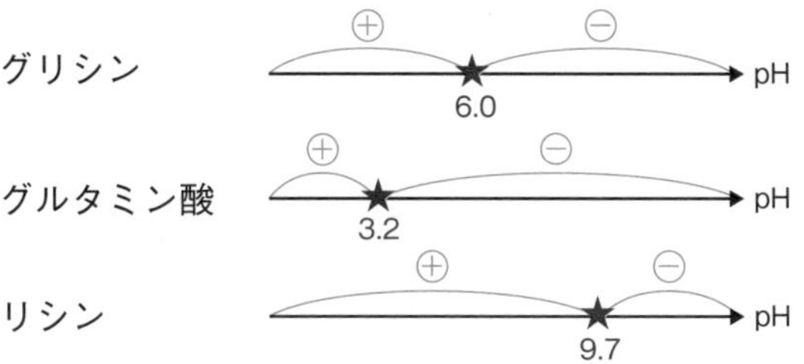

電気泳動

アミノ酸の混合溶液を緩衝溶液で湿らせたろ紙の中央に垂らし，電極を配置して電圧をかけます。

例　グリシン(等電点 pH＝6.0)，グルタミン酸(等電点 pH＝3.2)，リシン(等電点 pH＝9.7)の混合溶液を電気泳動により分離する。

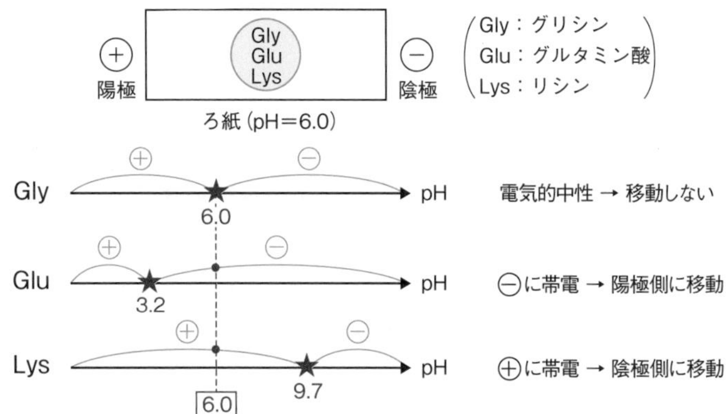

電気泳動後のろ紙にニンヒドリン溶液を噴霧し，ドライヤーで熱すると，呈色によりアミノ酸を検出できます。

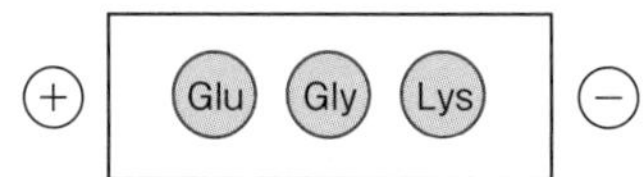

20講　アミノ酸

陽イオン交換樹脂

アミノ酸の混合溶液を酸性にし，陽イオン交換樹脂(陽イオンのみを吸着する樹脂)に通じます。

この時点では，すべてのアミノ酸が吸着されています。

その後，緩衝液を通じて pH を段階的に大きくしていくと，等電点の pH に達したアミノ酸は電気的に中性になり，陽イオン交換樹脂から流出します。

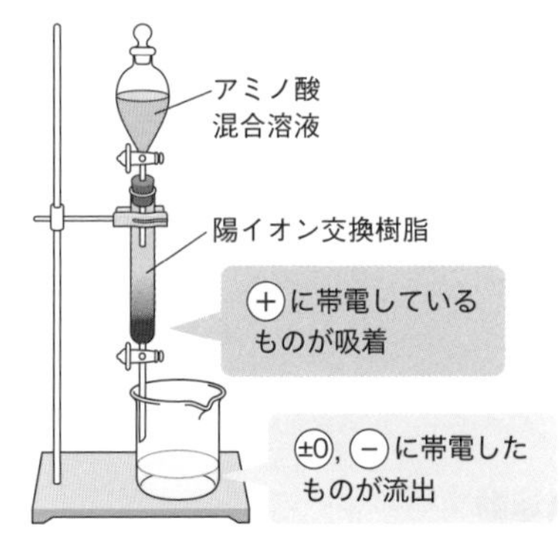

例　グリシン(等電点 pH＝6.0)，グルタミン酸(等電点 pH＝3.2)，リシン(等電点 pH＝9.7)の混合溶液(pH＝2.0)を陽イオン交換樹脂に通じ，その後緩衝液を通じて pH を段階的に大きくすることで，それぞれのアミノ酸を分離する。

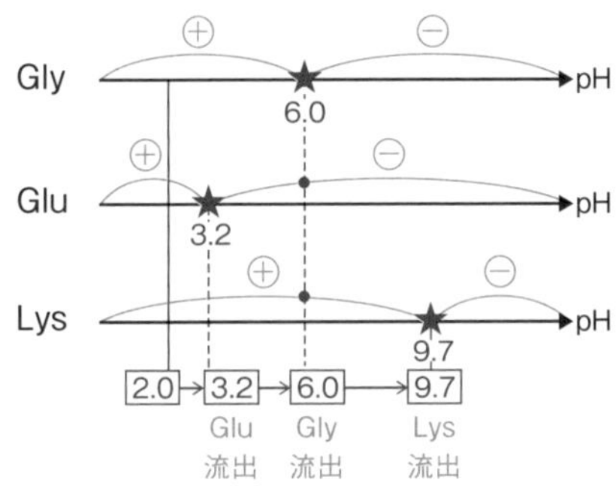

等電点の小さいアミノ酸から順(グルタミン酸 → グリシン → リシン)に流出するため，分離することができます。

実践！ **演習問題 2** ▶標準レベル

アスパラギン酸，リシン，アラニンの混合溶液がある。この溶液を強酸性にし，陽イオン交換樹脂に通じたあと，緩衝液を流し込んで，段階的に pH を大きくした。このとき，アミノ酸が流出する順序を例にならって答えなさい。

(解答例) チロシン → システイン → ヒスチジン

\Point!/

等電点の pH に達したら流出 !!

▶ 解説

等電点を与えられなくても，各アミノ酸の特徴を知っていれば考えることができます。

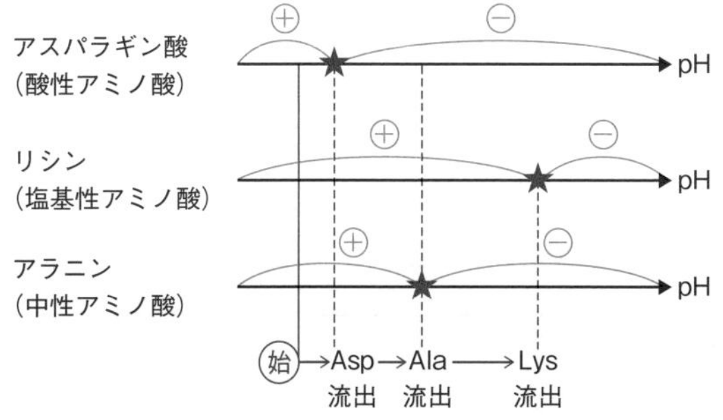

等電点の小さいものから順に，等電点の pH に達して流出します。◀ \Point!/

よって，流出順序はアスパラギン酸 → アラニン → リシンとなります。

▶ 解答 **アスパラギン酸 → アラニン → リシン**

20講 アミノ酸

21講 タンパク質

講義テーマ！

動物の体を構成する主要成分であるタンパク質について学びましょう。

1 ペプチド・タンパク質

① ペプチド

重要TOPIC 01

ペプチド 説明①

２つ以上のアミノ酸が縮合し，ペプチド結合でつながったもの。

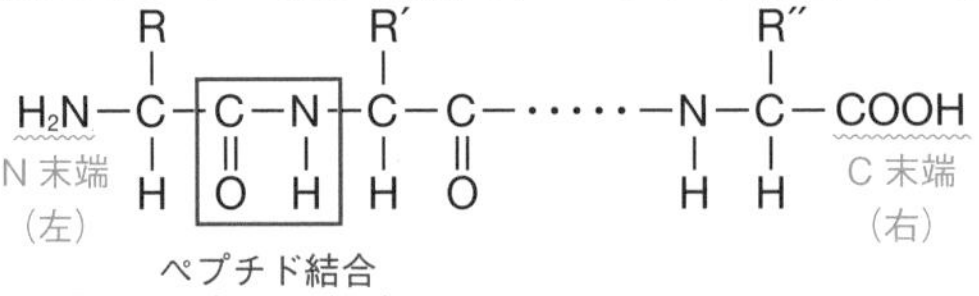

$$H_2N-\underset{H}{\overset{R}{C}}-\underset{O}{\overset{\|}{C}}-\underset{H}{N}-\underset{H}{\overset{R'}{C}}-\underset{O}{\overset{\|}{C}}-\cdots\cdots-\underset{H}{N}-\underset{H}{\overset{R''}{C}}-COOH$$

N末端（左）　ペプチド結合　C末端（右）

名称は「n ペプチド」（n はアミノ酸の数であることに注意）

説明①

２つ以上のアミノ酸が脱水縮合したものを**ペプチド**といい，このとき生じる $-CONH-$ 結合を**ペプチド結合**といいます。同じ $-NHCO-$ 結合でも，このテーマ以外では**アミド結合**です。きちんと使い分けましょう。

アミノ基 $-NH_2$ の末端を **N 末端**，カルボキシ基 $-COOH$ の末端を **C 末端**といいます。通常，N 末端は左，C 末端は右に表記します。

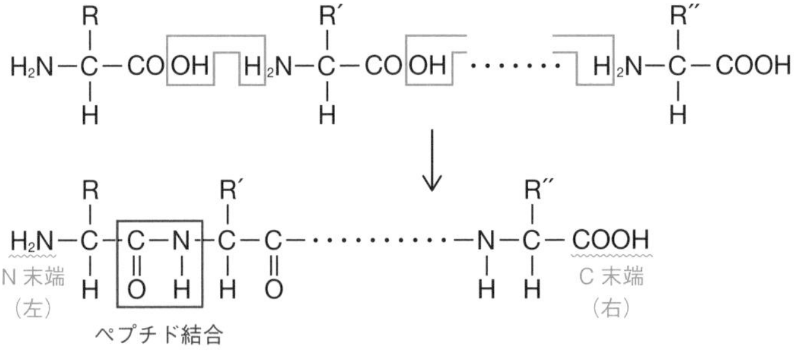

$$H_2N-\underset{H}{\overset{R}{C}}-CO\boxed{OH}\ \boxed{H}_2N-\underset{H}{\overset{R'}{C}}-CO\boxed{OH}\cdots\cdots\boxed{H}_2N-\underset{H}{\overset{R''}{C}}-COOH$$

↓

$$H_2N-\underset{H}{\overset{R}{C}}-\underset{O}{\overset{\|}{C}}-\underset{H}{N}-\underset{H}{\overset{R'}{C}}-\underset{O}{\overset{\|}{C}}-\cdots\cdots\cdots\cdots-\underset{H}{N}-\underset{H}{\overset{R''}{C}}-COOH$$

N末端（左）　ペプチド結合　C末端（右）

また，アミノ酸が n〔個〕縮合しているペプチドを「n ペプチド」とよびます。

例　アミノ酸 ×2 → ジペプチド

　　アミノ酸 ×5 → ペンタペプチド

このとき，数詞の n はペプチド結合の数ではなく，アミノ酸の数であることに注意が必要です。さらに，アミノ酸の数が10以上になると「ポリペプチド」とよびます。

実践！ 演習問題 1　▶標準レベル

グリシン，アラニン，システインからなるトリペプチドの構造異性体は，何種類考えられるか答えなさい。また，立体異性体を考慮すると異性体は何種類あるか答えなさい。

\Point!/

グリシンは不斉炭素原子なし !!

▶ 解説

図のようにN末端から3つのアミノ酸が縮合しているトリペプチドを考えます(N：N末端，C：C末端)。

構造異性体

3つのアミノ酸の並び方は，3!通り，すなわち $3 \times 2 \times 1 = $ 6種類となります。

立体異性体を考慮

グリシン以外の α-アミノ酸には不斉炭素原子が存在するため，2種類の立体構造(鏡像異性体)があります。◀ \Point!/

よって，アラニンとシステインの立体異性体を考慮すると，$6 \times 2^2 = $ 24種類となります。

▶ 解答　構造異性体…**6種類**

　　　　立体異性体を考慮…**24種類**

21講　タンパク質

❷ タンパク質

タンパク質は動物の体を構成する主要成分で，約 20 種類のα-アミノ酸が縮合したポリペプチドです。

重要TOPIC 02

タンパク質の構造 説明①

一次構造：α-アミノ酸の配列順序
関わる結合 → ペプチド結合
二次構造：規則的な立体構造（α-へリックス構造，β-シート構造）
関わる結合 → 水素結合
三次構造：不規則な立体構造
関わる結合 → 側鎖間の結合
ジスルフィド結合，イオン結合など

説明①

タンパク質の構造は複雑で，ひと言では説明できません。そこで，一次構造から三次構造に分けて考えます。アミノ酸からタンパク質をつくり上げるまでに 3 つの段階があり，それらを一次構造から三次構造とよんでいるイメージです。

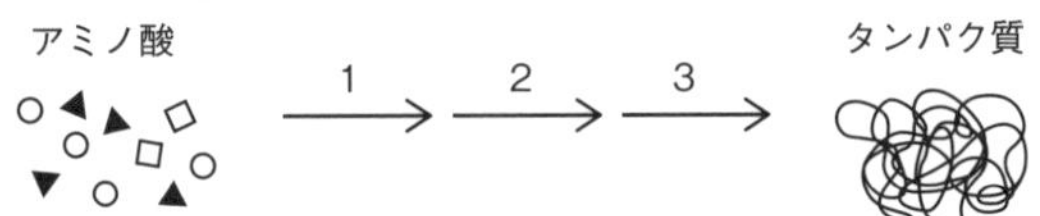

[1] 一次構造（アミノ酸の配列順序）

まずはアミノ酸を脱水縮合でつなぎ，一本の鎖にします。

例 N−グリシン−アラニン−システイン−……−リシン−C

このアミノ酸の配列順序を**一次構造**といいます。そして，一次構造をつくっている結合は**ペプチド結合**です。

[2] 二次構造(規則的な立体構造)

一次構造の鎖を，規則的な立体構造にします。これを**二次構造**といいます。規則的な立体構造をつくるのは，規則的に現れるペプチド結合の間にできる**水素結合**です。

α-ヘリックス構造

一次構造の鎖がらせん構造になった状態が，**α-ヘリックス構造**です。あるアミノ酸の >C=O と，そこから4つ目のアミノ酸の H−N< との間にできる水素結合でつくられています。

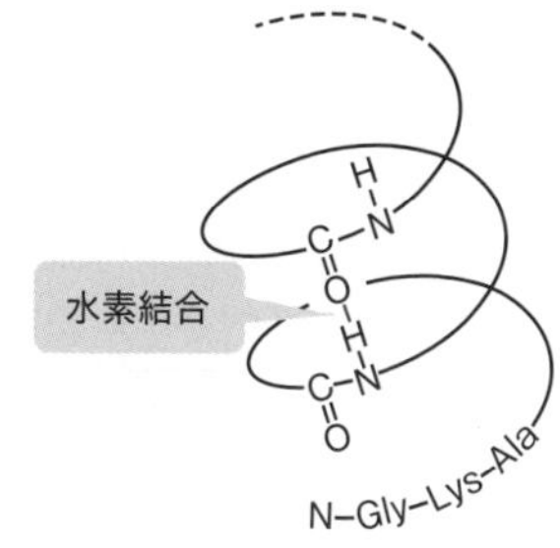

β-シート構造

複数の一次構造の鎖が，平行に並んだ状態が**β-シート構造**です。2本の並んだポリペプチド鎖の間にできる水素結合でつくられています。

水素結合

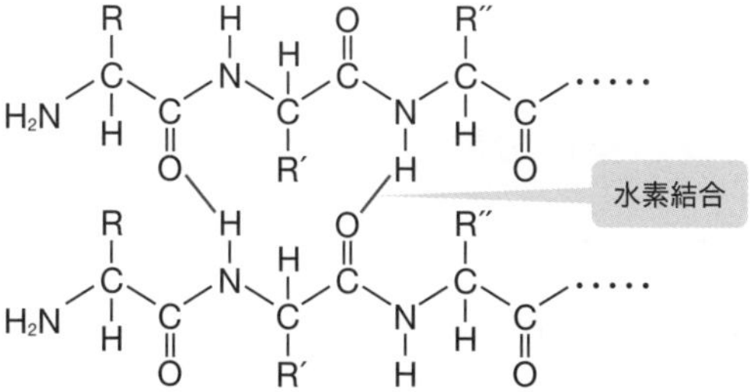

[3] 三次構造(不規則な立体構造)

二次構造の美しい立体構造が，さらに不規則な立体構造になったものが**三次構造**です。α-ヘリックス構造のらせんが，ぐしゃぐしゃになるイメージです。三次構造は，不規則に現れる側鎖間の結合でできています。

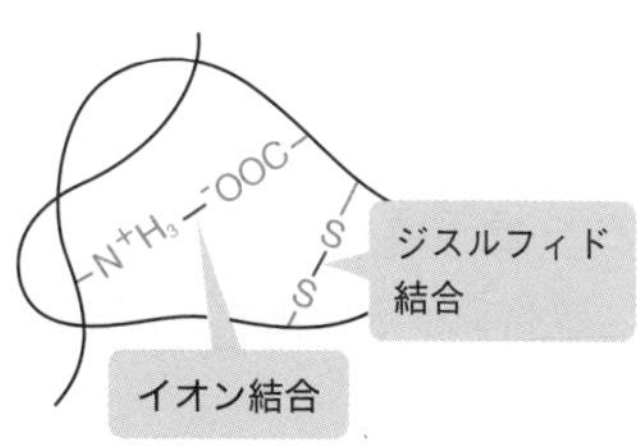

例　酸性アミノ酸と塩基性アミノ酸の側鎖間 → イオン結合

$$-COOH \ + \ H_2N- \longrightarrow -COO^- \text{——} H_3N^+-$$

イオン結合

システインの側鎖($-CH_2-SH$)間 → **ジスルフィド結合**

$$-SH + HS- \longrightarrow -S-S-$$

ジスルフィド結合

ちなみに，システインは空気中で酸化されてジスルフィド結合により二量体をつくります。

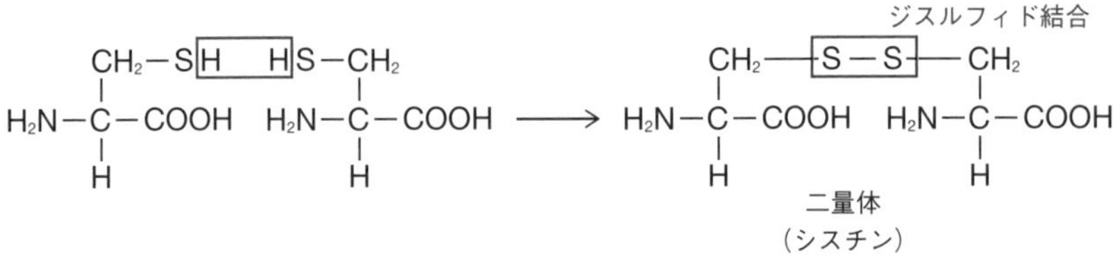

$$\begin{array}{c} CH_2-SH \\ | \\ H_2N-C-COOH \\ | \\ H \end{array} \quad \begin{array}{c} HS-CH_2 \\ | \\ H_2N-C-COOH \\ | \\ H \end{array} \longrightarrow \begin{array}{c} CH_2-S-S-CH_2 \\ | \qquad\qquad | \\ H_2N-C-COOH \quad H_2N-C-COOH \\ | \qquad\qquad | \\ H \qquad\qquad H \end{array}$$

ジスルフィド結合

二量体
(シスチン)

［4］**四次構造(三次構造の集まり)**

いくつかの三次構造の集まりを**四次構造**といいます。

③ ペプチド・タンパク質の検出反応

重要TOPIC 03

ペプチド・タンパク質の検出反応

ビウレット反応：トリペプチド以上の検出 説明①

→ NaOHaq と $CuSO_4$aq を加えると赤紫色に呈色

キサントプロテイン反応：ベンゼン環をもつペプチド※の検出 説明②

※チロシンなどを含むペプチド

→ 濃硝酸を加えて加熱すると黄色，その後塩基性にすると橙黄色に変化

硫黄原子を検出する反応：S 原子をもつペプチド※の検出 説明③

※システインやメチオニンを含むペプチド

→ NaOHaq を加えて加熱後，$(CH_3COO)_2Pb$aq を加えると PbS の黒色沈殿が生成

説明①

[1] ビウレット反応　検 トリペプチド以上のタンパク質

ペプチド結合を2つ以上もつペプチド，すなわちトリペプチド以上のペプチドに対して，水酸化ナトリウム NaOH 水溶液と硫酸銅(Ⅱ) $CuSO_4$水溶液を加えると赤紫色に呈色します。これを**ビウレット反応**といいます。

H_2N—○—C(=O)—N(H)—□—COOH $\xrightarrow{\text{NaOHaq + CuSO}_4\text{aq}}$ 変化なし

ジペプチド

H_2N—○—C(=O)—N(H)—□—C(=O)—N(H)—△—COOH $\xrightarrow{\text{NaOHaq + CuSO}_4\text{aq}}$ 赤紫色

トリペプチド

説明②

[2] キサントプロテイン反応　検 ベンゼン環をもつペプチド

側鎖にベンゼン環をもつアミノ酸(チロシンなど)を含むペプチドに，濃硝酸を加えて加熱すると黄色，その後塩基性にすると橙黄色に変化します。これを**キサントプロテイン反応**といいます。

例　チロシン(R → $-CH_2-C_6H_4-OH$)

$-CH_2-C_6H_4-OH$ $\xrightarrow[\text{ニトロ化}]{HNO_3}$ $-CH_2-C_6H_3(NO_2)-OH$ $\xrightarrow[\text{中和}]{NH_3}$ $-CH_2-C_6H_3(NO_2)-O^-$

説明③

[3] 硫黄原子を検出する反応　検 S 原子をもつペプチド

側鎖にS原子をもつアミノ酸(システインやメチオニン)を含むペプチドに，水酸化ナトリウム NaOH 水溶液を加えて加熱したあと，酢酸鉛(Ⅱ) $(CH_3COO)_2Pb$ 水溶液を加えると硫化鉛(Ⅱ)PbS の黒色沈殿が生成します。

例　システイン(R → $-CH_2-SH$)

$-CH_2-SH \xrightarrow{OH^-} -CH_2-OH + HS^-$

$HS^- \xrightarrow[\text{中和}]{OH^-} S^{2-} \xrightarrow{Pb^{2+}} PbS\downarrow$ (黒)

実践！

演習問題 2

▶標準レベル

表のα-アミノ酸のいずれか3つからなるトリペプチドAがある。AのN末端は不斉炭素原子をもたないα-アミノ酸であった。また，Aを部分的に加水分解したところ，ジペプチドBとジペプチドCが得られた。BとCはともに，水酸化ナトリウム水溶液を加えて加熱後，酢酸鉛(Ⅱ)水溶液を加えると黒色沈殿が生じた。また，BとCに濃硝酸を加えて加熱したところ，Cのみが黄色に変化した。Aを構成しているα-アミノ酸をN末端から順に書きなさい。

名称	グリシン	アラニン	システイン	チロシン	リシン
側鎖	$-H$	$-CH_3$	$-CH_2SH$	$-CH_2-C_6H_4-OH$	$-(CH_2)_4NH_2$

\Point!/

ジペプチドBとCに共通のアミノ酸はトリペプチドAのどこに存在するか考えよう‼

▶ 解説

トリペプチドAを右図のようにおきます(N：N末端，C：C末端)。

N末端のアミノ酸(○)は不斉炭素原子をもたないことからグリシンと決まります。そして，加水分解により生じるジペプチドBとCは次のように表すことができます。

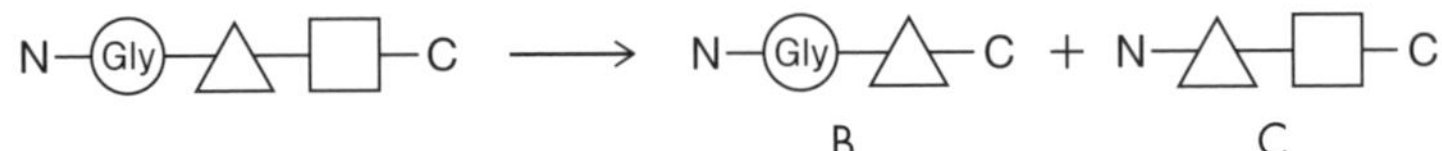

これより，BとCに共通するアミノ酸は，Aの真ん中に存在することがわかります。

また，BとCはともに硫黄原子を検出する反応を示しているため，システインをもち，これがAの真ん中(△)と決まります。

さらに，Cはキサントプロテイン反応を示したことから，チロシンをもち，これが残り(□)と決まります。

▶ 解答　(N末端から)**グリシン，システイン，チロシン**

④ タンパク質の定量法

重要TOPIC 04

タンパク質の定量法 説明①

タンパク質中のN原子(約16％)をNH_3にして取り出し，逆滴定で定量。

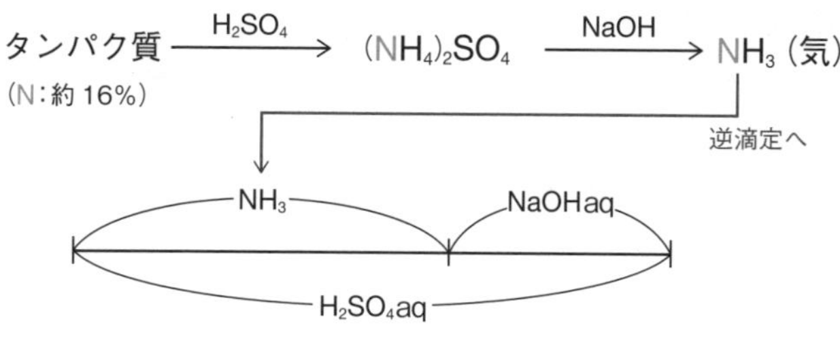

説明①

食品などに含まれるタンパク質を定量する方法に**ケルダール法**があります。これは，タンパク質に含まれるN原子が約16％(ほとんどがペプチド結合のもの)と決まっていることを利用しています。

例 ある食品に含まれるタンパク質(N含有率16％とする)をx〔g〕として考えましょう。

このタンパク質に含まれるN原子の質量は，$\frac{16x}{100}$〔g〕です。

Nの原子量は14なので，N原子の物質量は，$\frac{16x}{100}\times\frac{1}{14}$〔mol〕となります。

① 濃硫酸を加えて加熱し，タンパク質中のN原子を$(NH_4)_2SO_4$に変えて取り出します。

② NaOH水溶液を加え，$(NH_4)_2SO_4$からNH_3を遊離させます(弱塩基遊離反応)。

→ N原子1個からNH_3が1個生じるため，生成するNH_3の物質量は，N原子と同じ$\frac{16x}{100}\times\frac{1}{14}$〔mol〕です。

③ 取り出したNH_3を逆滴定で定量します。

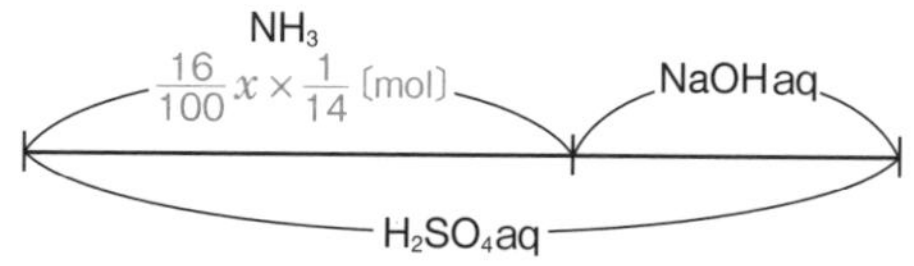

21講 タンパク質

実践！ **演習問題 3** ▶標準レベル

ある食品3gに濃硫酸を加えて加熱したあと，水酸化ナトリウム水溶液を加えるとアンモニアが発生した。このアンモニアを0.20 mol/Lの希硫酸60 mLに吸収させ，過剰な希硫酸を0.20 mol/Lの水酸化ナトリウム水溶液で中和したところ，45 mL必要であった。この食品に含まれているタンパク質は何gか。有効数字2桁で答えなさい。ただし，タンパク質のN原子の含有率は16％とする。

\Point!/

タンパク質に含まれているN原子の物質量と生成するNH_3の物質量は等しい!!

▶ 解説

NH_3の物質量をx〔mmol〕とすると，中和反応の量的関係より，

塩基の物質量(mol)＝酸の物質量(mol)

となり，次の図のように表せます。

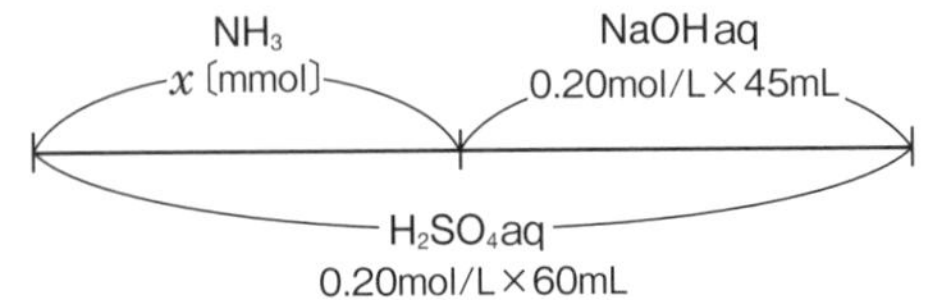

NH_3の物質量は，

$$x \times 1 + 0.20 \times 45 \times 1 = 0.20 \times 60 \times 2 \qquad x = 15\ \text{mmol}$$

これはタンパク質中のN原子(原子量14)の物質量と等しいため，N原子の質量は，

$$15 \times 14 = 210\ \text{mg}$$

よって，タンパク質の16％がN原子であることから，タンパク質の質量は，

$$210 \times 10^{-3} \times \frac{100}{16} = 1.31 \fallingdotseq \underline{1.3\ \text{g}}$$

▶ 解答 **1.3 g**

5 タンパク質の分類

重要TOPIC 05

タンパク質の分類

成分による分類 説明①

・単純タンパク質…構成成分がアミノ酸のみ

・複合タンパク質…アミノ酸以外の物質も含む

形状による分類 説明②

・球状タンパク質…水に溶けるものが多く生命活動の維持に関わる

・繊維状タンパク質…水に不溶で，筋肉などの組織の形成に関わる

説明①

[1] 成分による分類

アミノ酸のみからなるタンパク質を**単純タンパク質**，アミノ酸以外の物質も含むタンパク質を**複合タンパク質**といいます。複合タンパク質は生体内で特殊な機能をつかさどっているものが多く，次のようなものがあります。

色素タンパク質 → 色素を含む　例 ヘモグロビン

糖タンパク質　→ 糖を含む　例 ムチン

リンタンパク質 → リンを含む　例 カゼイン

説明②

[2] 形状による分類

ポリペプチド鎖が球状に折りたたまれたタンパク質を**球状タンパク質**といい，水に溶けるものが多く，生命活動の維持に関わっています。

また，複数のポリペプチド鎖が束になって繊維状になっているタンパク質を**繊維状タンパク質**といい，水に不溶で筋肉などの体の組織の形成に関わっています。

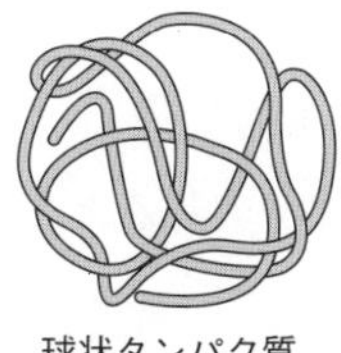

球状タンパク質

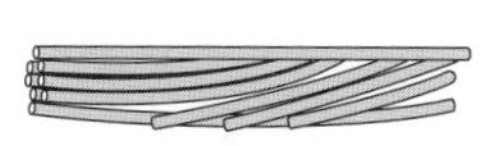

繊維状タンパク質

6 タンパク質の性質

重要TOPIC 06

タンパク質の性質

水溶液 説明①

親水コロイドであるため，塩析が起こる

タンパク質の変性 説明②

熱，酸・塩基，重金属イオン，アルコールなどにより凝固する現象

説明①

[1] 水溶液

水溶性のタンパク質(球状タンパク質)は**親水コロイド**(たくさんの水分子と水和しているコロイド)であるため，多量の電解質を加えると沈殿します(**塩析**)。

説明②

[2] タンパク質の変性

タンパク質は，熱，酸・塩基，重金属イオン，アルコールなどにより構造が変化して凝固します。これを**タンパク質の変性**といいます。原因は立体構造が壊れることなので，二次構造や三次構造(→ p.283)が影響を受けています。

例えば，タンパク質に酸や塩基を加えると，イオン結合が壊れるため三次構造が影響を受けますし，加熱すると熱運動により，比較的弱い分子間力が壊れて，二次構造や三次構造が影響を受けます。

例 イオン結合

$$-N^{+}H_3 —— {}^{-}OOC- \xrightarrow[\text{弱酸遊離}]{H^{+}} -N^{+}H_3 \quad HOOC-$$

イオン結合

一次構造は立体構造ではありません。一次構造が壊れるとアミノ酸に変化し，これは，加水分解です。気をつけましょう。

2 酵素

① 酵素の性質

重要TOPIC 07

酵素の性質

最適温度がある 説明①

最適 pH がある 説明②

基質特異性がある 説明③

→ 酵素は活性部位(または活性中心)にあてはまる構造をもつ特定の基質にしか作用しない

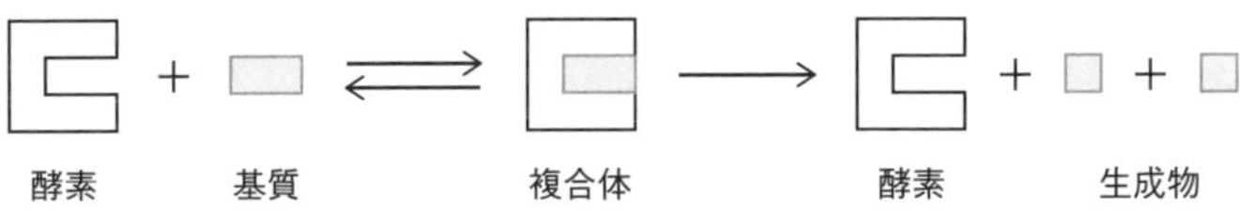

生体内で触媒としてはたらくタンパク質を**酵素**といいます。酵素の性質を確認していきましょう。

説明①

[1] **最適温度がある**

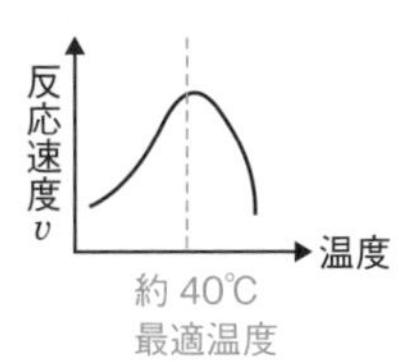

酵素は35～40℃，すなわち体温付近で最も活性になり，酵素が作用する反応の反応速度が大きくなります。この温度を**最適温度**といいます。

通常の化学反応は，温度が高くなると反応速度も大きくなります。酵素も最適温度までは同様ですが，最適温度を超えると，タンパク質の変性により失活するため，最適温度で反応速度が最大となります。

説明②

[2] 最適 pH がある

酵素には，反応速度が最大になるpHがあります。このpHを**最適pH**といいます。最適pHは酵素によって異なります(中性付近のものが多い)。

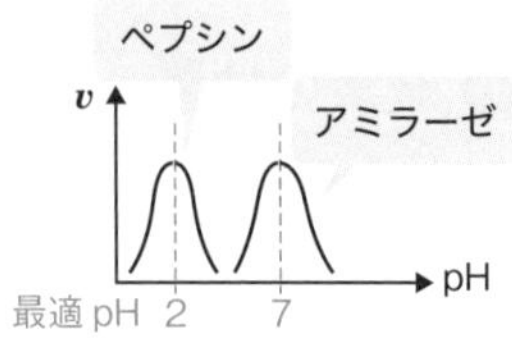

通常の化学変化においては，反応速度とpHは関係ありませんが，酵素はタンパク質なので，酸や塩基を加えるとタンパク質の変性が起こり失活します。酸を加えても塩基を加えてもダメ，すなわちpHを小さくしても大きくしてもダメなのです。

説明③

[3] 基質特異性

酵素は特定の相手(**基質**)にしか作用しません。これを**基質特異性**といいます。

酵素には，反応を起こす特定の構造があります。これを**活性部位**または**活性中心**といいます。この活性部位(活性中心)にあてはまる構造をもつ基質だけが取り込まれて反応するため，基質特異性をもつのです。

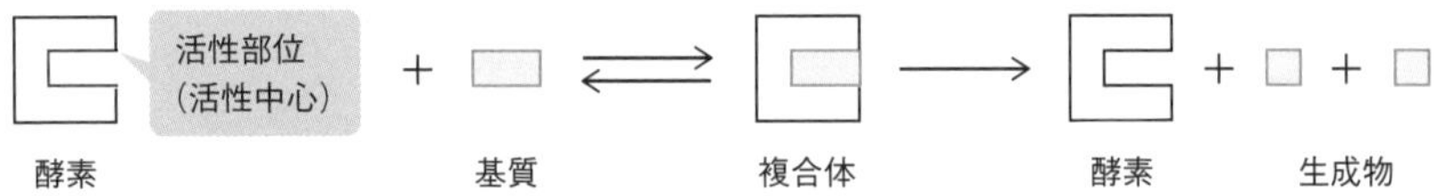

最終的に酵素は酵素のままなので，触媒としてはたらいていることがわかります。

また，酵素によっては，**補因子**とよばれる分子や，金属イオンがないと活性部位が完成されないものがあります。補因子としてはたらく分子を**補酵素**(**コエンザイム**)，金属イオンを**ミネラル**といいます。

❷ 酵素反応の速度

重要TOPIC 08

基質の濃度と反応速度 説明①

・基質の濃度[S] が小さいとき　　反応速度 $v \propto$ [S]

・基質の濃度[S] が大きいとき　　酵素不足により v は一定(v_{max})

説明①

[1] 基質の濃度と反応速度

まず，基質の濃度と反応速度の関係がどのようなグラフになるか，考えてみましょう。

基質の濃度が小さいとき

基質は反応物なので，基質が増えると，それに比例して反応速度も大きくなります。

基質の濃度が大きいとき

体の中の酵素の量は一定なので，基質の濃度が一定値を超えると，反応速度は一定になります。

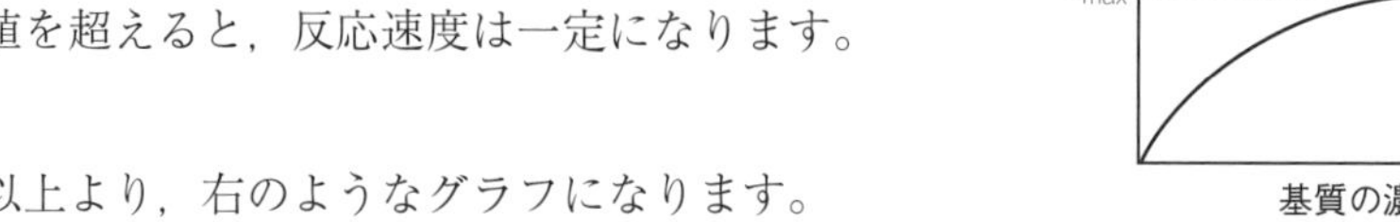

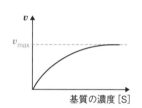

以上より，右のようなグラフになります。

[2] 基質の濃度と反応速度の関係式

酵素(E)と基質(S)は次のように反応し，生成物(P)ができる反応経路は図のようになります。

$$E + S \rightleftarrows ES \longrightarrow E + P$$

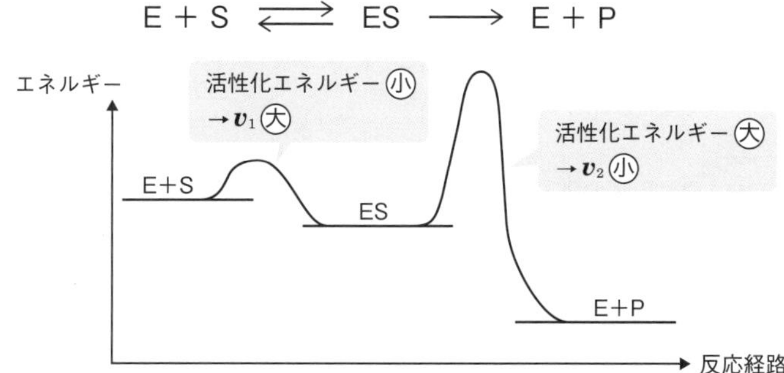

第1段階目の反応では，酵素(E)と基質(S)から複合体(ES)が生成します。活性化エネルギーが小さいため，反応速度が大きく，可逆反応になります。

第1段階目の反応速度式　$v_1 = k_1[\mathrm{E}][\mathrm{S}]$

第2段階目の反応では，複合体(ES)から酵素(E)と生成物(P)が生成します。活性化エネルギーが大きいため，反応速度が小さく，不可逆反応になります。

第2段階目の反応速度式　$v_2 = k_2[\mathrm{ES}]$

第2段階目の反応速度が小さいため，全体の反応速度は第2段階目の反応速度式で近似することができます。

全体の反応速度式　$v \fallingdotseq v_2 = k_2[\mathrm{ES}]$　……❶

また，第1段階目の可逆反応($\mathrm{E} + \mathrm{S} \rightleftarrows \mathrm{ES}$)について，平衡定数 K は，

$$K = \frac{[\mathrm{ES}]}{[\mathrm{E}][\mathrm{S}]} \quad \cdots\cdots❷$$

そして，酵素はそのままの状態(すなわちE)で存在しているか，複合体ESになっているかのどちらかなので，酵素の初期濃度を $[\mathrm{E}]_0$ とすると，

$$[\mathrm{E}]_0 = [\mathrm{E}] + [\mathrm{ES}] \quad \cdots\cdots❸$$

❸式を $[\mathrm{E}] = [\mathrm{E}]_0 - [\mathrm{ES}]$ として❷式に代入すると，

$$[\mathrm{ES}] = \frac{[\mathrm{E}]_0[\mathrm{S}]}{\dfrac{1}{K} + [\mathrm{S}]} \quad \cdots\cdots❹$$

❹式を❶式に代入すると基質の濃度と反応速度の関係式になります。

$$v \fallingdotseq v_2 = k_2 \frac{[\mathrm{E}]_0[\mathrm{S}]}{\dfrac{1}{K} + [\mathrm{S}]} \quad \cdots\cdots❺$$

$K \ll$ [S]のとき

$\dfrac{1}{K} + [\mathrm{S}] \fallingdotseq \dfrac{1}{K}$ が成立するため，❺式は次のように変形できます。

$v \fallingdotseq \underbrace{k_2K[\mathrm{E}]_0}_{\text{定数}}[\mathrm{S}]$　(v と [S] は比例関係)

$K \gg$ [S]のとき

$\dfrac{1}{K} + [\mathrm{S}] \fallingdotseq [\mathrm{S}]$ が成立するため，❺式は次のように変形できます。

$v \fallingdotseq \underbrace{k_2[\mathrm{E}]_0}_{\text{定数}}$　(v は一定で最大値)

22講 核酸

講義テーマ！

核酸とその構成成分について学びましょう。

1 核酸の構成

① 核酸の構成成分

重要TOPIC 01

核酸の構成成分

リン酸 説明①

（リン酸の構造式：HO−P(=O)(−OH)−OH　もしくは　HO−P(→O)(−OH)−OH）

五炭糖（ペントース） 説明②

リボース　　デオキシリボース

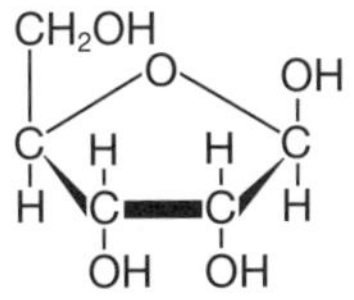

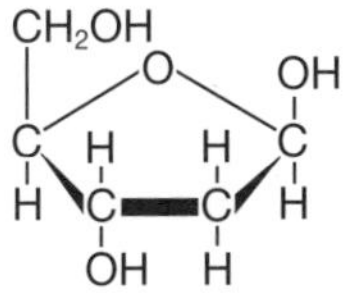

（構造式）

塩基（有機塩基） 説明③

アデニン（A）　グアニン（G） 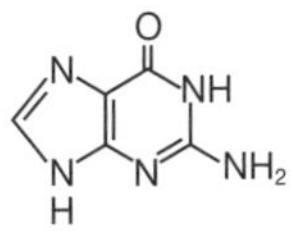　シトシン（C） 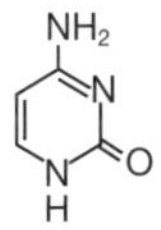　チミン（T） 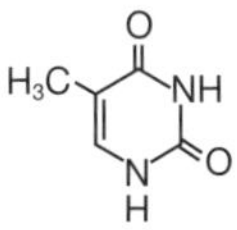　ウラシル（U）

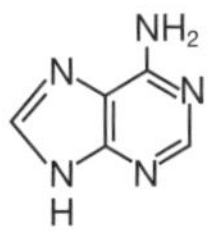

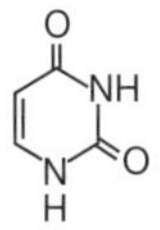

（構造式）

核酸は，すべての生物の細胞の中にある高分子で，生命活動に大きく関わっています。

核酸を加水分解すると，**リン酸**，**五炭糖**(**ペントース**)，**有機塩基**の3つの成分に分かれます。それぞれの構造を書くことができるようになりましょう。

説明①

リン酸はオキソ酸(酸素原子を含む酸)の1つです。

説明②

C数5の単糖を**五炭糖**(**ペントース**)といいます。核酸を構成する五炭糖は，**リボース**と**デオキシリボース**の2つです。

リボースの構造は書けるように練習しておきましょう。デオキシリボースの「デオキシ」は「脱酸素」という意味です。リボースの2位の酸素を無くすと，デオキシリボースになります。

CH_2OH, O, OH, H, H, H, H, HO, OH — 脱酸素(デオキシ) → −O — CH_2OH, O, OH, H, H, H, H, HO, H

リボース　　　デオキシリボース

説明③

有機塩基はいずれもイミノ基 −N(H)− をもっています。

次の5種類があり，**アデニン**(**A**)と**グアニン**(**G**)はプリン塩基，**シトシン**(**C**)，**チミン**(**T**)，**ウラシル**(**U**)はピリミジン塩基といわれます。

［プリン塩基］　　　［ピリミジン塩基］

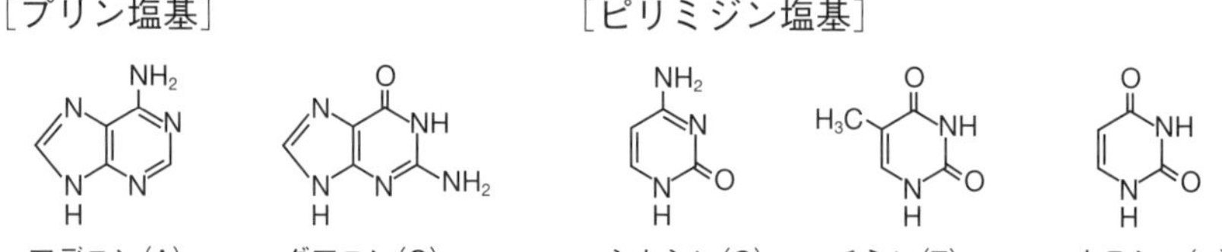

入試への＋α《有機塩基の構造と書き方》

5つの有機塩基の構造を書けるようになるのは大変に思えますが，最低限のことを知っておくと，比較的ラクに書くことができます。

プリン塩基

右の図のプリン骨格をもつ塩基を**プリン塩基**といいます。このプリン骨格だけ，書けるようになりましょう。

イミノ基

プリン骨格を右図のような順番で見ると，C と N が繰り返されているので，頭に入れやすいですね。自分にとって書きやすい書き順を探してみましょう。

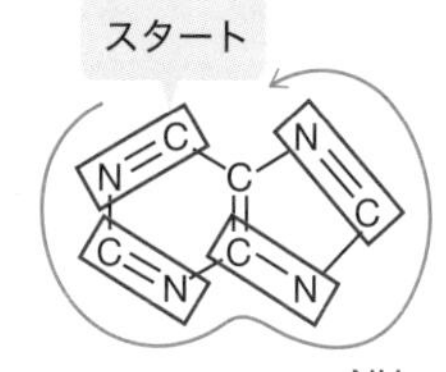

・アデニン(A)

アデニンは，プリン骨格に $-NH_2$ をつけるだけです。つける場所を頭に入れておきましょう。

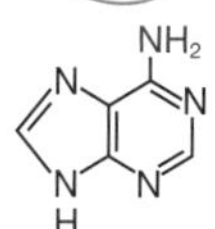

・グアニン(G)

グアニンは，プリン骨格に $-OH$ と $-NH_2$ をつけます。つける場所を頭に入れておきましょう。しかし，これは正確なグアニンではありません。$-OH$ をつけた部分がエノールなので，ケトに変える必要があります(ケト-エノール互変異性→ p.93)。

エノール

これを書ければ OK!

ケト

その場でケトに変えれば OK!

有機化学の構造決定では，エノールをケトに変える作業は重要になるので，しっかりクリアして，グアニンを書くときは，$-OH$ と $-NH_2$ をつける場所だけ頭に入れて，その場でケトに変えて書いていきましょう。

ピリミジン塩基

ピリミジン骨格をもつ塩基を**ピリミジン塩基**といいます。ピリミジン骨格はプリン骨格の右側を消すだけなので，プリン骨格が書ければ，ピリミジン骨格はその場でつくることができます。

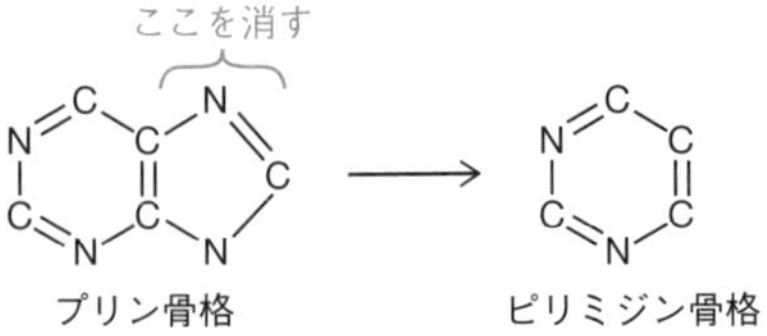

ここを消す

プリン骨格　→　ピリミジン骨格

また，ピリミジン塩基はすべて，特定の場所に −OH をつけます。それがエノールになるため，ケトに変えるとイミノ基が生じます。

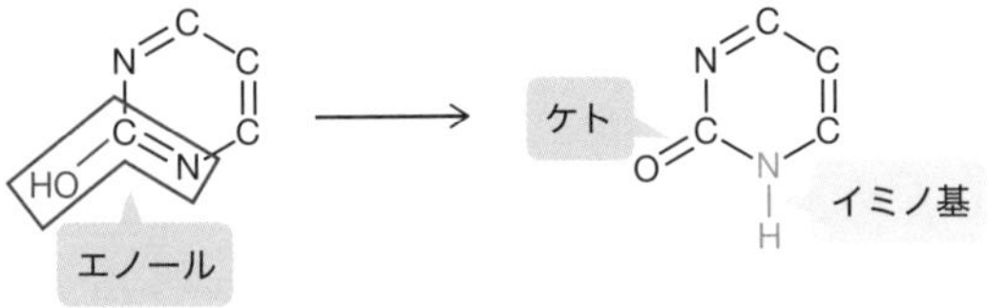

エノール　→　ケト　イミノ基

この −OH は，すべてのピリミジン塩基に共通なので，ベースとして頭に入れましょう。

・シトシン(C)

シトシンは，ピリミジン骨格(＋ベースの −OH)に $-NH_2$ をつけます。この場所だけ頭に入れ，その場でエノールをケトに変えましょう。

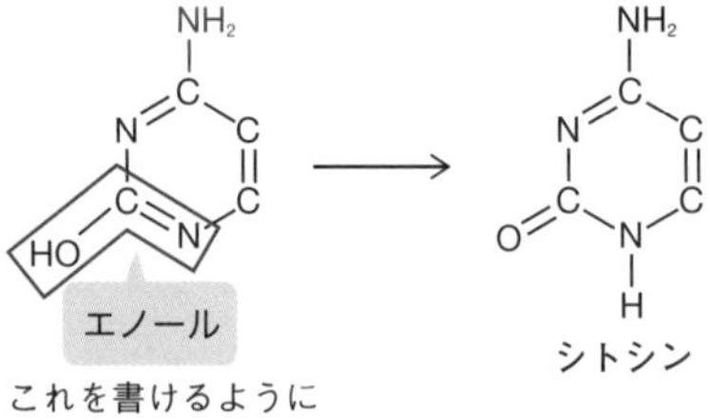

エノール　これを書けるように　→　シトシン

・チミン(T)

チミンは，ピリミジン骨格(＋ベースの −OH)に −OH と $-CH_3$ をつけます。以下シトシンと同様。

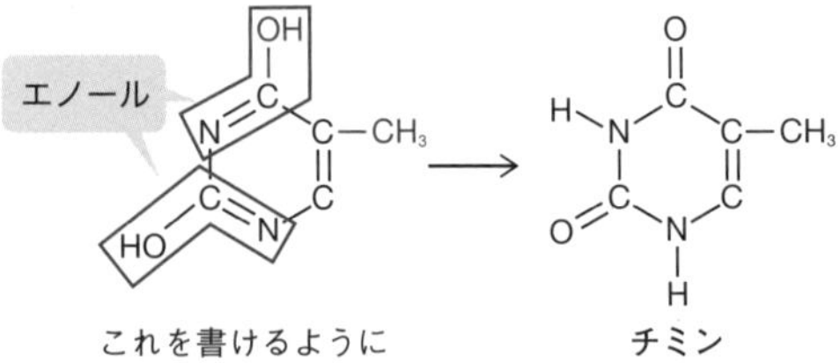

エノール　これを書けるように　→　チミン

・ウラシル(U)

ウラシルは，ピリミジン骨格(＋ベースの −OH)に −OH をつけます。チミン(T)から $-CH_3$ を消したもの，と頭に入れてもいいでしょう。

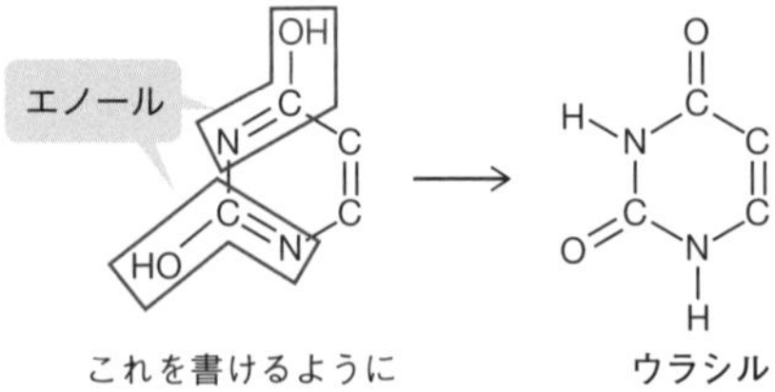

エノール　これを書けるように　→　ウラシル

❷ ヌクレオシドとヌクレオチド

重要TOPIC 02

ヌクレオシドとヌクレオチド 説明①

ヌクレオシド…五炭糖の1位の $-OH$ と塩基の $-NH$ で脱水縮合したもの

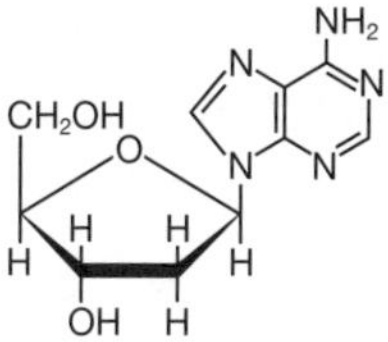

ヌクレオチド…ヌクレオシドの五炭糖の5位の $-OH$ とリン酸で脱水縮合したもの

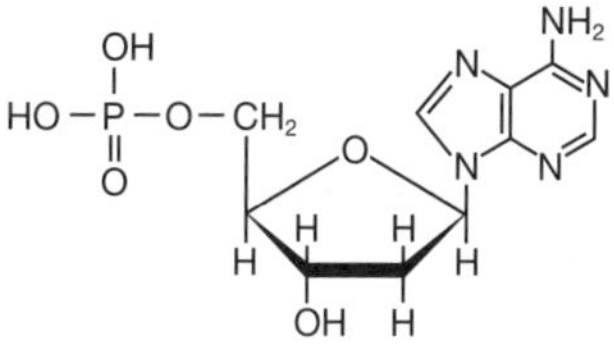

説明①

五炭糖(ペントース)と塩基の縮合体を**ヌクレオシド**といいます。五炭糖の1位の $-OH$ と塩基のイミノ基 $>NH$ で縮合した状態です。

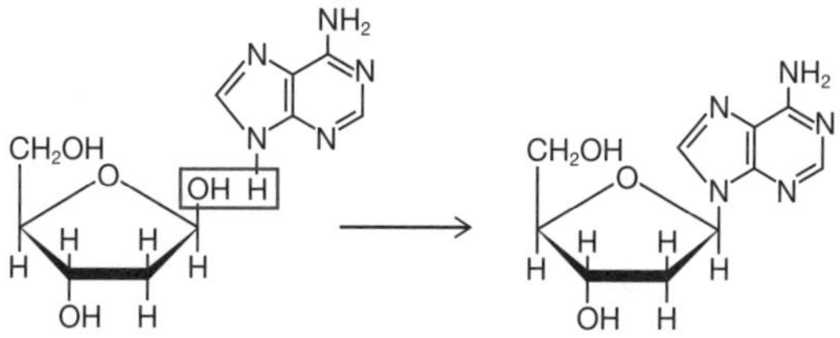

そして，ヌクレオシドとリン酸の縮合体を**ヌクレオチド**といいます。ヌクレオシドの五炭糖の5位の $-OH$ とリン酸で縮合した状態です。

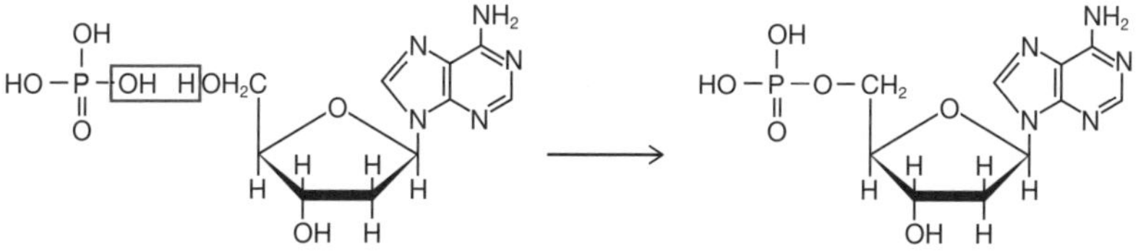

22講 核酸

重要TOPIC 03

核酸 説明①

多数のヌクレオチドが五炭糖の3位の −OH とリン酸の −OH とで脱水縮合したもの(ポリヌクレオチド)

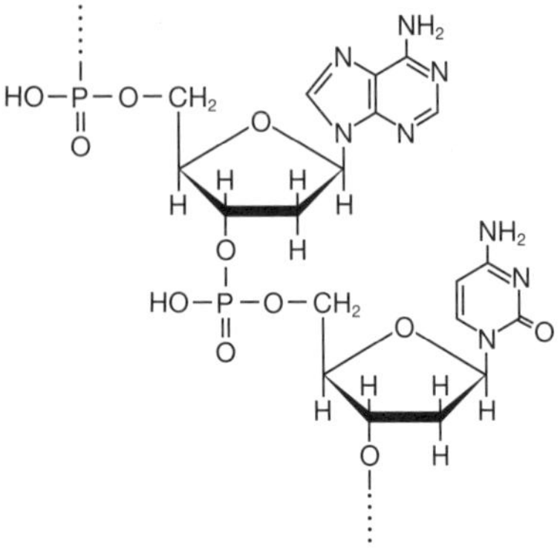

説明①

ヌクレオチドの重合体，すなわちポリヌクレオチドを**核酸**といいます。ヌクレオチドの五炭糖の3位の −OH とリン酸の −OH とでヌクレオチド同士が脱水縮合した状態です。

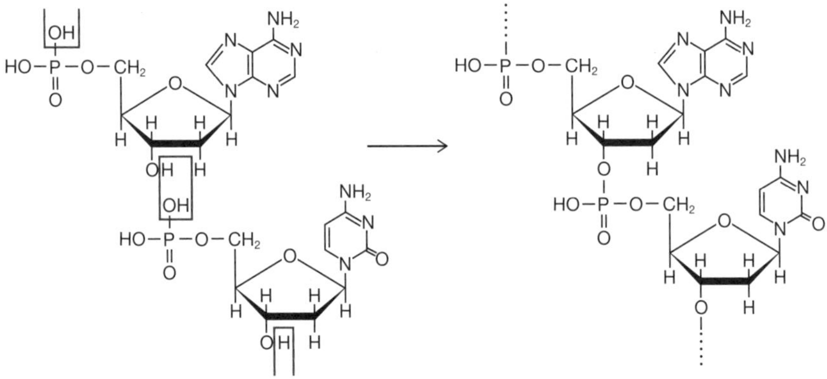

2 DNAの構造とはたらき

❶ DNAの構造

重要TOPIC 04

DNAの構造 説明①

デオキシリボ核酸(DNA)…遺伝情報を担う核酸
・ヌクレオチドの構成物質…リン酸，デオキシリボース，
有機塩基(A，G，C，T)
・構造…塩基間水素結合(A=T，G≡C)による二重らせん構造

DNAのはたらき 説明②

複製…DNAが一本鎖になり，その塩基配列と相補的な塩基をもつヌクレオチドが結合し，全く同じDNAが形成されること

説明①

[1] DNAの構造

遺伝情報を担う核酸を**デオキシリボ核酸**(**DNA**)といいます。DNAのヌクレオチドは，リン酸，デオキシリボース，有機塩基(アデニン(A)，グアニン(G)，シトシン(C)，チミン(T))からできています。

通常，DNAは**二重らせん構造**になっています。

二重らせん構造は，有機塩基間にできる水素結合によって保持されています。このとき対になる塩基は決まっていて，**相補的な関係**といわれます。相補的な関係にあるのは，アデニン(A)とチミン(T)，グアニン(G)とシトシン(C)で，アデニン(A)とチミン(T)の間には2本，グアニン(G)とシトシン(C)の間には3本の水素結合が形成されます。

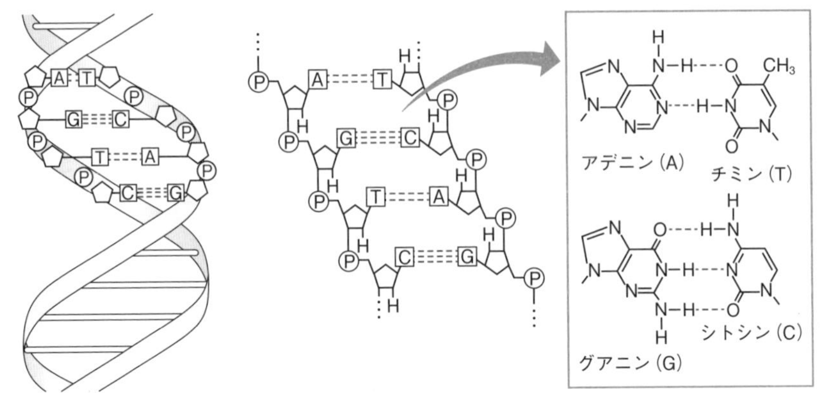

水素結合が形成されるのは，X－H----Y(X と Y は F，O，N のいずれか)です。水素結合が形成される場所がどこか，しっかり確認しておきましょう。

アデニンとチミンのペア(水素結合 2 本)よりグアニンとシトシンのペア(水素結合 3 本)が多い DNA の方が，全体で水素結合の数が多くなるため，物理的に安定です。

また，相補的な関係の塩基は対になっているため，二重らせん構造中では，アデニンが 0.1 mol あれば，チミンも 0.1 mol 存在する，というように，必ず同じ物質量ずつ存在します。

説明②

[2] DNA のはたらき

細胞が増殖するとき，二重らせん構造がほどけ，DNA は一本鎖になります。そして，それぞれの一本鎖に対して，相補的な塩基をもつヌクレオチドが結合し，もとの DNA 鎖と全く同じ二重らせん構造の DNA が形成されます。これを DNA の**複製**といいます。

DNA			
A ＝ T	ほどけて複製 →	A ＝ T	A ＝ T
G ≡ C		G ≡ C	G ≡ C
C ≡ G		C ≡ G	C ≡ G
T ＝ A		T ＝ A	T ＝ A

実践！ **演習問題 1** ▶標準レベル

あるDNAに含まれる有機塩基の割合を調べたところ，物質量の割合でチミンが30%を占めていることがわかった。このDNAに含まれるグアニンの物質量の割合は何%か答えなさい。また，相補的な関係にある塩基の間にできる水素結合を，次の図中に実線で書き入れなさい。

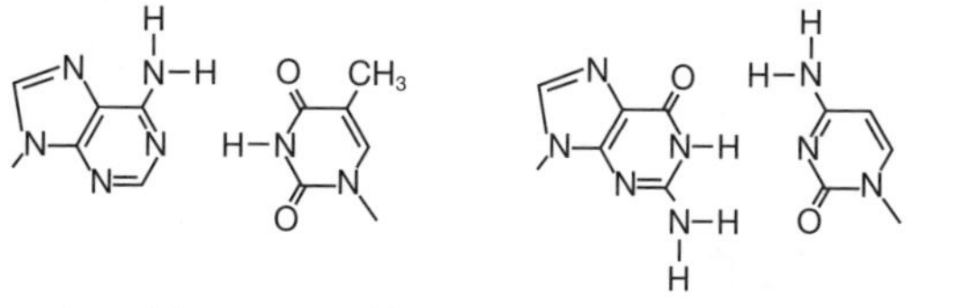

アデニン(A)　チミン(T)　グアニン(G)　シトシン(C)

\Point!/

アデニンとチミン，グアニンとシトシンは相補的な関係‼

▶ 解説

アデニンとチミン，グアニンとシトシンは相補的な関係にあるため，同じ物質量ずつ存在します。◀ \Point!/

よって，チミンの物質量の割合が30％ならアデニンも30％，グアニンがx〔%〕ならシトシンもx〔%〕です。そして，すべての合計が100％であることから，DNAに含まれるグアニンの物質量の割合は，次のようになります。

$30 \times 2 + x \times 2 = 100 \qquad x = \underline{20\ \%}$

▶ 解答　グアニンの割合…**20％**

水素結合…下図

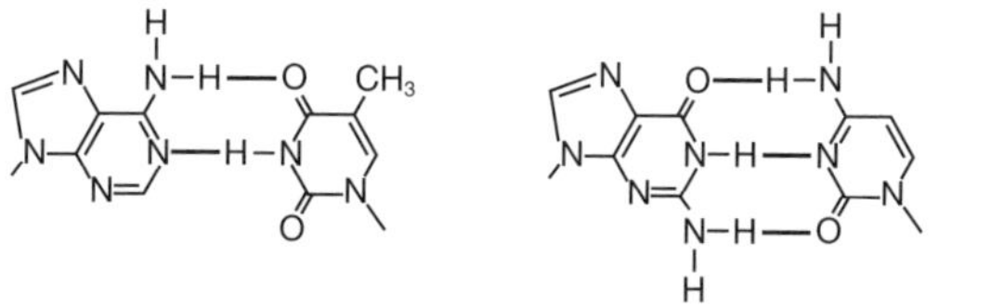

アデニン(A)　チミン(T)　グアニン(G)　シトシン(C)

22講 核酸

② RNAの構造

重要TOPIC 05

RNAの構造 説明①

リボ核酸(RNA)…タンパク質の合成を担う核酸

・ヌクレオチドの構成物質…リン酸，リボース，有機塩基(A，G，C，U)

・タンパク質を構成している約20種のアミノ酸のデータ管理が必要

→ 3つの塩基の並び(コドン)でアミノ酸を表現

RNAのはたらき 説明②

転写…DNAの二重らせん構造の一部がほどかれ，相補的な関係にある塩基をもつmRNAが合成されること。

翻訳…mRNAの情報にもとづいてtRNAが並び，tRNAに結合しているアミノ酸を連結させてタンパク質が合成されること。

説明①

[1] RNAの構造

タンパク質の合成を担う核酸を**リボ核酸**(**RNA**)といいます。

RNAのヌクレオチドは，リン酸，リボース，有機塩基(アデニン(A)，グアニン(G)，シトシン(C)，**ウラシル**(**U**))からできています。

タンパク質は約20種類のアミノ酸からできているため，タンパク質を合成するには，約20種類のアミノ酸のデータを管理する必要があります。これを4種類の有機塩基(A，G，C，U)でまかなうため，3つの塩基の並びで1つのアミノ酸を表現します。これを**コドン**といいます。

例　UUU → フェニルアラニン　GGG → グリシン

コドンは全部で4×4×4＝64種類できるため，約20種類のアミノ酸のデータを管理することができるのです。

説明②

[2] RNAのはたらき

タンパク質の合成の際，DNAの二重らせん構造の一部がほどかれ，相補的な関係にある塩基をもつRNAが合成されます（アデニンの相補的な関係にある塩基はウラシルであることに注意）。これを遺伝情報の**転写**といいます。

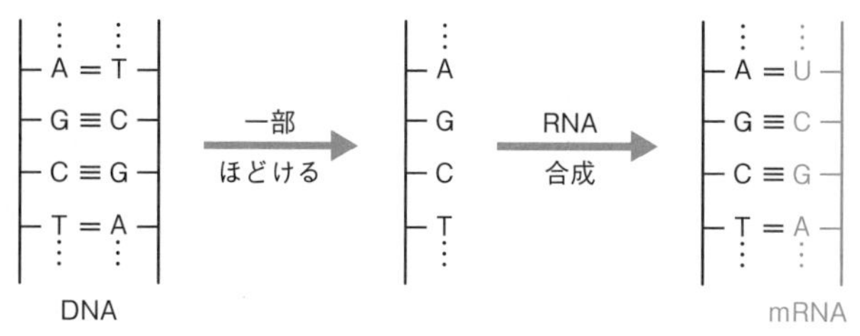

また，合成されたRNAを**メッセンジャーRNA（mRNA）**といい，特定のアミノ酸と結合している小さなRNAを**トランスファーRNA（tRNA）**といいます。mRNAのコドンと相補的な関係にあるコドンをもつtRNAが並び，tRNAがもつアミノ酸が連結することで，遺伝情報にもとづいたタンパク質が合成されます。この過程を遺伝情報の**翻訳**といいます。

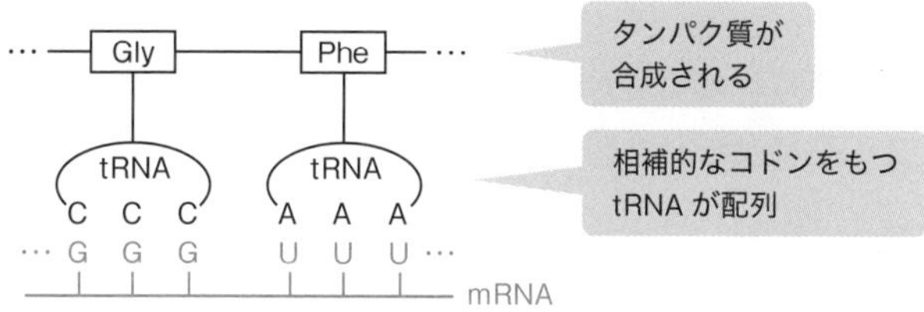

22講
核酸

入試問題にチャレンジ

01

次の文章ⅠとⅡを読み，問1～問6に答えよ。ただし，原子量はH=1.0，C=12，O=16とする。

Ⅰ　糖類(炭水化物)は，連結した糖の数に応じて単糖・二糖・多糖に分類することができる。単糖のグルコースとフルクトースは同じ分子式で表される構造異性体であり，両化合物はそれぞれの環状構造と鎖状構造の平衡混合物として存在する。鎖状グルコースは環状グルコースにあるヘミアセタール構造が変化して生じ，鎖状フルクトースは環状フルクトースにあるヘミアセタール構造が変化して生じる。また，グルコースの立体異性体であるガラクトースは，鎖状構造にホルミル(アルデヒド)基をもつ単糖の一つである。鎖状グルコースと鎖状ガラクトースを比較すると，4位の炭素原子に結合するヒドロキシ基の立体配置が異なるだけである。単糖が脱水縮合した構造をもつ二糖や多糖は，希硫酸を加えて加熱したり，適切な酵素で処理したりすると，加水分解されて単糖になる。

問1　グルコースの分子式を答えよ。

問2　鎖状グルコースと鎖状フルクトースにある不斉炭素原子の数をそれぞれ答えよ。

問3　右に示す図の空欄①～⑧にあてはまる原子または官能基を答え，β-ガラクトースの環状構造を完成させよ。

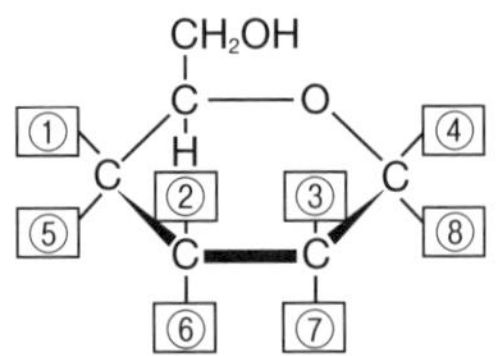

問4　下線部に関して，次に記載された二糖および多糖のうち，完全に加水分解するとグルコース以外の単糖が生じるものをすべて答えよ。

スクロース　　トレハロース　　マルトース　　セロビオース
ラクトース　　アミロース　　アミロペクチン　　セルロース

Ⅱ　植物の細胞壁成分であるセルロースは，衣類や紙類の原料として幅広く利用されている。木材パルプはセルロースを主成分とするが，繊維としては短いため，様々な処理を施して長い繊維を製造している。セルロースに水酸化ナトリウムと二硫化炭素を反応させると，粘性のある〔　ア　〕とよばれる溶液が得られる。これを希硫酸中に押し出して繊維にしたものが〔　イ　〕とよばれる〔　ウ　〕繊維の一種である。また，セルロースに無水酢酸，酢酸および濃硫酸を作用させると，トリアセチルセルロースが得られる。トリアセチルセルロースにあるエステル結合の一部を穏やかな条件で加水分解し，アセトンなどの溶媒に可溶な高分子にして紡糸した繊維を〔 エ 〕という。〔 エ 〕のように，天然繊維の官能基の一部を化学的に変化させてつくった化学繊維を〔 オ 〕繊維という。

問5　上の文章にある空欄〔 ア 〕～〔 オ 〕にあてはまる最も適切な語句を次から選んで，A～Lの記号で答えよ。

A	ビニロン	B	セロハン	C	キュプラ
D	ビスコースレーヨン	E	ビスコース	F	アセテート
G	セルロイド	H	アクリル	I	半合成
J	合成	K	再生	L	ポリアミド系

問6　十分に分子量の大きいセルロース162 gを原料としてトリアセチルセルロースにしたあと，穏やかな加水分解処理を施すことで，セルロースのヒドロキシ基が部分的にアセチル化された259 gの高分子Pが得られた。この高分子Pは，原料に用いたセルロースにあったヒドロキシ基の何％が置換されているか，有効数字2桁で答えよ。　［九州大］

▶ 解説

▶▶▶ 動画もCHECK

5-01

問1　グルコース，フルクトース，ガラクトースはすべてC数6の単糖で，分子式は$C_6H_{12}O_6$，分子量は180です。覚えておきましょう。

問2　鎖状グルコースは右に示す4個の不斉炭素原子をもちます。

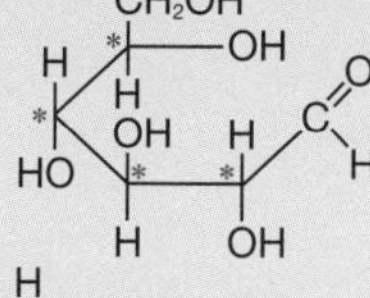

また，鎖状フルクトースは，右に示す3個の不斉炭素原子をもちます。

問3　ガラクトースはグルコースの4位のOHが入れ替わっているだけです。すなわち，ガラクトースとグルコースは立体異性体の関係にあります。

β-グルコース　　β-ガラクトース

問4　スクロースは，加水分解によりグルコースとフルクトースを生じ，ラクトースはガラクトースとグルコースを生じます。

問5　セルロースにNaOHとCS_2を反応させると，粘性のある$_{ア}$ビスコースになります。これを希硫酸中に押し出して繊維にしたものが$_{イ}$ビスコースレーヨンで，$_{ウ}$再生繊維の一つです。

また，アセチルセルロースを原料にした繊維を$_{エ}$アセテートといいます。このように，天然繊維の官能基を化学変化により変化させてつくる繊維を$_{オ}$半合成繊維といいます。

問6　セルロース(分子量162 n)の繰り返し単位には3個の −OH があります。この3個の −OH のうち x〔個〕をアセチル化したと考えます。

1個の −OH がアセチル化されると，分子量は42増加します。

$$-\mathrm{OH} \xrightarrow[\text{分子量 42 増加}]{\text{アセチル化}} -\mathrm{OCOCH_3}$$

よって，x〔個〕の −OH がアセチル化されると，分子量は $42x$ 増加し，分子量 $(162+42x)n$ のアセチルセルロースになります。

アセチル化されても全体の物質量は変化しないため，「セルロースの物質量 = アセチルセルロースの物質量」が成立します。

$$\frac{162}{162n} = \frac{259}{(162+42x)n} \qquad x = 2.309$$

よって，アセチル化された割合は次のようになります。

$$\frac{2.309}{3} \times 100 = 76.9 \fallingdotseq \underline{77\ \%}$$

▶ **解答**　問1　$C_6H_{12}O_6$

問2　鎖状グルコース… **4個**　　鎖状フルクトース… **3個**

問3　① OH　② OH　③ H　④ OH　⑤ H　⑥ H　⑦ OH　⑧ H

問4　**スクロース，ラクトース**

問5　ア…**E**　イ…**D**　ウ…**K**　エ…**F**　オ…**I**

問6　**77 %**

この問題の「だいじ」

・二糖や多糖を構成する単糖が頭に入っている。

・半合成繊維の計算ができる。

02 次の文章を読み，問１～問５に答えよ。なお，表1にアミノ酸の略号と等電点を示している。ペプチドのアミノ酸配列は，ペプチド結合を形成していないアミノ基をもつアミノ酸を左端として記している。図1に，例としてGly-Ala-GlyにおけるAlaのカルボキシ基側のペプチド結合を点線で囲って示している。

表1　アミノ酸の略号と等電点

アミノ酸の名称	略号	等電点
グリシン	Gly	6.0
アラニン	Ala	6.0
チロシン	Tyr	5.7
グルタミン酸	Glu	3.2
リシン	Lys	9.7

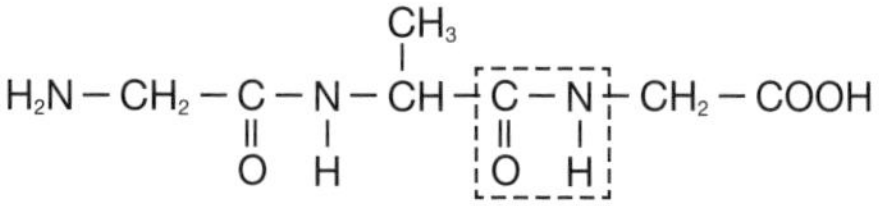

$$H_2N-CH_2-\underset{\underset{O}{\|}}{C}-\underset{\underset{H}{|}}{N}-\overset{\overset{CH_3}{|}}{CH}-\boxed{\underset{\underset{O}{\|}}{C}-\underset{\underset{H}{|}}{N}}-CH_2-COOH$$

Alaのカルボキシ基側のペプチド結合

図1　Gly-Ala-Glyの構造式

生体内の化学反応に対して触媒としてはたらくタンパク質を酵素という。酵素が作用する物質を基質といい，酵素は特定の基質にのみ作用して生成物を与える。この性質を酵素の［ア］という。例えば，①リパーゼは油脂を基質として脂肪酸を生成し，ラクターゼは二糖のラクトースを基質として単糖の［イ］とグルコースを生成する。酵素の反応速度が最大となる温度を［ウ］といい，それより高い温度では反応速度は低下し，ほとんどの酵素は60℃以上で触媒作用を失う。これは，熱によって酵素の立体構造が大きく変化するからである。このように熱などによってタンパク質の形状が変化して性質が変わることを［エ］といい，［エ］によって酵素の触媒作用が消失することを酵素の［オ］という。

タンパク質加水分解酵素は，タンパク質の特定のペプチド結合を加水分解する。その一種であるトリプシンは，アミノ酸配列に塩基性アミノ酸が含まれる場合，そのカルボキシ基側のペプチド結合を加水分解する。例えば，Ala-Glu-Tyr-Lys-Ala-Glyのアミノ酸配列をもつペプチドAにトリプシンを作用させた場合，Ala-Glu-Tyr-LysとAla-Glyの2種類のペプチドが得られる。一方，キモトリプシンは，ベンゼン環をもつアミノ酸がアミノ酸配列に含まれる場合，そのカルボキシ基側のペプチド結合を加水分解する。したがって，キモトリプシンをペプチドAに作用させると②トリプシン処理で得られたペプチドとは異なる2種類のペプチドが得られる。③このようなタンパク質加水分解酵素の性質を利用して，ペプチドのアミノ酸配列を推定することが可能である。

問1　文中の空欄［ア］～［オ］にあてはまる適切な語句を記せ。

問2　下線部①について，ある油脂Bをリパーゼで加水分解したところ，分子量356のモノグリセリド(グリセリン1分子と脂肪酸1分子がエステル結合を形成したもの)と分子量256および284の2種類の脂肪酸が1：1：1の物質量比で得られた。この結果をもとに，油脂Bの分子量を求めよ。また，油脂Bのけん化価を求め，小数点以下を切り捨てて整数値で答えよ。ただし，水酸化カリウムの式量を56とする。

問3　ペプチドAを加水分解して得られた5種類のアミノ酸(グリシン，アラニン，チロシン，グルタミン酸およびリシン)を用いて，以下の実験を行った。

(1)　5種類のアミノ酸を用いてpH 7.4の緩衝液中で電気泳動を行った。表1に示す等電点を参考にして，陰極側に移動するアミノ酸の名称を答えよ。複数のアミノ酸が該当する場合はすべて記せ。

(2)　5種類のアミノ酸のうちの1つを，エタノール中で少量の濃硫酸を加えて加熱したところ，原料のアミノ酸よりも分子量が56大きい物質が主な生成物として得られた。この反応に用いたアミノ酸の名称を答えよ。

問4　下線部②について，得られた2種類のペプチドのアミノ酸配列を略号で記せ。

問5　下線部③について，アミノ酸6個からなる2つのペプチド(ペプチドCおよびペプチドD)のアミノ酸配列を以下の実験1～5をもとに推定し，略号で記せ。なお，Pheはフェニルアラニンの略号である。

実験1：ペプチドCをトリプシンで加水分解するとAla-LysとGly-Pheの2種類のペプチドが得られた。

実験2：ペプチドDを塩酸中で加熱して完全に加水分解したところ，グリシン，リシンおよびフェニルアラニンの3種類のアミノ酸が得られた。

実験3：ペプチドDをトリプシンで加水分解すると，1種類のペプチドのみが得られた。

実験4：ペプチドDをキモトリプシンで加水分解すると，2種類のペプチドとリシンが生成した。

実験5：ペプチドDのアミノ酸配列の左端を解析したところ，Glyであった。

［名古屋大］

5-02

問1　生体内で触媒としてはたらくタンパク質が酵素です。酵素は特定の基質にのみ作用する$_ア$基質特異性があります。例えば，酵素ラクターゼはラクトースのみに作用し，$_イ$ガラクトースとグルコースに分解します。

また，酵素には最も反応速度が大きくなる$_ウ$最適温度があります。最適温度を超えた温度では，タンパク質の$_エ$変性により，酵素は$_オ$失活します。

問2　油脂Bを分解すると，モノグリセリド(分子量356)と高級脂肪酸2分子(分子量256と284)が得られたことから，油脂Bのエステル結合3つのうち，2つが分解されたことがわかります。

$$\begin{array}{l} CH_2-O-C(=O)-R_1 \\ CH-O-C(=O)-R_2 \\ CH_2-O-C(=O)-R_3 \end{array} \xrightarrow[+2H_2O\ (分子量18)]{分解}$$

油脂B

$$\begin{array}{l} CH_2-O-C(=O)-R_1 \\ CH-OH \\ CH_2-OH \end{array} + \begin{array}{l} R_2COOH \\ R_3COOH \end{array}$$

モノグリセリド（分子量356）　　高級脂肪酸（分子量256・284）

よって，油脂Bの分子量は，次のように表すことができます。

$356 + 256 + 284 - 2 \times 18 = \underline{860}$

また，油脂B 1gをけん化するのに必要なKOHの質量(mg)をxとすると，

$\frac{1}{860} : \frac{x \times 10^{-3}}{56} = 1 : 3$　　$x \fallingdotseq \underline{195}$

問3(1)　pH 7.4において，電気泳動で陰極側に移動するということは，pH 7.4において正に帯電しており，等電点のpHが7.4より大きい，すなわち等電点が塩基性域にある塩基性アミノ酸であることがわかります。

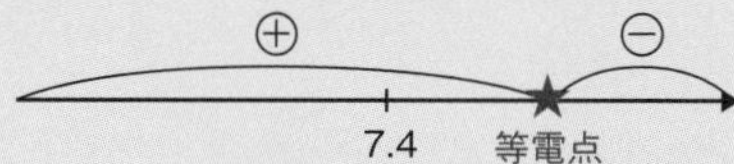

表1より，等電点が7.4より大きいアミノ酸はリシンのみとなります。

(2)　エタノールはカルボキシ基とエステル化を起こし，エチルエステルに変化します。

これにより，分子量が28増加します。

$$RCOOH \xrightarrow[エステル化]{HO-C_2H_5} RCOOC_2H_5$$
（分子量28増加）

問題文より，分子量が56増加したことから，カルボキシ基を2つもっていることがわかります。すなわち酸性アミノ酸であるグルタミン酸とわかります。

問4　キモトリプシンはベンゼン環をもつアミノ酸，すなわちチロシン(Tyr)のカルボキシ基側のペプチド結合を切断することから，ペプチドAにキモトリプシンを作用させると，次のようになります。

Ala-Glu-Tyr-Lys-Ala-Gly
　→ Ala-Glu-Tyr ＋ Lys-Ala-Gly

問5　各実験を確認していきましょう。

実験1

ペプチドC $\xrightarrow{トリプシン}$ Ala-Lys
Gly-Phe
（2種のみ）

ペプチドCは6個のアミノ酸からできており，トリプシン(Lysのカルボキシ基側

切断）で分解するとAla-LysとGly-Pheの2種類のペプチドが得られたことから，どちらかのペプチドは2つ生じたことになります。

すなわち3つのジペプチドに分かれたので，Lysが2か所に存在しており，Ala-Lysが2つ生じたことになります。

以上より，ペプチドCは次のように決定できます。

Ala-Lys-Ala-Lys-Gly-Phe

→ Ala-Lys + Ala-Lys + Gly-Phe

実験2

ペプチドD ⟶ Gly + Lys + Phe

ペプチドDを塩酸で加水分解するとGly，Lys，Pheが得られたことから，ペプチドDの構成アミノ酸はGly，Lys，Pheの3種類が合計6つであることがわかります。

実験3

ペプチドD ―トリプシン→ ペプチド1種のみ

ペプチドDをトリプシンで加水分解すると1種類のペプチドのみが生じたことから，ペプチドDは次のように表すことができます。

○-△-Lys-○-△-Lys

→ ○-△-Lys + ○-△-Lys

実験4

ペプチドD ―キモトリプシン→ ペプチド2種 + Lys

ペプチドDをキモトリプシン（Pheのカルボキシ基側切断）で加水分解すると，2種類のペプチドとLysが得られたことから，実験3の図の△がPheとわかります。

○-Phe-Lys-○-Phe-Lys

→○-Phe + Lys-○-Phe + Lys

また，実験2の結果より，ペプチドDの構成アミノ酸はGly，Lys，Pheの3種であることから，○はGlyとわかり，ペプチドDは次のように決定できます。

Gly-Phe-Lys-Gly-Phe-Lys

実験5でペプチドDの左端がGlyであることにもあてはまります。

▶ **解答**

問1　ア…**基質特異性**　イ…**ガラクトース**　ウ…**最適温度**
　　エ…**変性**　オ…**失活**

問2　分子量…**860**　けん化価…**195**

問3　(1)　**リシン**　(2)　**グルタミン酸**

問4　**Ala-Glu-Tyr，Lys-Ala-Gly**

問5　ペプチドC…**Ala-Lys-Ala-Lys-Gly-Phe**
　　ペプチドD…**Gly-Phe-Lys-Gly-Phe-Lys**

この問題の「だいじ」

・アミノ酸の側鎖の特徴は知っておく。

・ペプチドの配列決定は図を書いて考える。

第6章

合成高分子化合物

23講 合成繊維

講義テーマ！

合成高分子とその重合形式，そして合成繊維について学びましょう。

1 合成高分子化合物

① 合成高分子化合物と重合形式

重要TOPIC 01

合成高分子化合物 説明①

モノマー(単量体)を多数※重合させて合成するポリマー(重合体)

※重合させたモノマーの数 → 重合度

重合形式 説明②

付加重合…C=C をもつモノマーが付加反応で重合

縮合重合(縮重合)…モノマー間から小さな分子が外れ，縮合しながら重合

付加縮合…付加反応と縮合反応が繰り返されながら重合

開環重合…環状構造のモノマーが開環しながら重合

説明①

［1］**合成高分子化合物**

天然高分子を参考に，人工的に合成された高分子を**合成高分子化合物**といいます。低分子の化合物を多数重合させて合成します。

重合に使う低分子の化合物を**モノマー(単量体)**，できあがる高分子化合物を**ポリマー(重合体)**，そして，重合したモノマーの数を**重合度**といいます。

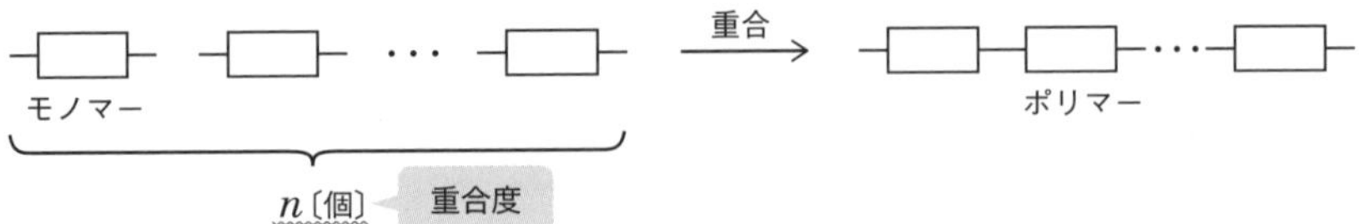

説明②

[2] 重合形式

付加重合

モノマーが付加反応によって重合していくことを**付加重合**といいます。モノマーに C=C があるときは付加重合です。

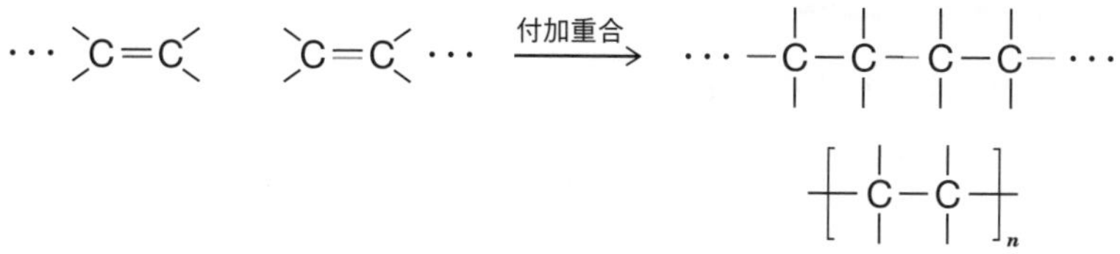

$$\cdots \;>C=C< \quad >C=C< \;\cdots \xrightarrow{\text{付加重合}} \cdots -\overset{|}{\underset{|}{C}}-\overset{|}{\underset{|}{C}}-\overset{|}{\underset{|}{C}}-\overset{|}{\underset{|}{C}}-\cdots$$

$$\left[\overset{|}{\underset{|}{C}}-\overset{|}{\underset{|}{C}}\right]_n$$

縮合重合

モノマー間から水などの小さな分子が外れ，縮合しながら重合していくことを**縮合重合(縮重合)**といいます。

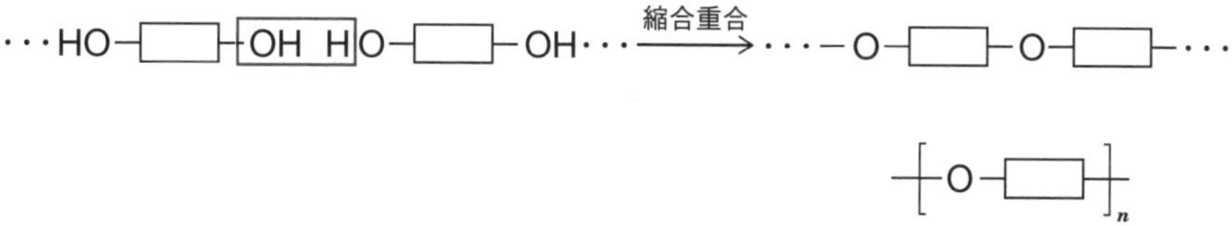

$$\cdots HO-\square-\boxed{OH\ \ H}O-\square-OH\cdots \xrightarrow{\text{縮合重合}} \cdots-O-\square-O-\square-\cdots$$

$$\left[O-\square\right]_n$$

付加縮合

付加反応と縮合反応が繰り返されることで重合していくことを**付加縮合**といいます。

開環重合

環状構造のモノマーが開環しながら重合していくことを**開環重合**といいます。

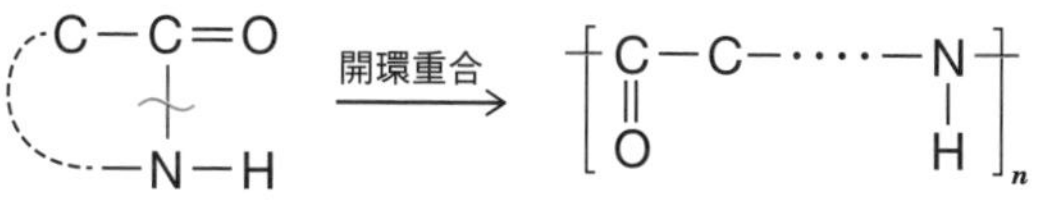

$$\text{(環状) } C-C=O,\ N-H \xrightarrow{\text{開環重合}} \left[\underset{\underset{O}{\|}}{C}-C-\cdots\cdots-\underset{\underset{H}{|}}{N}\right]_n$$

23講 合成繊維

2 合成繊維

❶ 付加重合による合成繊維

重要TOPIC 02

アクリル繊維 説明①

ポリアクリロニトリルを主成分とする合成繊維

$$n\,\mathrm{CH_2{=}CH(CN)} \xrightarrow{\text{付加重合}} \left[\mathrm{CH_2{-}CH(CN)}\right]_n$$

アクリロニトリル　　ポリアクリロニトリル

ビニロン 説明②

日本で開発された木綿に似た合成繊維

$$n\,\mathrm{CH_2{=}CH(OCOCH_3)} \xrightarrow{\text{付加重合}} \left[\mathrm{CH_2{-}CH(OCOCH_3)}\right]_n \xrightarrow[\mathrm{NaOH}]{\text{けん化}} \left[\mathrm{CH_2{-}CH(OH)}\right]_n \xrightarrow[\mathrm{HCHO}]{\text{アセタール化}} \text{ビニロン}$$

酢酸ビニル　　ポリ酢酸ビニル　　ポリビニルアルコール

説明①

[1] アクリル繊維

アクリル繊維は，アクリロニトリルの付加重合により得られる，ポリアクリロニトリルを主成分とする合成繊維です。

$$n\,\mathrm{CH_2{=}CH(CN)} \xrightarrow{\text{付加重合}} \left[\mathrm{CH_2{-}CH(CN)}\right]_n \xrightarrow{\text{主成分}} \text{アクリル繊維}$$

アクリロニトリル　　ポリアクリロニトリル

通常，アクリロニトリルに酢酸ビニルやアクリル酸メチルを混合して重合させることが多く，アクリロニトリルの含有量が低いものは**アクリル系繊維**とよばれます。

説明②

[2] ビニロン

ビニロンは日本で開発された合成繊維で，木綿に似ています。吸湿性や強度に優れているため，作業着やロープなどに利用されています。

ビニロンは，以下のように合成されます。

$$n\,CH_2{=}CH{-}O{-}C({=}O){-}CH_3 \xrightarrow{\text{(i) 付加重合}} {\left[CH_2{-}CH(O{-}C({=}O){-}CH_3)\right]_n} \xrightarrow[\text{NaOH}]{\text{(ii) けん化}}$$

酢酸ビニル　　　ポリ酢酸ビニル

$$\left[CH_2{-}CH(OH)\right]_n \xrightarrow[\text{HCHO}]{\text{(iii) アセタール化}} \text{ビニロン}$$

ポリビニルアルコール(PVA)
(水溶性)

(i) 酢酸ビニルの付加重合でポリ酢酸ビニルをつくる

(ii) ポリ酢酸ビニルのエステル結合を水酸化ナトリウム水溶液でけん化し，ポリビニルアルコール(PVA)をつくる

ビニルアルコールは不安定でアセトアルデヒドに変化するため(→ケト-エノール互変異性 p.93)，ビニルアルコールの付加重合でPVAをつくることはできません。

(iii) PVAにホルムアルデヒドを加えてアセタール化を行い，ビニロンをつくる

PVAは極性の大きい－OHを多数もつため，水溶性です。PVAに含まれる－OHのうち30～40％を無極性の**アセタール構造**($-O-CH_2-O-$)に変化させ，水に溶けない繊維にしたものがビニロンです。この処理を**アセタール化**といいます。

極性の大きい－OHを60～70％残すことにより，ビニロンは吸湿性に優れた繊維になります。

アセタール化

PVA にホルムアルデヒド HCHO を加えて処理し，PVA の $-OH$ をアセタール構造($-O-CH_2-O-$)に変えます。このとき，$-OH$ 2 つにつき HCHO 1 分子が脱水縮合したと考えることができます。

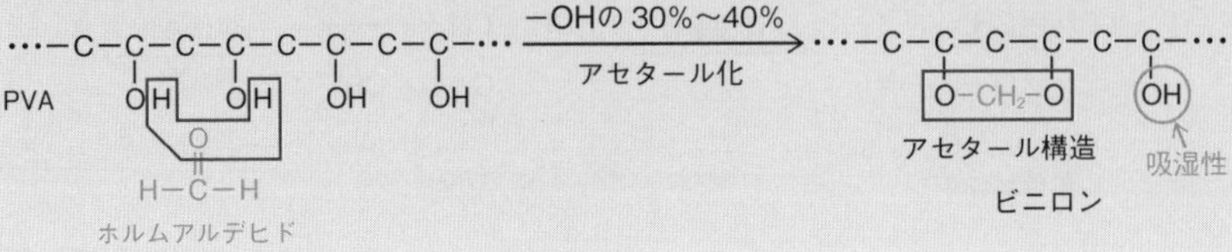

$$\cdots-C-\underset{\text{OH}}{C}-C-\underset{\text{OH}}{C}-C-\underset{\text{OH}}{C}-C-\underset{\text{OH}}{C}-\cdots \xrightarrow[\text{アセタール化}]{-\text{OHの }30\%\sim40\%} \cdots-C-\underset{\boxed{O-CH_2-O}}{C-C-C}-C-\underset{\text{OH}}{C}-\cdots$$

PVA　ホルムアルデヒド（$H-C(=O)-H$）　アセタール構造　吸湿性　ビニロン

[3] ビニロンの計算

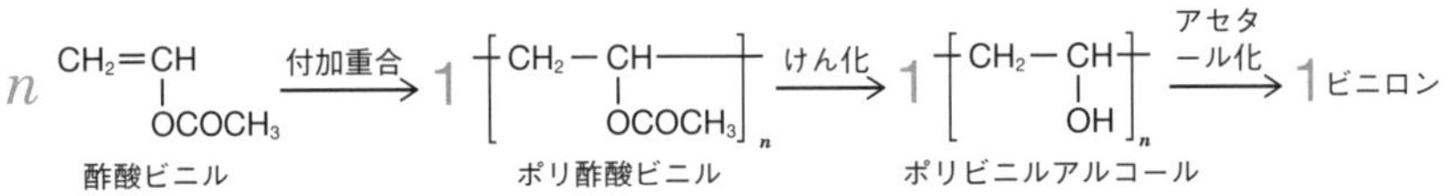

$$n\ \underset{\text{酢酸ビニル}}{CH_2=CH(OCOCH_3)} \xrightarrow{\text{付加重合}} 1\ \underset{\text{ポリ酢酸ビニル}}{\left[CH_2-CH(OCOCH_3)\right]_n} \xrightarrow{\text{けん化}} 1\ \underset{\text{ポリビニルアルコール}}{\left[CH_2-CH(OH)\right]_n} \xrightarrow{\text{アセタール化}} 1\ \text{ビニロン}$$

ビニロンの合成全体で物質量(mol)の量的関係をとらえると，

酢酸ビニル：ポリ酢酸ビニル：PVA：ビニロン＝n：1：1：1

となります。

例　酢酸ビニルとビニロンの量的関係

酢酸ビニルの物質量：ビニロンの物質量＝n：1

ビニロンの分子量

上記の量的関係を式にするとき，ビニロンの物質量(mol)を表すために，ビニロンの分子量が必要になります。そこで，ビニロンの分子量を考えてみましょう。

PVA のモノマー単位の中には，$-OH$ が 1 個あります。

モノマー単位に注目し，$-OH$ 1 個のうち x〔個〕をアセタール化すると考えます。

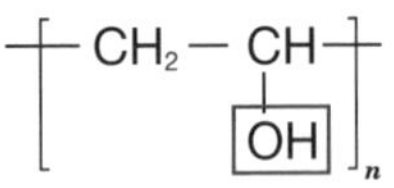

$$\left[CH_2-CH(\boxed{OH})\right]_n$$

モノマー単位に$-OH$ 1 個

実際には 30 ～ 40 ％をアセタール化するため，1 個のうち 0.3 ～ 0.4 個をアセタール化することになります。個数が小数になることに違和感があるかもしれませんが，あくまでもこれは平均値です。アセタール化される $-OH$ もあれば，されない $-OH$ もあり，平均値が 0.3 ～ 0.4 個になると考えましょう。実際，計算問題でも 0.3 ～ 0.4 個，すなわち，$-OH$ の 30 ～ 40 ％をアセタール化する結果になるものがほとんどです。

23 講

合成繊維

アセタール化では $-OH$ 2 個が反応し，アセタール構造($-O-CH_2-O-$)が 1 個でき，式量が 12 増加します。つまり，$-OH$ 1 個につき，アセタール構造($-O-CH_2-O-$)が $\frac{1}{2}$ 個できることになるため，$-OH$ 1 個でアセタール化が起こると，モノマー単位の分子量が 6 だけ増加することになります。

$$\cdots-C-C(OH)-C-C(OH)-\cdots \ + \ H-C(=O)-H \xrightarrow{\text{アセタール化}} \cdots-C-C(-O-CH_2-O-)C-C-\cdots$$

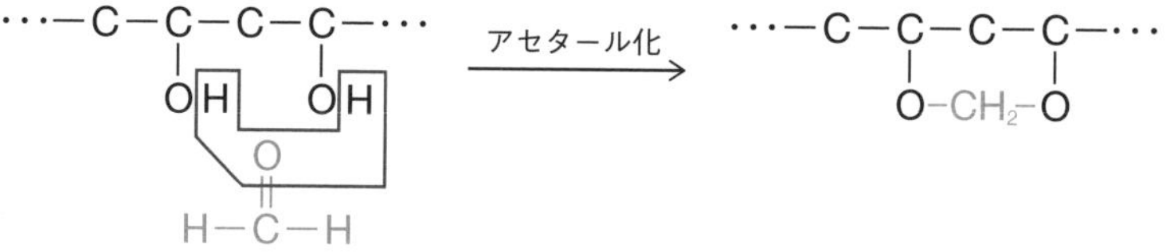

$$2-OH \xrightarrow[\text{式量 12 増}]{} -O-CH_2-O-$$

$$\downarrow \div 2$$

$$-OH \xrightarrow[\text{式量 6 増}]{} \frac{1}{2}(-O-CH_2-O-)$$

よって，$-OH$ 1 個中 x〔個〕でアセタール化が起こると，モノマー単位の分子量が $6x$ 増加することになります。

PVA のモノマー単位の分子量が 44 なので，ビニロンのモノマー単位の分子量は $44+6x$，すなわち，ビニロンの分子量は $(44+6x)n$ となります。

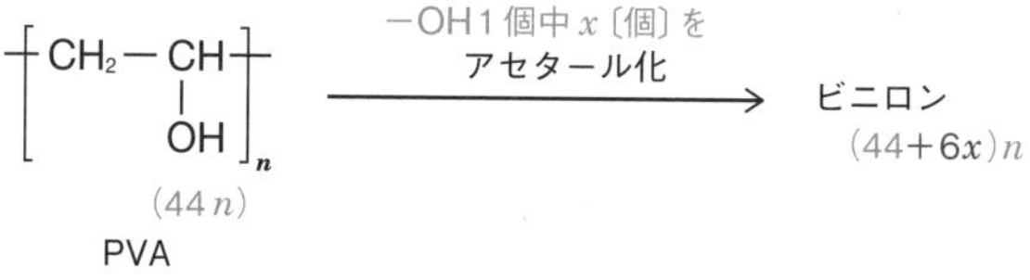

$$\underset{\substack{(44n)\\ \text{PVA}}}{\left[CH_2-CH(OH)\right]_n} \xrightarrow[\text{アセタール化}]{-OH\,1\,\text{個中}\,x\,\text{〔個〕を}} \underset{(44+6x)n}{\text{ビニロン}}$$

実践！ **演習問題 1** ▶標準レベル

ポリビニルアルコール 88 g を，ホルムアルデヒドを用いてアセタール化したところ，ビニロン 92 g が得られた。ポリビニルアルコールに含まれるヒドロキシ基のうち何％がアセタール化されたか，四捨五入して整数で答えなさい。

\Point!/

PVA の物質量：ビニロンの物質量＝1：1 ！

ビニロンの分子量は $(44+6x)n$!!

▶ 解説

ポリビニルアルコール（以下 PVA）とビニロンの物質量比は 1：1 であるため，

PVA の物質量＝ビニロンの物質量 ◂ \Point!/

が成立します。

また，PVA（分子量 $44n$）のモノマー単位に注目し，−OH 1 個あたり x〔個〕がアセタール化されると考えると，ビニロンの分子量は $(44+6x)n$ となるため，量的関係を式にすると次のようになります。◂ \Point!/

$$\frac{88}{44n}=\frac{92}{(44+6x)n} \qquad x=\frac{1}{3}\fallingdotseq \underline{33\%}$$

▶ 解答 **33 %**

② 縮合重合による合成繊維

重要TOPIC 03

ポリアミド系繊維 説明①

分子内に多数のアミド結合をもつ合成繊維

ナイロン66(6,6-ナイロン)

$$\mathrm{HO}-\left[\mathrm{C(=O)}-(\mathrm{CH_2})_4-\mathrm{C(=O)}-\mathrm{N(H)}-(\mathrm{CH_2})_6-\mathrm{N(H)}\right]_n-\mathrm{H}$$

ナイロン6(6-ナイロン)

$$\mathrm{HO}-\left[\mathrm{C(=O)}-(\mathrm{CH_2})_5-\mathrm{N(H)}\right]_n-\mathrm{H}$$

アラミド繊維

$$\mathrm{Cl}-\left[\mathrm{C(=O)}-\mathrm{C_6H_4}-\mathrm{C(=O)}-\mathrm{N(H)}-\mathrm{C_6H_4}-\mathrm{N(H)}\right]_n-\mathrm{H}$$

ポリエステル系繊維 説明②

分子内に多数のエステル結合をもつ合成繊維

ポリエチレンテレフタラート(PET)

$$\mathrm{HO}-\left[\mathrm{C(=O)}-\mathrm{C_6H_4}-\mathrm{C(=O)}-\mathrm{O}-(\mathrm{CH_2})_2-\mathrm{O}\right]_n-\mathrm{H}$$

説明①

[1] ポリアミド系繊維

モノマー同士がアミド化(→ p.141)を繰り返してできる鎖状の重合体は，分子内に多数のアミド結合をもつことから，**ポリアミド**とよばれます。特に，脂肪族のポリアミド系繊維を**ナイロン**といいます。ペプチド結合(アミド結合と同じ)を多数もつ動物性繊維(タンパク質)の絹や羊毛をもとに合成された繊維です。

タンパク質と同様に，分子間に水素結合を形成するため，強度の大きい繊維です。

ナイロン66 (6,6-ナイロン)

アジピン酸と**ヘキサメチレンジアミン**の縮合重合で合成される繊維が**ナイロン66** (**6,6-ナイロン**)です。モノマーがともにC数6であることからナイロン66 (6,6-ナイロン)と名付けられました。

$$n\ \boxed{HO}-\underset{\underset{O}{\|}}{C}-(CH_2)_4-\underset{\underset{O}{\|}}{C}-\boxed{OH} + n\ \boxed{H}-\underset{\underset{H}{|}}{N}-(CH_2)_6-\underset{\underset{H}{|}}{N}-\boxed{H}$$

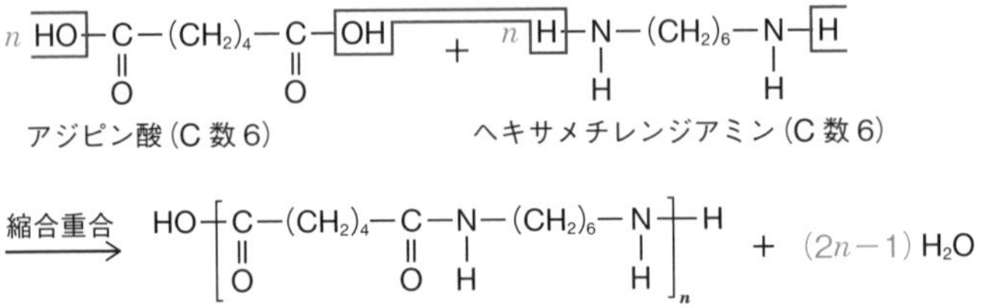

アジピン酸 (C数6)　　ヘキサメチレンジアミン (C数6)

$$\xrightarrow{\text{縮合重合}} HO\left[\underset{\underset{O}{\|}}{C}-(CH_2)_4-\underset{\underset{O}{\|}}{C}-\underset{\underset{H}{|}}{N}-(CH_2)_6-\underset{\underset{H}{|}}{N}\right]_n H + (2n-1)\,H_2O$$

ナイロン66 (6,6-ナイロン)

ちなみに，ヘキサメチレンジアミンはその名の通り，6つのメチレン基($-CH_2-$)をもつ，2価のアミン($-NH_2$ 2つ)です。

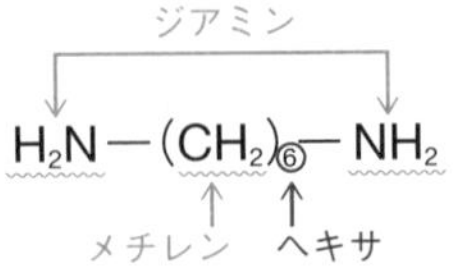

$$H_2N-(CH_2)_{⑥}-NH_2$$

ジアミン　メチレン　ヘキサ

ナイロン6 (6-ナイロン)

ε-カプロラクタムの開環重合で合成される繊維が**ナイロン6** (**6-ナイロン**)です。モノマーがC数6であることからナイロン6 (6-ナイロン)と名付けられました。

$$n\ \text{C}\begin{cases}C-C-C=O\\ \quad\quad\ \ \ |\\ C-C-N-H\end{cases} \xrightarrow[+H_2O]{\text{開環重合}} HO\left[\underset{\underset{O}{\|}}{C}-(CH_2)_5-\underset{\underset{H}{|}}{N}\right]_n H$$

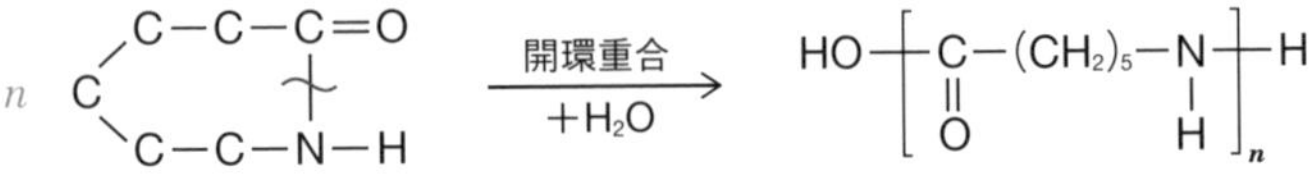

ε-カプロラクタム (C数6)　　ナイロン6 (6-ナイロン)

ちなみに，ε-カプロラクタムはその名の通り，ε位にアミノ基 $-NH_2$ をもつ(→ p.266)カプロン酸(C数6のカルボン酸)の環状アミド(ラクタム)です。

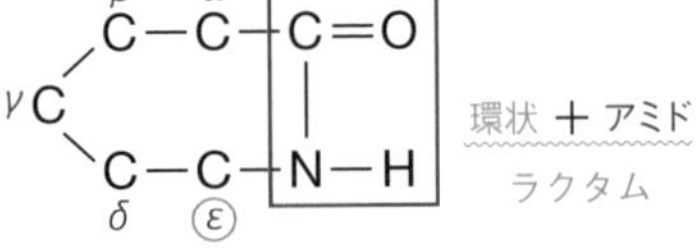

$$\gamma C\begin{cases}\overset{\beta}{C}-\overset{\alpha}{C}-\boxed{C=O}\\ \underset{\delta}{C}-\underset{ⓔ\varepsilon}{C}-\boxed{N-H}\end{cases}$$

環状 ＋ アミド
ラクタム

アラミド繊維

芳香族ジカルボン酸と芳香族ジアミンの縮合重合によって合成される繊維を総称して**アラミド繊維**といいます。ベンゼン環をもつため分子間力が強く，丈夫な繊維であることから防弾チョッキなどに利用されています。

$$n\,\text{Cl-CO-C}_6\text{H}_4\text{-CO-Cl} + n\,\text{H-NH-C}_6\text{H}_4\text{-NH-H}$$

テレフタル酸ジクロリド　*p*-フェニレンジアミン

$$\xrightarrow{\text{縮合重合}} \text{Cl}\left[\text{CO-C}_6\text{H}_4\text{-CO-NH-C}_6\text{H}_4\text{-NH}\right]_n\text{H} + (2n-1)\,\text{HCl}$$

アラミド繊維

説明②

[2] ポリエステル系繊維

モノマー同士がエステル化(→ p.141)を繰り返してできる鎖状の重合体は，分子内に多数のエステル結合をもつことから，**ポリエステル**とよばれます。

極性の大きい −OH をすべて縮合に使用しているため，吸湿性が小さく，乾きやすい繊維です。

ポリエチレンテレフタラート(PET)

テレフタル酸と**エチレングリコール**の縮合重合で合成される繊維が**ポリエチレンテレフタラート(PET)**です。

$$n\,\text{HO-CO-C}_6\text{H}_4\text{-CO-OH} + n\,\text{HO-(CH}_2)_2\text{-OH}$$

テレフタル酸　エチレングリコール

$$\xrightarrow{\text{縮合重合}} \text{HO}\left[\text{CO-C}_6\text{H}_4\text{-CO-O-(CH}_2)_2\text{-O}\right]_n\text{H} + (2n-1)\,\text{H}_2\text{O}$$

ポリエチレンテレフタラート(PET)

樹脂状にしたものをPET樹脂といい，ペットボトルなどに利用されています。

23講　合成繊維

PETの合成に使われるモノマーとその反応

テレフタル酸とエチレングリコールは反応しにくいため，テレフタル酸ジメチルを使用することもあります。テレフタル酸ジメチルとエチレングリコールの反応を，エステル交換反応といいます。

$$\boxed{HO-(CH_2)_2-O}H + \boxed{CH_3-O}-\underset{\underset{O}{\|}}{C}-C_6H_4-\underset{\underset{O}{\|}}{C}-\boxed{O-CH_3} + H\boxed{O-(CH_2)_2-OH}$$

（交換）　　（交換）

エチレングリコール　　テレフタル酸ジメチル　　エチレングリコール

$$\longrightarrow CH_3-OH + HO-(CH_2)_2-O-\underset{\underset{O}{\|}}{C}-C_6H_4-\underset{\underset{O}{\|}}{C}-O-(CH_2)_2-OH + HO-CH_3$$

さらに，これをエステル交換反応で重合

実践！ 演習問題 2

▶標準レベル

アジピン酸(分子量146)とヘキサメチレンジアミン(分子量116)を縮合重合させたところ，両末端がアミノ基の重合体が得られた。重合度を n としたとき，重合体の分子量はどのように表すことができるか。n を用いて答えなさい。

23講 合成繊維

\Point!/

両末端がアミノ基になるのはどんなときか，考えよう !!

▶ 解説

アジピン酸とヘキサメチレンジアミンのうち，アミノ基をもつのはヘキサメチレンジアミンです。両末端がアミノ基ということは，この重合においてヘキサメチレンジアミンが過剰だったことになります。◀ \Point!/

つまり，アジピン酸 n〔個〕に対して，ヘキサメチレンジアミンが $(n+1)$〔個〕，縮合したということです。

n HOOC−$(CH_2)_4$−COOH ＋ $(n+1)$ H_2N−$(CH_2)_6$−NH_2

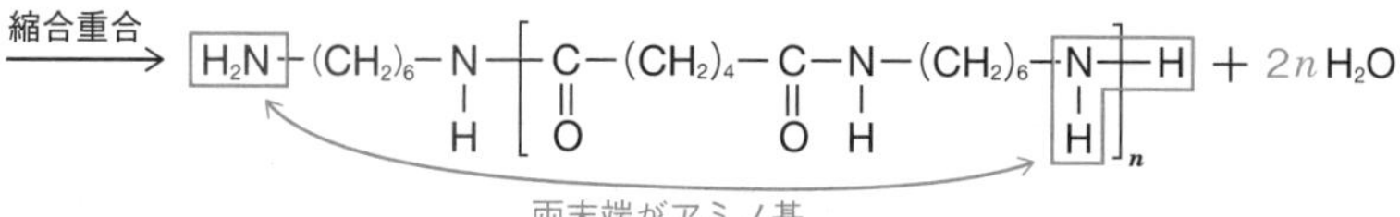

アジピン酸(分子量146)が n〔個〕とヘキサメチレンジアミン(分子量116)が $(n+1)$〔個〕重合すると，水(分子量18)が $2n$〔個〕外れることになります。

よって，生成する重合体の分子量は次のように表すことができます。

$146n + 116(n+1) - 18 \times 2n = \underline{226n + 116}$

▶ 解答 **226 n＋116**

24講 合成樹脂

講義テーマ！

合成樹脂の種類と特徴を学びましょう。

1 合成樹脂とその分類

1 合成樹脂の分類

重要TOPIC 01

熱可塑性樹脂

熱可塑性樹脂…加熱により軟らかくなる性質をもつ樹脂 説明①

ポリマー → 鎖状

熱硬化性樹脂…加熱により硬くなる性質をもつ樹脂 説明②

ポリマー → 網目状

繊維とゴムを除く合成高分子が**合成樹脂**(**プラスチック**)です。熱に対する性質で2種類に分類されます。

説明①

[1] **熱可塑性樹脂**

加熱により軟らかくなる性質を**熱可塑性**といい，熱可塑性をもつ樹脂を**熱可塑性樹脂**といいます。熱可塑性の樹脂は，基本的にモノマーが結合部位を2か所しかもたないため，ポリマーは鎖状です。

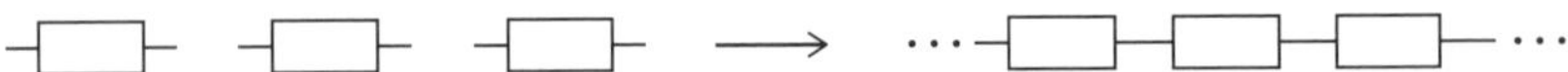

加熱すると，分子が熱運動で動き，軟らかくなります。

説明②

[2] 熱硬化性樹脂

加熱により硬くなる性質を**熱硬化性**といい，熱硬化性をもつ樹脂を**熱硬化性樹脂**といいます。熱硬化性の樹脂は，基本的にモノマーが結合部位を3か所以上もつため，ポリマーは網目状です。

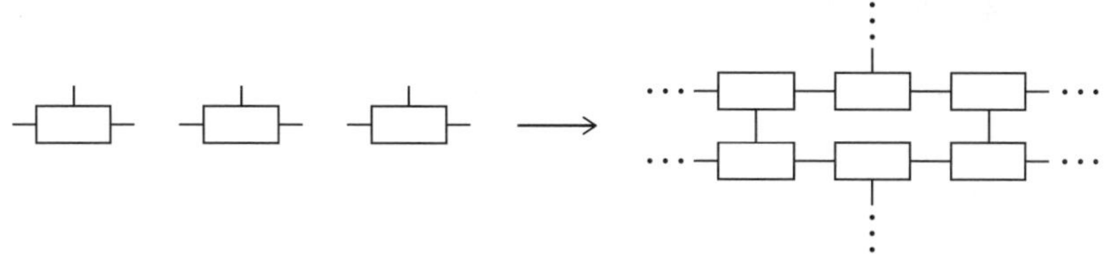

加熱により，重合していなかった部位も重合が進み，硬くなります。

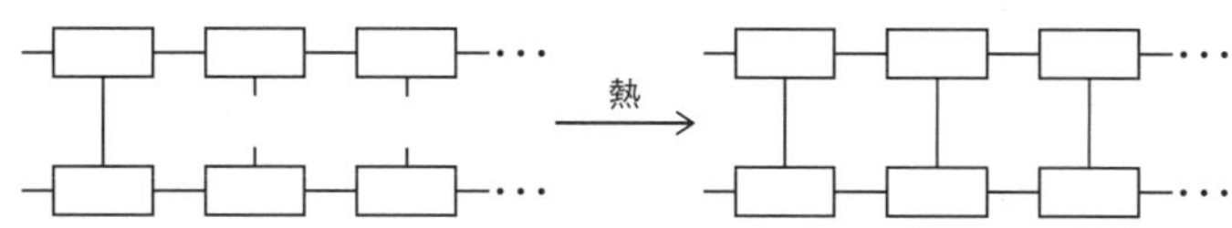

❷ 付加重合による合成樹脂

重要TOPIC 02

付加重合による合成樹脂

基本的にモノマーにC=C結合あり

ビニル系

説明①

$$n\,\mathrm{H_2C{=}CHX} \xrightarrow{\text{付加重合}} \left[\mathrm{CH_2{-}CHX}\right]_n$$

ビニリデン系

説明②

$$n\,\mathrm{H_2C{=}CXY} \xrightarrow{\text{付加重合}} \left[\mathrm{CH_2{-}CXY}\right]_n$$

フッ素樹脂(テフロンなど)

説明③

$$n\,\mathrm{F_2C{=}CF_2} \xrightarrow{\text{付加重合}} \left[\mathrm{CF_2{-}CF_2}\right]_n$$

テトラフルオロエチレン　　ポリテトラフルオロエチレン

付加重合で合成される樹脂は，基本的にモノマーが C=C 結合をもちます。モノマーとポリマーを頭に入れ，性質をおさえておきましょう。

説明①

［1］ビニル系

ビニル系合成樹脂は，**ビニル基**（$CH_2=CH-$）をもつモノマーを付加重合させて合成する樹脂です。

例

$$n\,CH_2=\underset{\displaystyle CH_3}{\underset{|}{CH}} \xrightarrow{\text{付加重合}} \left[CH_2-\underset{\displaystyle CH_3}{\underset{|}{CH}} \right]_n$$

プロペン　　　　ポリプロピレン

代表的なビニル系合成樹脂

名　称	モノマー	用　途
ポリエチレン（PE）	エチレン $CH_2=CH_2$	袋，容器，フィルムなど
ポリプロピレン（PP）	プロペン $CH_2=CH-CH_3$	
ポリ塩化ビニル（PVC） （塩化ビニル樹脂）	塩化ビニル $CH_2=CHCl$	シート，管，板など
ポリ酢酸ビニル （酢酸ビニル樹脂）	酢酸ビニル $CH_2=CH-OCOCH_3$	塗料，接着剤，ビニロンの原料など
ポリスチレン（PS） （スチロール樹脂）	スチレン $C_6H_5-CH=CH_2$	透明容器，日用品，断熱材など

説明②

[2] ビニリデン系

ビニリデン系合成樹脂は，ビニル基のH原子の1つを違う原子や原子団で置き換えたモノマーを付加重合させて合成する樹脂です。

例

$$n\ \mathrm{H_2C{=}CCl_2} \xrightarrow{\text{付加重合}} \left[\mathrm{-CH_2-CCl_2-}\right]_n$$

塩化ビニリデン　　　　ポリ塩化ビニリデン

代表的なビニリデン系合成樹脂

名　称	モノマー	用　途
塩化ビニリデン樹脂（PVDC）	塩化ビニリデン $CH_2{=}CCl_2$	包装材料, 食品用ラップなど
メタクリル樹脂（アクリル樹脂）	メタクリル酸メチル $CH_2{=}C(CH_3)COOCH_3$	風防ガラス, プラスチックレンズなど

説明③

[3] フッ素樹脂(テフロンなど)

フッ素樹脂は，テトラフルオロエチレンなどの付加重合で合成する樹脂です。

名　称	モノマー	用　途
フッ素樹脂（テフロンなど）	テトラフルオロエチレン $CF_2{=}CF_2$ クロロトリフルオロエチレン $CClF{=}CF_2$	電気絶縁材料, フライパンの表面加工剤など

❸ 付加縮合・縮合重合による合成樹脂

重要TOPIC 03

付加縮合による合成樹脂

立体網目状構造で熱硬化性のものが多い

フェノール樹脂 説明①

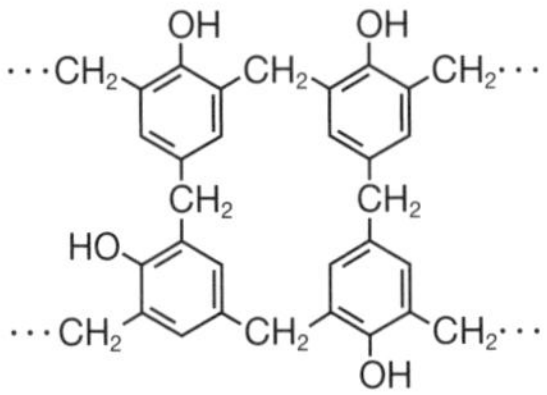

アミノ樹脂 説明②

尿素樹脂

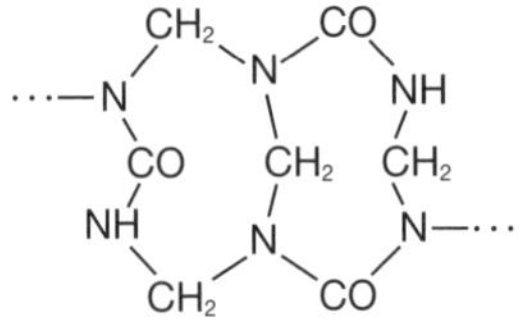

メラミン樹脂

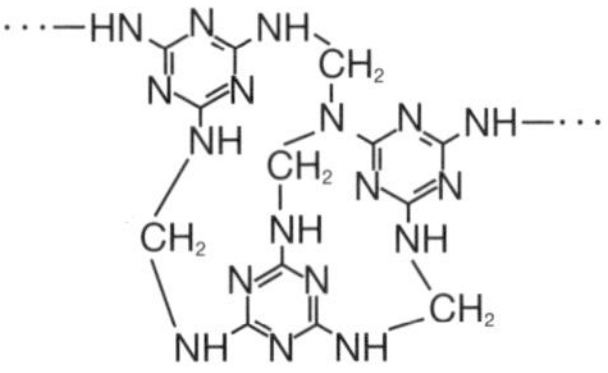

縮合重合による合成樹脂

アルキド樹脂 説明③

多価カルボン酸と多価アルコールの縮合重合により得られる樹脂

シリコーン樹脂 説明④

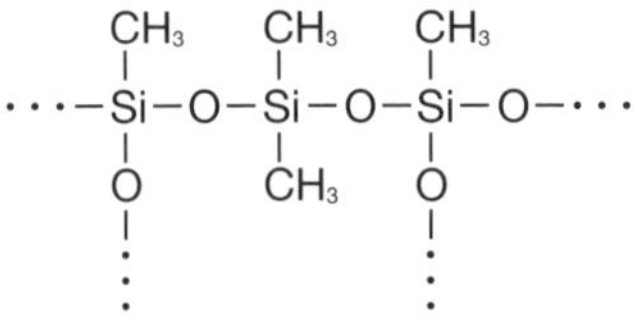

熱硬化性樹脂は，モノマーが結合部位を3か所以上もち，ポリマーが立体網目状構造になっています。付加縮合や縮合重合によって合成されるものが多いです。

説明①

[1] フェノール樹脂

フェノールとホルムアルデヒドを触媒とともに加熱して付加縮合させることで合成される樹脂を**フェノール樹脂**といいます。

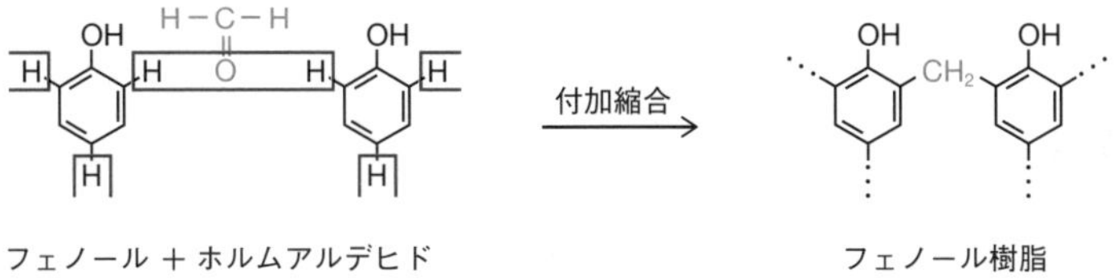

H−C−H
O
付加縮合
フェノール ＋ ホルムアルデヒド
フェノール樹脂

電気絶縁性に優れ，電気部品等に利用されています。

フェノール樹脂の合成

フェノール樹脂の合成では，酸触媒か塩基触媒かで途中過程が変わります。

酸触媒のとき

直鎖状の中間体(**ノボラック**)になります。ノボラックは熱可塑性のため，硬化剤を加えて立体網目状高分子にします。

塩基触媒のとき

ノボラックより低分子の中間体(**レゾール**)になります。レゾールは熱硬化性のため，加熱するだけで高分子になります。

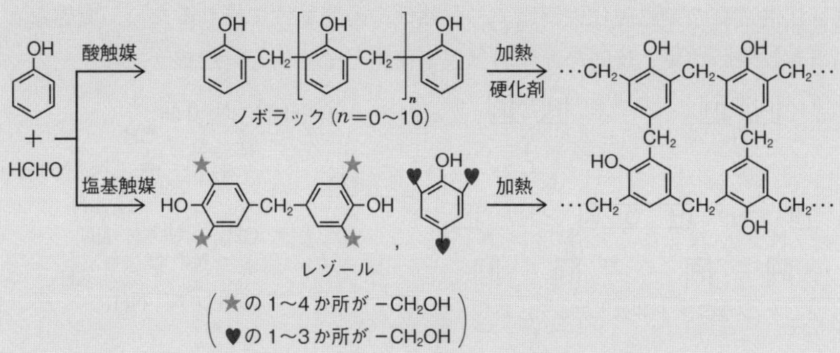

酸触媒
加熱
硬化剤
ノボラック (n=0〜10)
HCHO
塩基触媒
加熱
レゾール
(★の 1〜4 か所が $-CH_2OH$
♥の 1〜3 か所が $-CH_2OH$)

説明②

[2] アミノ樹脂

2つ以上のアミノ基 $-NH_2$ をもつ化合物とホルムアルデヒドから合成される樹脂を総称して**アミノ樹脂**といいます。

尿素樹脂

尿素樹脂は，尿素 $CO(NH_2)_2$とホルムアルデヒドから合成される樹脂です。立体網目状構造なので熱硬化性樹脂で，電気絶縁性や着色性に優れるため，電気器具などに利用されています。

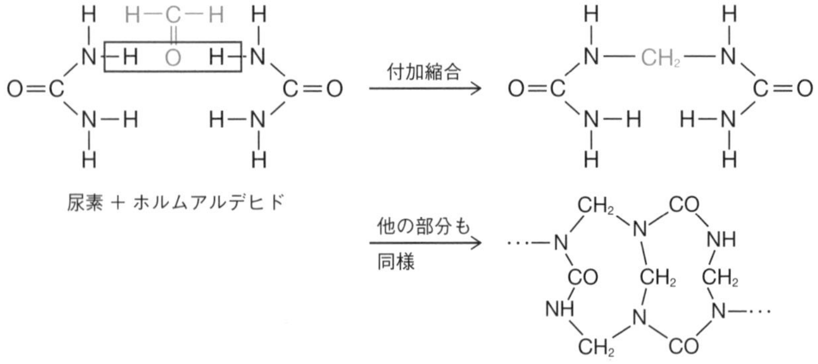

メラミン樹脂

メラミン樹脂は，メラミンとホルムアルデヒドから合成される樹脂です。立体網目状構造なので熱硬化性樹脂で，耐熱性や耐薬品性に優れるため，食器などに利用されています。反応の原動力は尿素樹脂と全く同じ付加縮合です。

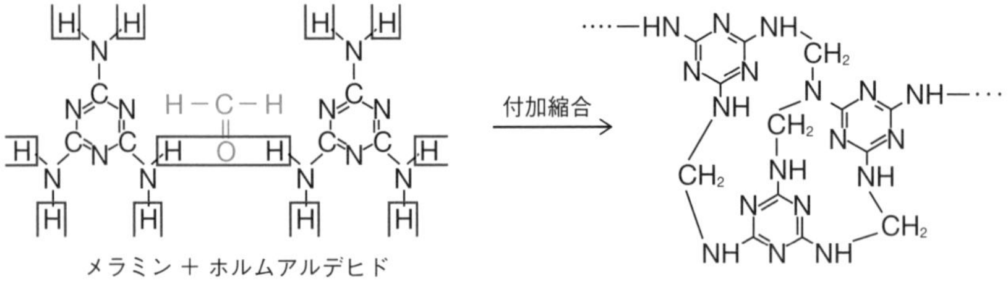

説明③

[3] アルキド樹脂

多価のカルボン酸と多価のアルコールを脱水縮合させて合成される，ポリエステル樹脂を総称して**アルキド樹脂**といいます。

例 グリプタル樹脂(モノマー → 無水フタル酸とグリセリン)
自動車の塗装などに利用されます。

説明④

[4] シリコーン樹脂

Si−O−Si の繰り返しでできる高分子を総称して**シリコーン**といいます。樹脂状のものを**シリコーン樹脂**，ゴム状のものを**シリコーンゴム**といいます。シリコーン樹脂は耐熱性，耐水性，電気絶縁性に優れた合成樹脂です。

$$\mathrm{Cl-\underset{CH_3}{\overset{CH_3}{Si}}-Cl}\quad \mathrm{Cl-\underset{Cl}{\overset{CH_3}{Si}}-Cl}\xrightarrow{\text{加水分解して縮合}}\cdots-\mathrm{\underset{\underset{\vdots}{O}}{\overset{CH_3}{Si}}-O-\underset{CH_3}{\overset{CH_3}{Si}}-O-\underset{\underset{\vdots}{O}}{\overset{CH_3}{Si}}-O}-\cdots$$

実践！ **演習問題 1** ▶標準レベル

次の合成高分子Ａ～Ｅについて，必要なモノマーを①～⑬から１つ，または２つ選びなさい。ただし，同じものを何度選んでも良いものとする。

Ａ　ナイロン66　　Ｂ　ポリアクリロニトリル

Ｃ　フェノール樹脂　　Ｄ　ポリエチレンテレフタラート

Ｅ　フッ素樹脂

①　ε-カプロラクタム　②　スチレン　③　アクリロニトリル

④　フェノール　⑤　ブタジエン　⑥　アジピン酸

⑦　エチレングリコール　⑧　テトラフルオロエチレン

⑨　テレフタル酸　⑩　ヘキサメチレンジアミン

⑪　ホルムアルデヒド　⑫　イソプレン　⑬　アセトアルデヒド

\Point!/

合成高分子では，モノマーとポリマーの組み合わせをしっかり頭に入れておこう!!

▶ 解説

Ａ　アジピン酸とヘキサメチレンジアミンの縮合重合によって合成されます(→ p.322)。よって，⑥，⑩

Ｂ　アクリロニトリルの付加重合によって合成されます(→ p.316)。よって，③

Ｃ　フェノールとホルムアルデヒドの付加縮合によって合成されます(→ p.331)。よって，④，⑪

Ｄ　テレフタル酸とエチレングリコールの縮合重合によって合成されます(→ p.323)。よって，⑦，⑨

Ｅ　テトラフルオロエチレンの付加重合によって合成されます(→ p.329)。よって，⑧

▶ 解答　Ａ…⑥，⑩　Ｂ…③　Ｃ…④，⑪　Ｄ…⑦，⑨　Ｅ…⑧

25講 ゴム

講義テーマ！

天然ゴムや合成ゴムについて学びましょう。

1 天然ゴム

1 天然ゴム

重要TOPIC 01

天然ゴム 説明①

イソプレンを付加重合させたポリイソプレンの構造をもつ。

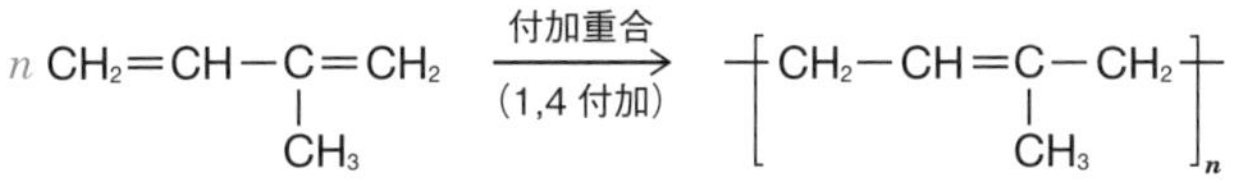

$$n\,\mathrm{CH_2{=}CH{-}\underset{\underset{\displaystyle CH_3}{|}}{C}{=}CH_2} \xrightarrow[\text{(1,4 付加)}]{\text{付加重合}} \left[\mathrm{CH_2{-}CH{=}\underset{\underset{\displaystyle CH_3}{|}}{C}{-}CH_2}\right]_n$$

イソプレン　　　ポリイソプレン
(天然ゴムで弾性をもつのはシス形)

説明①

[1] **天然ゴム**

ゴムの木から得られる**ラテックス**とよばれる乳白色の樹液に，酢酸などを加えて凝固させ，乾燥させたものを**天然ゴム**(**生ゴム**)といいます。

天然ゴムは，イソプレンが付加重合したポリイソプレンの構造をもちます。イソプレンは1,4付加が起こりやすく，生じるポリマーはモノマー単位の真ん中にC=Cが存在し，シス形とトランス形が生じます。

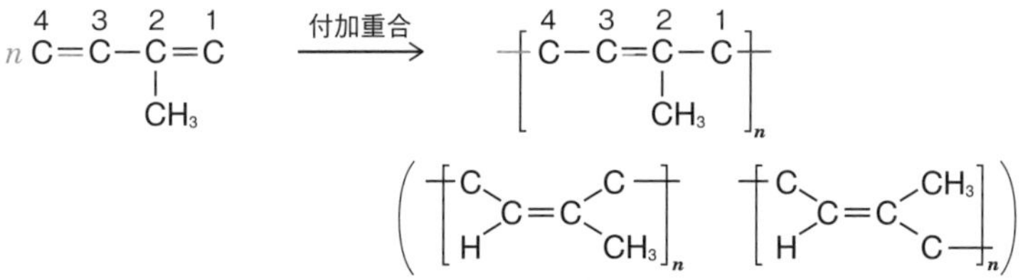

$$n\,\overset{4}{\mathrm{C}}{=}\overset{3}{\mathrm{C}}{-}\underset{\underset{\displaystyle CH_3}{|}}{\overset{2}{\mathrm{C}}}{=}\overset{1}{\mathrm{C}} \xrightarrow{\text{付加重合}} \left[\overset{4}{\mathrm{C}}{-}\overset{3}{\mathrm{C}}{=}\underset{\underset{\displaystyle CH_3}{|}}{\overset{2}{\mathrm{C}}}{-}\overset{1}{\mathrm{C}}\right]_n$$

$$\left(\left[\begin{matrix}\mathrm{C} & & & \mathrm{C}\\ & \mathrm{C{=}C} & & \\ \mathrm{H} & & & \mathrm{CH_3}\end{matrix}\right]_n \quad \left[\begin{matrix}\mathrm{C} & & & \mathrm{CH_3}\\ & \mathrm{C{=}C} & & \\ \mathrm{H} & & & \mathrm{C}\end{matrix}\right]_n \right)$$

シス形 弾性あり　　　トランス形

天然ゴムのポリイソプレン構造はシス形です。シス形は弾性(伸びたり縮んだりする性質)をもちます。

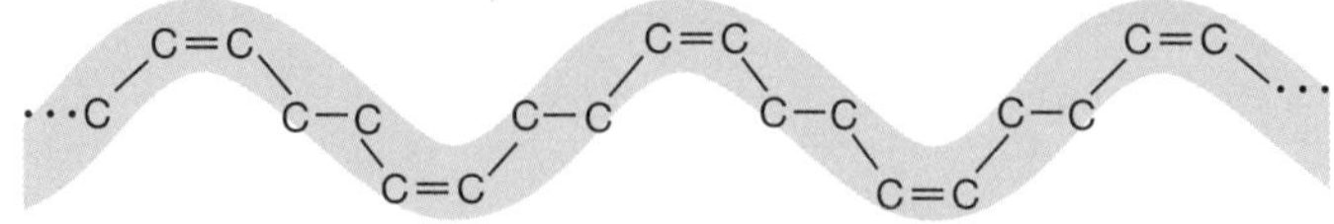

それに対し，トランス形のポリイソプレンは硬い樹脂で，**グッタペルカ**とよばれます。分子がまっすぐで，分子同士が接近し，分子間力が強くはたらいています。

…–C=C–C–C–C=C–C–C–C=C–C–C–…

重要TOPIC 02

加硫 説明①

天然ゴムに数％の硫黄を加えて加熱し，架橋構造をつくる操作。

→弾性や強度を増したゴムが得られる。

説明①

[2] 加硫

天然ゴムは，弾性や耐久性が不十分です。それは，分子の対称性が低く，結晶化しにくいためです。

そこで，弾性や耐久性を増すため，3～5％の硫黄を加えて加熱し，**架橋構造**をつくります。この操作を**加硫**といい，加硫されたゴムを**弾性ゴム**といいます。

$$\left[\!-CH_2-CH=\underset{\underset{CH_3}{|}}{C}-CH_2-\!\right]_n \xrightarrow{\text{加硫}} \begin{matrix} \cdots-\overset{|}{C}-C-\cdots \\ \quad\quad | \\ \quad\quad S \\ \quad\quad | \\ \cdots-\underset{|}{C}-C-\cdots \end{matrix}$$

天然ゴム　　　　　　弾性ゴム　架橋構造

硫黄の割合を増やすと(30～40％)架橋構造が過剰になり，弾性のない硬い樹脂になります。これを**エボナイト**といいます。

2 合成ゴム

① 合成ゴム

重要TOPIC 03

ジエン系ゴム 説明①

ブタジエンやクロロプレンの付加重合で合成。

$$n\,CH_2=CH-\underset{\displaystyle X}{\underset{|}{C}}=CH_2 \xrightarrow{\text{付加重合}} \left[CH_2-CH=\underset{\displaystyle X}{\underset{|}{C}}-CH_2 \right]_n$$

共重合系ゴム 説明②

ブタジエンとビニル化合物の共重合で合成。

ビニル化合物の割合を調整し，目的の性質をもつゴムを合成。

$$\underset{\text{ブタジエン}}{CH_2=CH-CH=CH_2} + \underset{\text{ビニル化合物}}{CH_2=\underset{\displaystyle X}{\underset{|}{CH}}} \xrightarrow{\text{共重合}} \cdots-CH_2-CH=CH-CH_2-CH_2-\underset{\displaystyle X}{\underset{|}{CH}}-\cdots$$

スチレン-ブタジエンゴム(SBR) 説明③

アクリロニトリル-ブタジエンゴム(NBR) 説明④

説明①

［1］ジエン系ゴム

C=Cを2つもつ化合物を総称して**ジエン**といいます。ジエンの付加重合によって合成されるのが**ジエン系ゴム**です。

主なジエン系ゴム

−X	モノマー	ポリマー	特徴・用途
$-CH_3$	**イソプレン**	**ポリイソプレン**	**天然ゴムに似た性質**
−H	**ブタジエン**	**ポリブタジエン**	**接着剤**
−Cl	**クロロプレン**	**ポリクロロプレン**	**機械部品**

説明②

[2] 共重合系ゴム

ブタジエンとビニル化合物の**共重合**(モノマーが2種類以上の重合)によって合成されるゴムを**共重合系ゴム**といいます。目的のゴムによってビニル化合物の割合を変えるため，ブタジエンとビニル化合物の比は決まっていません。

説明③

スチレン-ブタジエンゴム(SBR)

ブタジエンとスチレンの共重合で合成されるのが**スチレン-ブタジエンゴム**(SBR)です。

$$CH_2=CH-CH=CH_2 + \underset{C_6H_5}{CH_2=CH} \xrightarrow{\text{共重合}} \cdots -\overbrace{CH_2-CH=CH-CH_2}^{\text{ブタジエン由来}}-\overbrace{CH_2-\underset{C_6H_5}{CH}}^{\text{スチレン由来}}-\cdots$$

ブタジエン　　スチレン　　スチレン-ブタジエンゴム(SBR)

スチレンがベンゼン環をもつので，強度の強いゴムです。スチレンの含有量を25％程度にしたものは，自動車のタイヤに利用されています。

説明④

アクリロニトリル-ブタジエンゴム(NBR)

ブタジエンとアクリロニトリルの共重合で合成されるのが，**アクリロニトリル-ブタジエンゴム**(NBR)です。

$$CH_2=CH-CH=CH_2 + \underset{CN}{CH_2=CH} \xrightarrow{\text{共重合}} \cdots -\overbrace{CH_2-CH=CH-CH_2}^{\text{ブタジエン由来}}-\overbrace{CH_2-\underset{CN}{CH}}^{\text{アクリロニトリル由来}}-\cdots$$

ブタジエン　　アクリロニトリル　　アクリロニトリル-ブタジエンゴム(NBR)

アクリロニトリルに含まれるシアノ基 $-C\equiv N$ には極性があるため，アクリロニトリル-ブタジエンゴムは極性をもつゴムです。よって，石油などの無極性物質となじみにくく耐性があるため，石油のホースなどに利用されています。

実践！ **演習問題 1** ▶標準レベル

ブタジエン（分子量 54）とスチレン（分子量 104）を物質量比 x：1 で共重合させ，スチレン-ブタジエンゴムを合成した。得られたスチレン-ブタジエンゴム 64 g に臭素（分子量 160）を付加させたところ，128 g が必要であった。x に入る数値を整数で求めなさい。

\Point!/

ゴムに含まれる C=C はブタジエン由来!!

ゴム：付加する Br_2 ＝1：ブタジエンの数!!

25講 ゴム

▶ 解説

ブタジエンとスチレンの物質量比が x：1 なので，ブタジエンを xn mol，スチレンを n mol とおけますが，比をとると n は消えるため，ブタジエン x mol，スチレン 1 mol を重合させ，SBR 1 mol が得られたと考えます。

すると，SBR の分子量と，含まれる C=C の物質量は次のようになります。

SBR の分子量 → $54x+104$

SBR 中の C=C の物質量 → x mol

SBR に含まれる C=C は，ブタジエンの 1,4 付加によって生じるものです。すなわち，ブタジエンの物質量と SBR に含まれる C=C の物質量は同じです。◀ \Point!/

ブタジエン由来

…－CH_2－CH＝CH－CH_2－CH_2－CH－…（CH に ベンゼン環）

C＝C×1 個

以上より，SBR 1 mol に付加する Br_2 は x mol であり，次のように表すことができます。

$$\frac{64}{54x+104} : \frac{128}{160} = 1 : x \qquad x = \underline{4}$$

▶ 解答 **4**

実践！ 演習問題 2 ▶標準レベル

ブタジエン(分子量 54)とアクリロニトリル(分子量 53)を物質量比 3：2 で共重合させ，アクリロニトリル-ブタジエンゴムを合成した。得られたアクリロニトリル-ブタジエンゴムの窒素(原子量 14)含有率は何%か。有効数字 2 桁で答えなさい。

\Point!!/

ゴムに含まれる N 原子はアクリロニトリル由来!!

ゴム中の N 原子の物質量 = アクリロニトリルの物質量!!

▶ 解説

ブタジエンとアクリロニトリルの物質量比が 3：2 なので，ブタジエンを $3n$〔mol〕，アクリロニトリルを $2n$〔mol〕とおけますが，比をとると n は消えるため，ブタジエン 3 mol，アクリロニトリル 2 mol を重合させ，NBR 1 mol が得られたと考えます。

すると，NBR の分子量と，含まれる N 原子の物質量は次のようになります。

NBR の分子量 → $54 \times 3 + 53 \times 2 = 268$

NBR 中の N 原子の物質量 → 2 mol

NBR に含まれる N 原子はアクリロニトリルの $-C \equiv N$ 由来です。すなわち，アクリロニトリルの物質量と NBR に含まれる N 原子の物質量は同じです。◀ \Point!!/

アクリロニトリル由来

$$\cdots - CH_2 - CH = CH - CH_2 - \underbrace{CH_2 - \underset{\substack{|\\ CN}}{CH}}_{} - \cdots$$

N×1 個

以上より，NBR 1 mol に含まれる N 原子は 2 mol となるため，次のように表すことができます。

$$\frac{\text{N原子量の総和}}{\text{NBRの分子量}} \times 100 \text{ より，} \frac{14 \times 2}{268} \times 100 = 10.4 \fallingdotseq \underline{10\ \%}$$

▶ 解答 **10 %**

26講 機能性高分子化合物

講義テーマ！

高分子化合物の物理的・化学的な機能を有効に利用している機能性高分子について学びましょう。

1 イオン交換樹脂

① イオン交換樹脂の合成とその利用

重要TOPIC 01

イオン交換樹脂の合成 説明①

スチレンと*p*-ジビニルベンゼンを共重合させて合成した高分子に，置換基－X を導入する。

$CH_2=CH$ （ベンゼン環） ＋ $CH_2=CH$ （ベンゼン環） $CH_2=CH$

スチレン　*p*-ジビニルベンゼン

陽イオン交換樹脂【$-X$：$-SO_3H$ や $-COOH$】 説明②

$$R-SO_3H + NaCl \rightleftarrows R-SO_3Na + HCl$$

陰イオン交換樹脂【$-X$：$-CH_2-N^+(CH_3)_3OH^-$】 説明③

$$R-CH_2-N^+(CH_3)_3OH^- + NaCl \rightleftarrows R-CH_2-N^+(CH_3)_3Cl^- + NaOH$$

ともに，逆反応を利用して何度でも再生可能。

イオン交換樹脂は純水の製造など，多岐にわたって利用。

ある樹脂に電解質水溶液を流し込むと，樹脂のイオンと水溶液中の同符号のイオンが入れ替わります。このような機能をもった合成樹脂を**イオン交換樹脂**といいます。

説明①

[1] イオン交換樹脂の合成方法

(i) スチレンと *p*-ジビニルベンゼン(含有量約 10 %)を共重合させます(*p*-ジビニルベンゼンは網目状高分子にするために加えています)。

(ii) (i)で得られた網目状高分子のベンゼン環に，置換反応で官能基 −X を導入します。

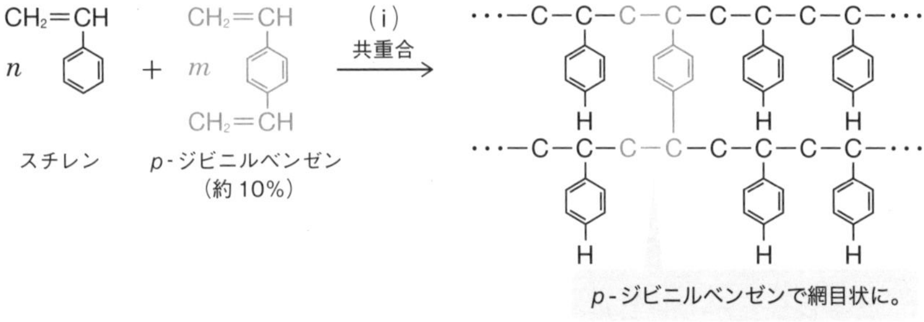

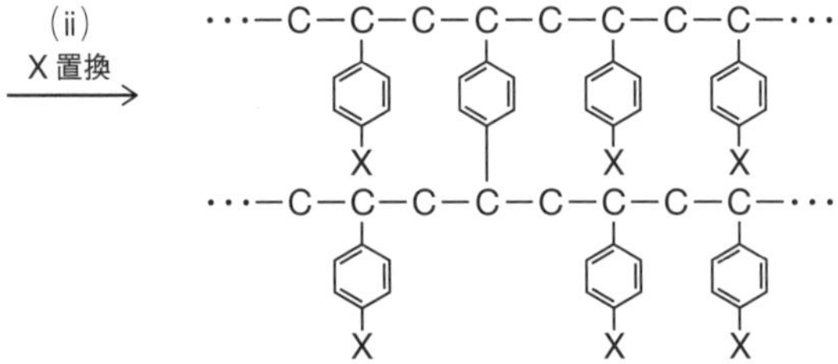

説明②

[2] 陽イオン交換樹脂 【−X：−SO_3H や −COOH】

陽イオン交換樹脂(R−SO_3H)に NaCl 水溶液のような電解質水溶液を流し込むと，陽イオン交換樹脂の H^+ と電解質水溶液の陽イオン Na^+ が交換されます。

$$R-SO_3H + NaCl \rightleftarrows R-SO_3Na + HCl$$

この反応は可逆反応なので，使用後の陽イオン交換樹脂に希塩酸などを流し込むと，もとの状態に再生することができます。

また，流出する水溶液が酸の水溶液なので，塩基で中和滴定することで，水溶液に含まれていた塩を定量することができます。

説明③

[3] 陰イオン交換樹脂 【$-X$：$-CH_2-N^+(CH_3)_3OH^-$】

陰イオン交換樹脂($R-CH_2-N^+(CH_3)_3OH^-$)に NaCl 水溶液のような電解質水溶液を流し込むと，陰イオン交換樹脂の OH^- と電解質水溶液の陰イオン Cl^- が交換されます。

$$R-CH_2-N^+(CH_3)_3OH^- + NaCl \rightleftarrows R-CH_2-N^+(CH_3)_3Cl^- + NaOH$$

この反応は可逆反応なので，使用後の陰イオン交換樹脂に水酸化ナトリウム水溶液などを流し込むと，もとの状態に再生することができます。

また，流出する水溶液が塩基の水溶液なので，酸で中和滴定することで，水溶液に含まれていた塩を定量することができます。

[4] イオン交換樹脂の利用

純水の製造

いろいろなイオンを含む水溶液を陽イオン交換樹脂と陰イオン交換樹脂に通じると，水溶液中の陽イオンは H^+ に，陰イオンは OH^- に置き換わるため，イオンを含まない水が得られます。

このような水を**脱イオン水**といいます。

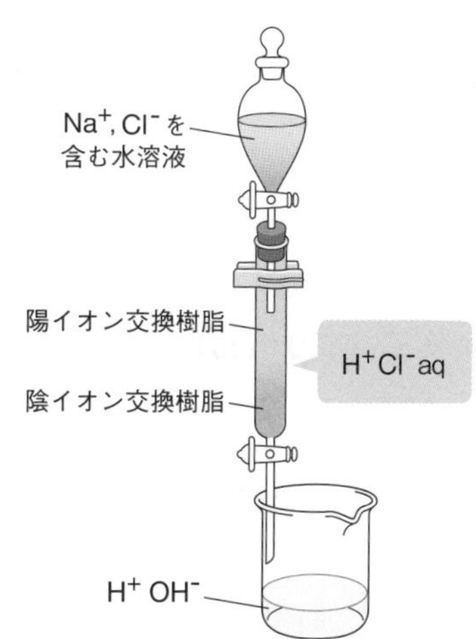

また，アミノ酸の分離(→ p.278)や，排水に含まれる有害金属のイオン処理など，イオン交換樹脂は多岐にわたって利用されています。

26 講 機能性高分子化合物

実践！ **演習問題 1**　▶標準レベル

濃度のわからない NaCl 水溶液 15 mL を陽イオン交換樹脂に通じ，蒸留水で完全に洗浄した。それらすべての流出液を 0.100 mol/L の NaOH 水溶液で中和滴定したところ，30 mL が必要だった。この NaCl 水溶液の濃度(mol/L)を有効数字 2 桁で答えなさい。

\Point!/

NaCl 水溶液に含まれる Na^+ の物質量と流出液に含まれる H^+ の物質量が等しい!!

▶ 解説

NaCl 水溶液の濃度を x〔mol/L〕とすると，含まれている Na^+ の物質量は次のようになります。

$$x \times 15 = 15\,x \text{〔mmol〕}$$

この $15\,x$〔mmol〕がすべて H^+ に置き換わるため，流出液に含まれる H^+ も $15\,x$〔mmol〕です。◂ \Point!/

これを中和するために必要な 0.100 mol/L NaOH 水溶液が 30 mL であったことから，次の量的関係が成立します。

$$15\,x = 0.100 \times 30 \qquad x = \underline{0.20 \text{ mol/L}}$$

▶ 解答　**0.20 mol/L**

2 その他の機能性高分子

❶ その他の機能性高分子とその利用

重要TOPIC 02

その他の機能性高分子

生分解性高分子 説明①

例

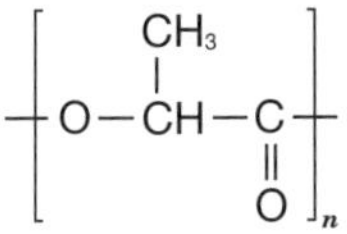

$$\left[-O-\underset{\substack{|\\CH_3}}{CH}-\underset{\substack{\|\\O}}{C}- \right]_n$$

ポリ乳酸

高吸水性高分子 説明②

例

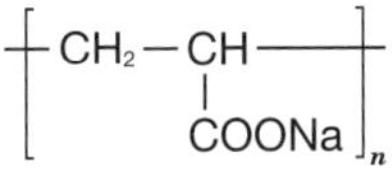

$$\left[-CH_2-\underset{\substack{|\\COONa}}{CH}- \right]_n$$

ポリアクリル酸ナトリウム

説明①

[1] 生分解性高分子

自然界で微生物などに分解される高分子を**生分解性高分子**といいます。

ポリ乳酸は，トウモロコシやジャガイモに含まれる植物由来の高分子です。

乳酸の重合は進行しにくいため，2分子からなる環状エステルの開環重合で合成します。

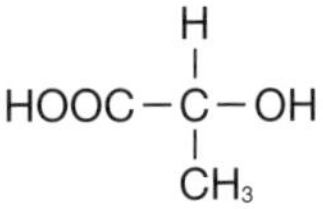

$$HOOC-\overset{\substack{H\\|}}{\underset{\substack{|\\CH_3}}{C}}-OH$$

乳酸

$$H_3C-CH\langle\begin{smallmatrix}O-C(=O)\\C(=O)-O\end{smallmatrix}\rangle CH-CH_3 \xrightarrow{\text{開環重合}} \left[-O-\underset{\substack{|\\CH_3}}{CH}-\underset{\substack{\|\\O}}{C}- \right]_n$$

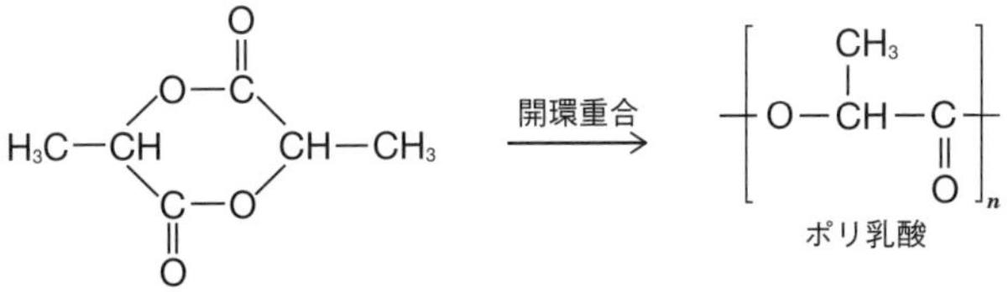

乳酸の環状エステル（ラクチド）　　ポリ乳酸

また，乳酸とグリコール酸の共重合によって得られる高分子は，生体に対する適合性が高く，酵素によって分解されて体外に排出されるため，抜糸の必要がない手術用の縫合糸などに利用されています。

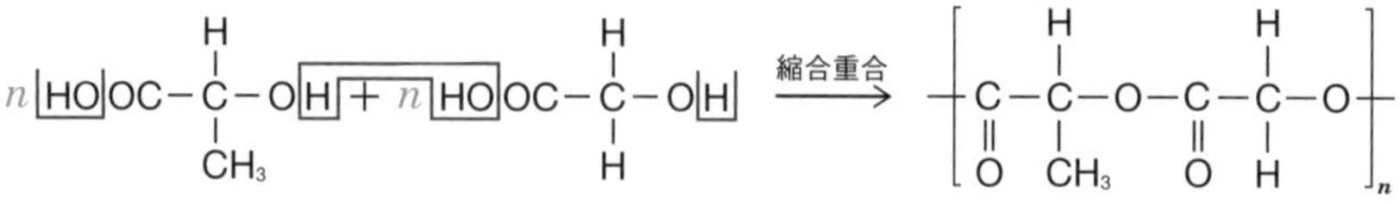

$$n\,\boxed{\mathrm{HO}}\mathrm{OC{-}\underset{CH_3}{\overset{H}{C}}{-}O}\boxed{\mathrm{H}} + n\,\boxed{\mathrm{HO}}\mathrm{OC{-}\underset{H}{\overset{H}{C}}{-}O}\boxed{\mathrm{H}} \xrightarrow{\text{縮合重合}} \left[\mathrm{\underset{\|}{\overset{}{C}}{-}\underset{CH_3}{\overset{H}{C}}{-}O{-}\underset{\|}{C}{-}\underset{H}{\overset{H}{C}}{-}O}\right]_n$$

乳酸　　グリコール酸

(生成物の各 C=O の下部に O)

説明②

［2］高吸水性高分子

アクリル酸ナトリウムを重合してポリアクリル酸ナトリウムとし，これに架橋した高分子は，多量の水を吸収するため，**高吸水性高分子**とよばれています。紙おむつや土壌の保水剤などに利用されています。

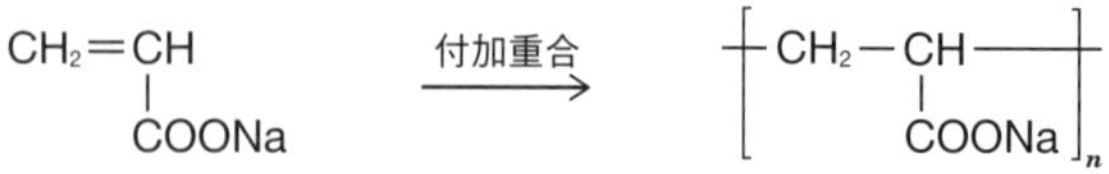

$$\mathrm{CH_2{=}\underset{COONa}{CH}} \xrightarrow{\text{付加重合}} \left[\mathrm{CH_2{-}\underset{COONa}{CH}}\right]_n$$

アクリル酸ナトリウム　　ポリアクリル酸ナトリウム

吸水性をもつ原因は，この樹脂に水が加わると $-COONa$ が電離して $-COO^-$ になり，$-COO^-$ の電気的反発により樹脂が膨張し，その隙間に水が入り込むためです。樹脂の内部はイオン濃度が大きいため，浸透圧によって水が吸収されていきます。

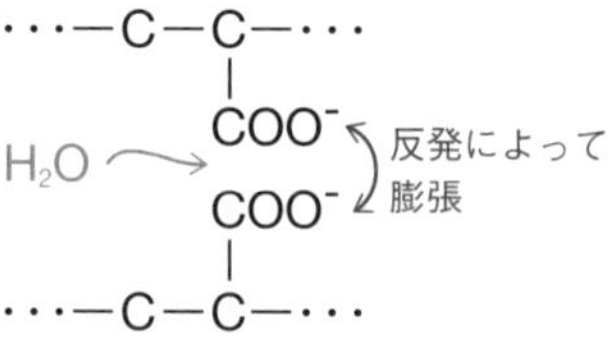

$$\cdots\mathrm{-C-\underset{COO^-}{C}-}\cdots$$
H_2O →　COO^- COO^-　反発によって膨張
$$\cdots\mathrm{-C-\overset{|}{C}-}\cdots$$

入試問題にチャレンジ

01

次の文章を読み，問１～問７に答えよ。ただし，原子量は H＝1.0, C＝12, O＝16とする。

米国デュポン社のウォーレス・カロザースは1920年代に(i)分子量の小さい分子の化学反応を応用することで，高分子化合物が合成できることを確信し，高分子化合物の人工合成の研究を始めた。1930年頃に世界初の(ii)合成ゴムである［（ア）］の合成に成功した。次いで，(iii)ポリエステルの合成にも成功した。ポリエステルは，軟化点が低いという欠点があった。原料の検討を重ね，1935年にナイロン66を発明した。(iv)ナイロン66は高い安定性と強さをもち，［（イ）］として量産化され，(v)［（ウ）］に替わる材料として，ナイロン66が使われたストッキングの販売が開始された。

問１　［（ア）］～［（ウ）］にあてはまる適切な語句を以下のあ～けから１つ選び，記号で答えよ。

あ　ネオプレン(クロロプレン)　い　メラミン　う　ノボラック
え　炭素繊維　お　合成繊維　か　合成樹脂　き　絹
く　麻　け　羊毛

問２　下線部(i)に関連して，ポリエステルの例として，ポリエチレンテレフタラート(PET)が挙げられる。その原料は２価カルボン酸(テレフタル酸)と２価アルコール(エチレングリコール)である。２つの原料を混合して加熱したとき，最初に起こる反応を化学反応式で示せ。

問３　問２に関連して，PETの合成反応をエステル化の反応の連鎖と仮想的に考える。５分子のテレフタル酸と５分子のエチレングリコールを反応させ，５分子の水が生成したところで，反応を停止させた。このとき，反応混合物中に存在する可能性のあるすべての有機化合物のうち，(1)最大の分子量をもつ分子および(2)最小の分子量をもつ分子の構造式を示せ。なお，繰り返し単位がある場合は，右の例にならって示せ。

$$HO\!-\!\!\left[CH_2-CH_2-O\right]_{50}\!\!-H$$

問４　下線部(ii)の合成ゴムの特徴について，最も適切なものを次のこ～すから１つ選び，記号で答えよ。

こ　耐候性・耐薬品性に優れており，弾性をもつ。

さ　加熱すると硬くなり，高い機械的な強度と耐熱性をもつ。

し　引き伸ばすと繊維になり，繊維として強度や耐久性に富む。

す　加熱すると柔らかくなり，成型・加工ができる。

問５　下線部(iii)に関連して，ポリエステルはヒドロキシ基とカルボキシ基の両方を有する１種類の化合物からもエステル化により合成することができる。例として右図に示すL-乳酸(分子量：90.0)がある。

L-乳酸

L-乳酸の鏡像異性体であるD-乳酸を用いて，縮合重合を行ったところ，平均分子量 3.60×10^4 のポリ(D-乳酸)が得られた。以下の(1)，(2)に答えよ。ただし，平均分子量とは含まれるすべての分子の分子量の和を総分子数で割ったものである。なお，L-乳酸の構造式において，不斉炭素につながる結合のうち，実線は紙面上の結合を，破線は紙面の向こう側にある結合を示し，くさび形の太い線は紙面の手前にある結合を示している。

(1)　ポリ(D-乳酸)の構造式を次のせ～ちから１つ選び，記号で答えよ。

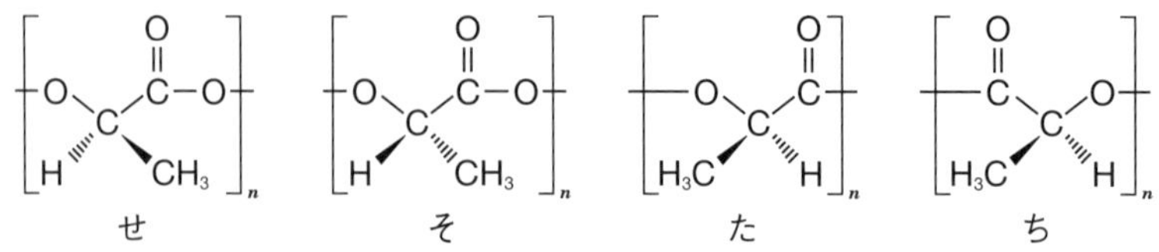

(2)　生成したポリ(D-乳酸)の平均の繰り返し単位の数(n)を整数で答えよ。

問６　下線部(iv)に関連して，以下の文章はナイロンがポリエステルに比べて，高い安定性と強さをもつ理由を示したものである。(エ)，(オ)にあてはまる最も適切な語句を記せ。

　ナイロンの分子構造を見ると，その繰り返し単位には，(エ)結合があるため，分子間力である(オ)によって，ナイロン分子が強く会合するから。

問７　下線部(v)に関連して，ナイロンは天然高分子の模倣と考えることができる。ナイロンを合成する際に形成される共有結合と同じ結合を含む天然高分子はどれか。次のつ～はから２つ選び，記号で答えよ。

つ　アミロース　　て　アミロペクチン　　と　アラミド
な　グリコーゲン　に　ケラチン　　　　　ぬ　セルロース
ね　デンプン　　　の　ビニロン　　　　　は　ヘモグロビン

［北海道大］

▶ 解説

▶▶▶ 動画もCHECK 6-01

問1　カロザースは合成高分子の研究に勤しみ，世界初の合成ゴムである(ア)ネオプレン(クロロプレン)の合成に成功しました。その後，(ウ)絹に代わる(イ)合成繊維として量産化されたナイロン66を発明しました。

問2　テレフタル酸とエチレングリコールの縮合重合により合成されるポリエステルがポリエチレンテレフタラート(PET)です。

$$n\,\mathrm{HOOC{-}C_6H_4{-}COOH}\ (\text{テレフタル酸}) + n\,\mathrm{HO{-}(CH_2)_2{-}OH}\ (\text{エチレングリコール}) \longrightarrow \mathrm{HO{-}\!\left[\,CO{-}C_6H_4{-}CO{-}O{-}(CH_2)_2{-}O\,\right]_n\!{-}H}\ (\text{PET}) + (2n-1)\mathrm{H_2O}$$

問題文には「最初に起こる反応」とあるので，テレフタル酸とエチレングリコールが1分子ずつ縮合する反応を書きましょう。

$$\mathrm{HOOC{-}C_6H_4{-}COOH + HO{-}(CH_2)_2{-}OH \longrightarrow HOOC{-}C_6H_4{-}CO{-}O{-}(CH_2)_2{-}OH + H_2O}$$

問3　反応して水5分子が生成したことから，テレフタル酸5分子とエチレングリコール5分子の計10分子のうち6分子が重合し，残り4分子はモノマーのままであることがわかります。

分子量が最大の分子

テレフタル酸3分子とエチレングリコール3分子の計6分子が重合してできる分子です。

(1) $\mathrm{HO{-}\!\left[\,CO{-}C_6H_4{-}CO{-}O{-}CH_2{-}CH_2{-}O\,\right]_3\!{-}H}$

分子量が最小の分子

モノマーのまま残っている分子で，テレフタル酸かエチレングリコールですが，分子量がより小さいのはエチレングリコールになります。

(2) $\mathrm{HO{-}CH_2{-}CH_2{-}OH}$

問4　クロロプレンゴムは弾性をもち，耐候性や耐薬品性にすぐれているため，自動車部品や接着剤など幅広く利用されています。

問5(1)　与えられたL-乳酸を重合させてできるポリ(L-乳酸)は，右のようになります。

$\mathrm{\left[\,O{-}CH(CH_3){-}CO\,\right]_n}$

ポリ(L-乳酸)

そして，ポリ(L-乳酸)の$-\mathrm{CH_3}$と$-\mathrm{H}$が入れ替わっている右の構造式(た)がポリ(D-乳酸)となります。

$\mathrm{\left[\,O{-}CH(CH_3){-}CO\,\right]_n}$

ポリ(D-乳酸)

(2)　乳酸(分子量90.0)から水(分子量18.0)が取れて重合するため，ポリ乳酸の分子量は$(90.0-18.0)n$，すなわち$72.0\,n$となります。これが3.60×10^4であるため，繰り返し単位の数，すなわち重合度は，次のようになります。

$$72.0\,n = 3.60\times10^4 \qquad n = 500$$

問6　ナイロンはポリアミドともいわれ，(エ)アミド結合を多数もちます。そのため，アミド結合間に(オ)水素結合を形成し，高い安定性と強さをもちます。

$$
\begin{array}{c}
\mathrm{H} \\
| \\
\cdots-\mathrm{C}-\mathrm{N}-\cdots \\
\| \\
\mathrm{O} \\
|\leftarrow \text{水素結合} \\
\mathrm{H} \\
| \\
\cdots-\mathrm{C}-\mathrm{N}-\cdots \\
\| \\
\mathrm{O}
\end{array}
$$

問７　アミド結合はタンパク質のペプチド結合と同じです。よって，タンパク質であるケラチン(に)とヘモグロビン(は)が正解です。

▶ **解答**　問１　(ア)…**あ**　(イ)…**お**　(ウ)…**き**

問２　下図

$$HOOC-C_6H_4-COOH + HO-CH_2-CH_2-OH$$

$$\longrightarrow HOOC-C_6H_4-\underset{\underset{\displaystyle O}{\|}}{C}-O-CH_2-CH_2-OH + H_2O$$

問３　(1)　$HO\!\left[\underset{\underset{\displaystyle O}{\|}}{C}-C_6H_4-\underset{\underset{\displaystyle O}{\|}}{C}-O-CH_2-CH_2-O\right]_3\!H$

(2)　$HO-CH_2-CH_2-OH$

問４　**こ**

問５　(1)　**た**　(2)　**500**

問６　(エ)…**アミド**　(オ)…**水素結合**

問７　**に，は**

この問題の「だいじ」

・与えられた条件から，どのような重合体なのかを考えることができる。

・重合の化学反応式を書くことができる。

02

ゴムに関する次の文章を読み，**問1～問5**に答えよ。ただし，原子量はH＝1.0，C＝12.0，Br＝80.0とする。

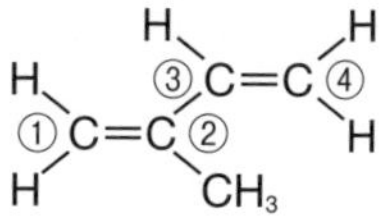

H　　　　H
H　③C＝C④
①C＝C②　　H
H　　　CH₃

図1　イソプレンの構造

ゴムノキの樹皮に傷をつけて採取される樹液(ラテックス)にギ酸や酢酸などを加えて酸性にすると，生ゴム(天然ゴム)が沈殿する。得られた天然ゴムを(a)乾留すると，おもにイソプレン(図1参照)とよばれる無色の液体が得られる。天然ゴムは，このイソプレンの両端の炭素原子①と④が別のイソプレンに結合する形式(1,4-付加)で重合した高分子化合物である。イソプレンの1,4-付加重合による生成物では，高分子の鎖の骨格中に二重結合が含まれることになるが，天然ゴムでは，二重結合のまわりの立体配置のほぼすべてが［(ア)］形である。

天然ゴムの弾性は弱く，ゆっくりと力を加え続けると，ゴム全体が力に応じて変形し，もとの形に戻らなくなる。しかし，［(イ)］を質量で3～5％程度加えて加熱し，高分子の鎖を橋かけすると，実用的なゴムとしての適切な弾性を付与することができる。この操作のことを［(ウ)］とよぶ。［(イ)］の量を増やし(質量で約30％)，長時間の加熱によって得られる黒くて硬い物質は，［(エ)］とよばれる。

天然ゴム以外にも，1,3-ブタジエンや(b)クロロプレンを原料にして合成ゴムが生産されている。1,3-ブタジエンを付加重合するとポリブタジエンが得られる。ポリブタジエンの高分子の鎖は，1,4-付加により形成される繰り返し単位以外に，1,2-付加により形成される繰り返し単位を含み，その割合は重合方法に依存する。(c)スチレンと1,3-ブタジエンを共重合して得られる(d)スチレン-ブタジエンゴムは，耐摩耗性に優れるため，自動車のタイヤなどに広く用いられている。高分子の骨格中に炭素-炭素の二重結合を含むゴム分子は，空気中の酸素や(e)オゾンの作用によって，化学構造が変化し，長時間の使用によりその弾性が失われていく。

問1　空欄［(ア)］～［(エ)］にあてはまる最も適切な語句を答えよ。

問2　下線部(a)の操作を20字以内で説明せよ。

問3　下線部(b)のクロロプレンと下線部(c)のスチレンの構造式を示せ。

問4　下線部(d)のスチレン-ブタジエンゴムが2.00gある。ゴム中に含まれるスチレンからなる構成単位とブタジエンからなる構成単位の物質量の割合は，スチレン単位が25.0％である。このゴムに臭素(Br_2)を反応させると，ゴム中のブタジエン単位の二重結合とのみ反応した。ブタジエン単位の二重結合がこの反応により完全に消失したとき，消費された臭素の質量を求めよ。

問5 下線部(e)について，オゾンとポリブタジエンの反応を考える。オゾンは，アルケンと図2に示す反応により，オゾニドとよばれる不安定な物質を生成する。オゾニドは亜鉛などを用いて還元すると，カルボニル化合物に変換される。この反応をオゾン分解とよぶ。

$$\underset{\text{アルケン}}{(R^1)(R^3)C{=}C(R^2)(R^4)} \xrightarrow{O_3} \underset{\text{オゾニド}}{(R^1)(R^3)C\langle{}^{O}_{O-O}\rangle C(R^2)(R^4)} \xrightarrow{\text{還元剤}} (R^1)(R^3)C{=}O + O{=}C(R^2)(R^4)$$

図2　アルケンのオゾン分解(R^1，R^2，R^3，R^4：炭化水素基または水素)

試料に用いるポリブタジエンは，1,2-付加により形成される繰り返し単位を含むが，ほとんどが1,4-付加により形成される構造からなり，1,2-付加により形成される繰り返し単位どうしが隣り合うことはないものとする。このポリブタジエンを完全にオゾン分解することで生じるすべてのカルボニル化合物を構造式で示せ。ただし，ポリブタジエンの分子量は十分に大きいものとし，高分子の鎖の末端から生成する化合物は無視してよい。また，立体異性体を区別して考える必要はない。　［東京農工大］

▶ 解説

▶▶▶ 動画もCHECK

6-02

問1　天然ゴムはイソプレンの1,4-付加重合による生成物で，基本的に弾性をもつ$_{(ア)}$シス形の配置を取っています。

$$C{=}C{-}\underset{\underset{C}{|}}{C}{=}C \xrightarrow{1,4\text{-付加}}$$

シス形：$\left[-C\diagdown C{=}C \diagup C- \right]$（$-C$ と H が一方の炭素に，$C-$ と C が他方の炭素に結合し，鎖の C どうしが同じ側）

トランス形：$\left[-C\diagdown C{=}C \diagup C \right]$（$-C$ と H が一方の炭素に，C と $C-$ が他方の炭素に結合し，鎖の C どうしが反対側）

ただし，天然ゴムは弾性や強度が弱いため，通常，数%の$_{(イ)}$硫黄を加えて加熱し，架橋構造をつくる$_{(ウ)}$加硫という操作が行われます。硫黄の量を増やすと，架橋構造が多くなり，硬い樹脂に変わります。これを$_{(エ)}$エボナイトといいます。

問2　空気を遮断した状態で固体有機物を加熱する操作を乾留といいます。有機化学の脱炭酸反応の一つである，酢酸カルシウムの乾留がよく出題されます。

$$(CH_3COO)_2Ca \xrightarrow{\text{乾留}} CaCO_3 + CH_3-\underset{\underset{O}{\|}}{C}-CH_3$$

問３　解答参照。

問４　スチレンが構成単位の25.0％を占めているので，スチレン（分子量104）とブタジエン（分子量54.0）の物質量比１：３で共重合させたスチレン-ブタジエンゴム（SBR）とします。よって，SBRの分子量は次のように表すことができます。

$104\,n + 54.0 \times 3\,n = 266\,n$

このSBRがもつC=C結合の数はブタジエンの数と同じ$3n$〔個〕であるため，SBR１分子に対して付加するBr_2（分子量160）は$3n$〔個〕となります。

nC=C（ベンゼン環）（分子量104）＋ 3nC=C−C=C（分子量54）
共重合→ 1SBR（266n）
2g（C=C×3n）
3n〔個〕のBr_2が付加

以上より，SBR 2.00gに対して付加したBr_2をx〔g〕とすると，次のようになります。

$$\frac{2.00}{266n} \times 3\,n = \frac{x}{160}$$

$x = 3.609\text{ g} \fallingdotseq \underline{3.61\text{ g}}$

問５　1,4-付加のみからなる部分のオゾン分解は次のようになります。

…−C−C≠C−C−C−C≠C−C−…
↓
O=C−C−C−C=O

そして，1,2-付加が含まれる部分のオゾン分解は次のようになります。

1,4-付加　1,2-付加　1,4-付加
…−C−C≠C−C−C−C(−C≠C)−C−C≠C−C−…
↓
O=C−C−C−C(−C=O)−C−C=O ＋ O=C

▶ **解答**　問１　（ア）**シス**　（イ）**硫黄**　（ウ）**加硫**　（エ）**エボナイト**

問２　**空気を遮断した状態で固体を加熱する操作。**

問３　(b) $CH_2=C(Cl)-CH=CH_2$　(c) $CH_2=CH-C_6H_5$

問４　**3.61 g**

問５　下図

$OHC-CH_2-CH_2-CHO$，$OHC-CH_2-CH_2-CH(CHO)-CH_2-CHO$，$HCHO$

この問題の「だいじ」

・ジエンの付加重合が理解できている。

・アルケン同様にジエンのオゾン分解ができる。

さくいん

す

せ

そ

た

ち

て

と

な

に

ぬ

□ 編集協力　株式会社一校舎　山本麻由

□ デザイン　二ノ宮匡(ニクスインク)

□ 図版作成　藤立育弘

□ 動画制作　株式会社巧芸創作

シグマベスト

坂田薫の化学講義
[有機化学]

編　者　文英堂編集部

発行者　益井英郎

印刷所　岩岡印刷株式会社

発行所　株式会社文英堂
〒601-8121　京都市南区上鳥羽大物町28
〒162-0832　東京都新宿区岩戸町17
(代表)03-3269-4231

●落丁・乱丁はおとりかえします。